OTHERLANDS:
A WORLD
IN THE MAKING

[英]托马斯·哈利迪————————————著

孙博阳————————————译

THOMAS HALLIDAY

人类之前5亿年

上海科学技术文献出版社
Shanghai Scientific and Technological Literature Press

果麦文化 出品

目　录

序　章 ｜ 1
万年神庙

第1章 ｜ 14
解　冻

第2章 ｜ 34
起　源

第3章 ｜ 52
洪　水

第4章 ｜ 69
家　园

第5章 ｜ 89
循　环

第6章 ｜ 108
重　生

第7章 ｜ 128
信　号

第8章 ｜ 148
创　建

第9章 ｜ 169
偶　然

第 10 章 | 187

季 节

第 11 章 | 203

燃 料

第 12 章 | 219

协 作

第 13 章 | 238

深 度

第 14 章 | 255

转 变

第 15 章 | 272

消 费

第 16 章 | 291

浮 现

尾声 | 309

希望之塔

序章
万年神庙

不要让任何人说过去已经逝去，
我们由内而外都与过去息息相关。

——

乌哲鲁·露娜可 |《过去》

我们思念至极的地方，往往是我们从未知道的所在。

——

卡森·麦卡勒斯

我向窗外眺望着，视线掠过农场、房屋和公园，停在了一个有着数百年历史的地方，这里被人们称作"世界的尽头"。这一地区因曾经远离伦敦而得此名称，现如今不断向外发展的伦敦市已经囊括了这片区域。但在并不十分久远的年代中，这里确实是世界的尽头。这里的泥土从冰河时期便开始堆积，泥土中混杂着砾石，带来这些砾石的河流汇入当时的泰晤士河。随着冰川的发育，这些河流纷纷改道，如今的泰晤士河入海口相比当时南移了上百英里[1]。窗外所见到的山脊上，土层因冰川的挤压而扭曲，我们几乎可以在脑海中去掉眼前场景里的树篱、花园、路灯，把它想象成另一片土地，一个处在冰盖边缘、绵延数百英里的寒冷世界。在冰川形成的砾石层覆盖之下的伦敦克雷组[2]的岩层中，保存着这片土地过去的居民——鳄鱼、海龟以及马的早期亲属类群的化石。这些动物当时的栖息地遍布长满水草和巨大睡莲的河流，河畔是茂密的棕榈和木瓜树林地，是一座温暖的热带天堂。

　　过去的世界有时候可能显得遥远得难以想象。地球的形成历史可以追溯到45亿年前。生命在这个星球上存在了大约40亿年，而

1　1英里约合1.6千米。＊（加＊的脚注为译者注，其余为作者注，下同）
2　早始新世岩层，距今5600万至4900万年前。＊

比单细胞生物更复杂的生命则可能存在了 20 亿年。古生物化石记录呈现了地质历史上丰富多彩的自然面貌，其中一些和现今的景象大不相同。苏格兰地质学家、作家休·米勒（Hugh Miller）在思索地质历史的长度时提出，与已经过去的漫长岁月相比，人类简直相当于直到昨天还没有来到世界上。这个"昨天"也相当漫长。如果将地球 45 亿年的历史浓缩为 1 天，就可得出 300 多万年的时间相当于 1 分钟。我们将看到随着物种的出现和绝灭，生态系统快速地形成和崩溃。我们将看见大陆漂移和令人意想不到的气候急遽变化令长期存在的生物群落走向毁灭的结局。翼龙、蛇颈龙和所有非鸟类恐龙，从开始出现到绝灭将只有 21 分钟。有文字记载的人类历史仅仅开始于最后的十分之一秒之前。

在浓缩历史中这最后的十分之一秒的开端，在现今的埃及卢克索市附近，一个墓葬群建立了起来，这里是法老拉美西斯二世的陵寝拉美西姆神庙的所在地。回望拉美西姆神庙的建造，犹如在地质历史的深邃山谷中匆匆瞥上一眼，而这座建筑也成为人们所熟知的无法永存的事物的代名词。拉美西姆神庙是英国诗人雪莱创作《奥兹曼迪亚斯》的灵感来源，诗人将陵墓石碑上为全能的法老歌功颂德的词句与诗歌创作时陵墓的凄凉景象做了对比——"废墟四周，唯余黄沙莽莽"。

当我第一次读这首诗的时候，我还不太明白它写的是什么内容，并错误地认为"奥兹曼迪亚斯"是某种恐龙的名字。这个名字又长又怪，也很难知道它的读音。诗中所描述的内容关乎暴政、权力、石头和国王，这与我儿时所阅读的史前生物的图画书相近。当我读到"我遇见一位来自古国的旅人，他说：有两条巨大的石腿半掩于沙漠之间"，我想象着用石膏包裹着的某种可怕的史前巨兽的遗骸。

一位真正的霸王龙族群的首领此时可能就躺在北美的荒野之中，它的遗体早已化为骨骼甚至骨片。

并不是所有破败的事物都会消失。"看那石座上刻着字句：'我是万王之王，奥兹曼迪亚斯功业盖物，强者折服'，此外荡然无物。"从这句诗中可看出一个自负的统治者终究被时间所淘汰，但法老的世界还是被人们铭记在心。雕塑是那个世界曾存在的证据，石座上所刻的字句及其书写的风格，都与那个世界紧密关联。这样读《奥兹曼迪亚斯》的话，这首诗就会为我们提供一条思考古生物及其生存环境的思路。抛开诗中狂妄自大的内容，通过读这首诗，我们可以从留存至今的遗迹中探寻过去的真相。甚至一块碎片便可以单独诉说出一段故事，一件例证不仅仅是陵墓周围单独一粒或完全相同的一堆沙子，它还可以显示有其他东西曾经出现在那里。只要能从沙石之间找到线索，一个不复存在的世界仍然可以被人们发现。

拉美西姆神庙起初以其译名"万年神庙"而被人们所知，而这一名称也非常适合作为地球的称呼。我们的星球的过去也被掩埋在泥土里。地球的纹理中带着岁月斑驳的痕迹，它的表面也不断变化着。而且地球同样是一座陵墓，埋葬着曾经生活过的居民，岩石和化石便是这些居民的墓碑、随葬面具和遗体。

那些世界，那些远方的土地是无法到访的——至少是无法直观感知的。你永远无法来到巨大恐龙漫步着的环境中，无法在它们的土地上行走，也无法在它们的水中游泳。了解它们的唯一途径是与石头对话，在冰冻的沙土中寻找踪迹，构想出一个已经消失的地球面貌。

本书是对地球曾经的面貌在历史上所发生的变化，以及生物适应性的探索。在每个章节中，化石记录将引导着我们在地质历史中观察动植物，令我们沉浸在当时的自然景观之中，尽可能地从这些消失的生态系统中探索我们的世界。在造访这些遗迹的同时，我希望我们能以旅行者和观察者的视角，为过去和现在建立起一座桥梁。当一处自然景观可以直观地呈现出来时，我们可以很容易地通过日常熟悉的方式来观察其中生物的生存、竞争、交配、进食和死亡。

人们将从现在起一直回溯至 6600 万年前，也就是"五次生物大灭绝事件"中最后一次发生的时间点的这一时间段定为新生代。"代"是地质时期单位，我们就生活在这个新生代中。在这些大灭绝事件发生之前的距今 5 亿多年以前，当时多细胞生物在埃迪卡拉[1] 刚刚出现。从这一时间点一直到现在的时间段内包含若干地质时期单位"代"，每个代包含若干"纪"，每个纪又包含若干个"世"。这些时间点的选取都基于特定的原因，有的是出现了特殊的生物类型，有的是发生了特殊的环境变化，还有的是保存了精细的化石记录，使我们对当时生物的生存和它们之间的关系有非常明确的认识。

我们的旅行从家中启程，这是一次时间之旅，从今天一直向前追溯。在继续向更久远的年代进发之前，我们将从与现在居住的环境更加相似的冰河时期开启旅程。在冰河时期，世界上大部分的水面都被冰层所覆盖，全球的海平面因此而降低。随着时间的回溯，生物和地理格局与现今的差异将变得越来越大。我们沿着新生代的各个世逐渐向更古老的时代前行，回到早期人类生存的年代，随后经过地球上曾经降水量最大的时期，见到温暖的遍布森林的南极洲，直至来到白垩纪末期大灭绝发生的时代。

1　位于澳大利亚南部，因发现前寒武纪软体躯多细胞无脊椎动物的化石而闻名。*

除此之外，我们还会遇到生活在中生代和古生代的生物，到访遍布恐龙的森林，见到一条数千千米长的石英矿脉，以及一片环境受季风控制的沙漠。我们将探索生物如何适应全新的生态环境，如何登上陆地和飞上天空，以及生命是如何创造新的生态系统，为更高的多样性创造可能。

　　在元古宙短暂停留之后，我们将回到现今所生活的地球。元古宙远在距今 5.5 亿年前，在我们所生活的地质时代显生宙之前。由于人类活动的影响，现今的世界面貌发生着快速的变化。和久远的地质时期相比，如今的环境已经发生了根本性的剧变。在不久的将来和更加遥远的未来，我们预期中的环境还将发生什么变化呢？

　　我们无法轻易地通过在地球上的试验，来探知在高碳的大气之下所发生的大陆范围的环境变化。我们也没有足够的时间去监测全球生态系统，无法在我们的有生之年挽救其免于长期效应所造成的崩溃。我们的预测必须基于符合世界发展变化机制的精确模型。在这里，地球在整个地质时期当中的变化过程提供了一座天然实验室。地球在过去漫长的地质时期中反映出一些变化规律，与长期效应相关的问题只能从这些规律中寻求答案，我们以此来预测地球的未来。地质时期中有五次大灭绝事件，各个大陆块体之间不断分离和连接，海洋和大气的化学成分和环流过程不断变化，所有这些变化都增加了我们的实验数据，有助于我们了解生命在地质时期的时间尺度上如何演化。

　　我们可以提出有关人类所生活的行星的问题。过去的生物不仅仅是我们以困惑的目光所瞥见的奇异事物，也不是与我们无关的陌生的东西。适用于现代热带雨林和长满地衣的苔原地的生态学准则，同样适用于过去的生态系统，正如不同的演员出演相同的剧本一样。

　　在解剖特征差异、形态与功能以及生物对各种不同变化的普遍适应性方面，一块单独的化石可能是绝佳的范例。但正如一件文物的特性必须处在其所属的文化背景之下，没有哪一块化石是独立存在的，无论它属于动物、植物、真菌还是细菌。所有的生物都处在同一个生态系统之中，这是一个由环境及生活于其中的无数生物相互影响所形成的体系。生态系统是一个由生命、气候和化学成分等因素构成的复杂混合体系，这些因素也受到地球运行、大陆的位置、土壤和水中的矿物质的影响，并为当时栖息于这一地区的生物所施加的效应所影响。自18世纪以来，根据埋藏的化石来重建这些化石的主人所生活的世界的原貌，便是古生物学家们尝试进行的一项挑战。在最近的几十年里，这样的尝试变得更加频繁，过程也更加复杂。

近年来古生物学有了重大进展，已经揭示出远古生命的各种细节，这在不久之前还是不可思议的。通过对化石结构的深入探索，我们现在可以复原出羽毛、甲虫壳体和蜥蜴鳞片的颜色，还能发现动物和植物所患的疾病。通过与现存的生物进行比较，我们可以还原化石生物在食物网中的地位和关系，推算它们的咬合力和头骨强度，推测它们的社会结构和交配行为，甚至在一些特殊情况下还可以推测它们的叫声。化石所呈现的不再仅仅是石质收藏品和生物分类名录。最新的研究所揭示的是真实鲜活的生物所构成的生机盎然、欣欣向荣的族群，以及它们灭亡后的遗迹。这些生物会求偶、会患病，它们展示着自己的羽毛或是花朵，发出"喳喳"或是"嗡嗡"的鸣叫，构成了一个遵循着与现如今同样的生物法则的世界。

一提到古生物，可能出现在大部分人想象中的是一位维多利亚时期从事收藏的英国绅士，到有着不同文化的异国他乡旅行，手中拿着锤子，随时准备敲开地面，而并不是我们上文所讲述的这些。据说，英国物理学家卢瑟福（E. Rutherford）曾经非常不屑地声称，科学只分"物理学和集邮"两种。在他的印象里,古生物研究只不过就是将动物剥制标本进行分类和归档,是装有一尘不染的张着翅膀的蝴蝶标本的抽屉,以及把令人毛骨悚然的动物骨架统统装进铁柜和铁架而已。然而到了今天,古生物学家可能会长时间在电脑前工作,或者在实验室中使用环形粒子加速器对化石进行深度X射线扫描,而并不是在沙漠的高温中工作。我自己的工作便大部分在博物馆的地下标本库房中进行,使用电脑进行编程计算,尝试利用动物之间相近的解剖特征,来探索经历了最后的大灭绝并获得劫后余生的哺乳动物们之间的关系。

仅仅通过生活在今天的生物是绝对无法了解生命演化的历史的,这就好比阅读小说时试图通过只看最后几页来了解全部情节一样。这样做确实可以知道一些前文发生的事情,也能了解最后一章的内容并知道结局,然而前面很多章节中复杂曲折的情节和故事最扣人心弦之处都将被错过。化石研究也是一样的道理,生物演化的大部分历史对非专业人士而言都是陌生的。恐龙和冰河时期生活在欧洲、北美的动物广为人知,稍微了解一点古生物的人也可能对三叶虫、有孔虫以及寒武纪大爆发耳熟能详,但这些都只是整个生命演化故事中的片段而已。本书旨在填补人们对生命演化认识的一些空白。

有必要说明一下,本书是对远古时期的个人见解。遥远的过去,真正的"深时",对于不同的人来说有不同的含义。对一些人来说,过去令他们兴奋不已。只要一想到数以亿计的浮游生物的遗体堆积、压实,形成了肯特和诺曼底的白垩质土地——那可是生物遗骸构成的国境线,他们立刻心醉神迷。对于另一些人来说,过去可以使他们逃离现实,令他们有机会去想象和现在所看到的生物不一样的生命形式,还能暂时忘掉对人为造成生物灭绝的担忧。在现实中,人们认为类似渡渡鸟灭绝的悲剧完全可能重演。尽管在本书中我们看到的每一样事物都是基于事实，但一方面，直接从化石记录中观察到的结果带有很大的推测性，另一方面，根据我们所能确定的情况得出的认识虽然可信但并不全面。尽管如此，灌木丛中一阵拍打翅膀的声音，潜藏着一部分身体的动物，黑暗处移动的身影，都是野外探索中必然出现的状况。些许的未知可能比一连串的真相更能产生令人惊奇的效果。

本书中的复原工作是200多年来数以千计的学者不懈努力的成果。他们对化石遗骸的诠释，最终构成了本书的各个重要部分。对一名古生物学家来说，骨骼上的隆起、耸脊和孔洞，无脊椎动物的外壳和植物的木质部分，都是描绘生命体所不可或缺的线索，无论这些生命体今天是否还存活。观察一具现代淡水鳄鱼的头骨，就如同阅读一段特征描述。头骨上的拱状突起和弧形结构使人想起哥特式建筑，但这些结构所承载的并不是教堂屋顶的重量，而是颌部肌肉的力量。位于头顶较高位置的眼睛和鼻孔表明，该动物在潜泳时可以在水面上进行观察和呼吸；一枚枚锥状但顶部较圆的牙齿在又长又宽阔的口腔中长长排列着，表明该动物在捕食时会挥动张开的颌部扫向猎物，将其擒住并制服，这种方式适合捕捉体表光滑的鱼类。生物体上的疤痕表明躯体曾经受伤破损，之后又重新愈合。生物会留下详细的线索，我们可以通过这些线索还原其生前的状态。

在生物个体层面之上对过去的生态系统进行整体分析，是目前古生物学界常用的研究手段。分析的内容包括生物互作、生态位、食物网以及矿物质和营养物质的影响。粪便和足迹化石可以揭示出解剖学无法发现的运动和生活方式信息。物种之间的关系有助于我们了解影响其生活和分布的重要因素，以及促使它们演化的驱动力。沉积岩的岩相及其中沙砾的化学成分是对环境的记录——这片山体是否曾经毗邻一块曲流河的三角洲？这一带的河流是否经常改道并且蜿蜒流过一片泥潭或流入一片浅海？这片浅海是不是一片障壁潟湖？这里是一块细泥沙在清水中慢慢沉底的宁静水体，还是波浪滔天？当时的气温多高？全球的海平面多高？吹哪个方向的盛行风？有了必备的知识，这些问题都可以轻而易举地解答。

并不是所有这些生物与环境的信息在任何特定场合都适用，但有的时候，众多这类的线索组合在一起，足以让一名古生物学家构建出一幅内容丰富的生态图景，从气候到地形地貌再到生活于其中的生物都包含在内。这些过去环境的图景和今天任何一处风景都同样生动，在我们了解现今的世界时常常给予重要的启示。

如今大自然中的很多景象我们都习以为常，而这些都是较晚的时期才形成的。草本植物作为今天地球上最庞大生态系统的重要组成部分，从距今不到 7000 万年前的白垩纪末期才开始出现，少量存在于印度和南美的丛林中。草本植物为主的生态系统直到距今大约 4000 万年前才开始出现。恐龙生活的时代没有草原，而且当时的北半球完全没有草。我们在构想一处景象时必然会陷入一些先入为主的印象，这是因为我们把现代生物放入了过去的时代，或是将现代生物与生活在上百万年前的早已灭绝的生物混为一谈。最后一只梁龙和第一只霸王龙之间相隔的时间，比最后一只霸王龙和你的出生日期之间间隔的时间还要长。像梁龙这样生活在侏罗纪的生物不但没见过草，也没见过一朵花——开花植物是白垩纪中期才发展起来的。

今天，栖息地的破坏和分割缩减造成了物种多样性降低的风险，环境变化的持续作用更加剧了这一危机，使得我们清楚地意识到越来越多的生物正走向灭绝。不断有人说，我们正处在第六次生物大灭绝期间。如今我们经常听到珊瑚礁的大面积毁坏、北极冰盖消融或是印度尼西亚和亚马孙盆地森林滥伐的事件。人们较少谈论然而却也极其重要的，是湿地干涸和苔原地变暖对生态环境的影响。我们所生活的世界的面貌正在发生根本性改变。这种改变的规模和所造成的后果，往往很难被人们知晓。试想一下，像大堡礁那样巨大的一处生物栖息地，有着如此丰富的物种多样性，如果说某一天它会迅速消失，这听起来是完全不可能发生的事。但化石记录告诉我们，像大堡礁消失这样的剧变不但是可能发生的，而且在整个地球的历史上已经发生了很多次。

今天的生物礁可能基本都是珊瑚所造，但在过去，双壳软体动物、带壳体的腕足动物甚至海绵（多孔动物）都是造礁动物。软体动物所造的生物礁在上一次生物大灭绝中彻底毁坏后，珊瑚才成为如今遍布世界的造礁生物。造礁的双壳类起源于侏罗纪晚期，双壳礁取代了曾经广泛分布的海绵礁。海绵礁此前也取代了二叠纪末期大灭绝中消失的腕足礁的位置。从很长的时间尺度上来看，环大陆范围的珊瑚礁可能迟早会消失，成为历史上众多一去不复返的生态系统之一。如此一来，珊瑚礁将毁于新生代的灭绝事件中，这是人类造成的生物大灭绝。今天，珊瑚礁和其他濒危生态系统的命运悬而未决。化石记录向我们展示了曾经发展鼎盛的生物如何迅速地遭到淘汰而消失，令我们缅怀，也为我们敲响了警钟。

看起来，通过化石是无法清楚明了地获得对未来生物的认识的。化石的形象奇异，如同生物象形文字，令现在和过去之间产生了距离，是一道不可逾越的界限，阻隔着神奇而又无法触碰的彼端。英国诗人、学者爱丽丝·塔布克（Alice Tarbuck）在她的诗歌《分类学之自然，骨片亦厌烦》中拉近了这一距离，她写道："让我看到利维坦的踪影，让我一睹这海怪在水中翻腾的身形。"她渴望探索生物的起源，"寻踪下溯数百年，直达事物潜在之本源"，并反对博物馆标签式的分类命名，"世人皆勿歌颂分类学"。

像其他古生物学者一样，我的工作之一是将生物归入"门－纲－目"的分类体系当中。但即便如此，相比生物分类学体系，我也感到实在的生物更加亲切。一个名称具有意义，能够唤起人们的认识，但在多数情况下无法使人们对生物有直观的感受。拉丁名仅仅是符号，是生物版的杜威十进制图书分类法。事实上，对这样的分类法来说，数字就足以维持分类体系的运行。每一个单独的种和亚种，世界上的某一处都会有一件标本与名称对应。以生活在意大利的赤狐为例，与名称"赤狐托氏亚种"相对应的，是收藏在德国波恩的亚历山大皇家博物馆的标本 ZFMK 66-487。这是一类奇特的外形典雅的狐狸，标本是一只雌性成年个体，于1961年在加尔加诺山地区采集。若要了解这个亚种，必须在解剖和基因组成上做足够深入的研究。这些研究具有可行性，但是这样的研究无法让我们了解其他事情，比如一只生活在城市中的狐狸在摇摇晃晃的花园篱笆上行走时所表现出的走钢丝般的高超技巧，神色匆忙而又蹑足潜踪的成年狐狸，以及狡猾的列那狐的传说故事，或是小狐崽们悠闲地在住户的门口睡觉。这就是今天我们所能见到的，生活在我们周围的动物。难道要指望单独的一个名称可以告诉我们这些故事吗？在这一类问题上，我尝试着在彼此孤立的名称和实物之间建立联系，如同将廉价的邮票和等值的黄金联系起来一样。我们看古代生物，就如同它们是来到我们的世界中的平常访客一样，就像看到一只被肉食刺激而出自本能地发抖和流汗的猛兽，或是踩上去"嘎吱"作响的木桥和落叶一样。

今天，灭绝的动物被描绘得栩栩如生，经常以面目狰狞、凶残贪婪的形象出现。这种现象可以追溯至19世纪早期地理学研究中耸人听闻的内容。一些学者迫切地想要将古代动物描绘成奇特凶恶的形象，其中包括猛犸象和地懒。尽管后来人们知道这两种动物都是植食动物，但当时的一些学者将它们描绘成了凶猛的肉食动物。例如，猛犸象是以强大的猎食者的形象被介绍给公众的，它们会阴险地潜伏在湖水中，对它们的猎物龟类发动突袭。而性情温和的植食动物地懒也被描绘为"庞大如悬崖峭壁，凶猛如嗜血的豹子，迅捷如俯冲的雄鹰，残暴如暗夜魔王"。即便到了今天，史前动物蠢笨、凶暴好斗的形象仍不断地出现在无数电影、书籍和电视节目当中。但事实上，白垩纪的猎食者并不比现在的狮子更加凶狠。恐龙只不过是动物，而不是怪物。

无论是将化石藏品当作古玩，还是将已灭绝的生物描绘成怪物，都是对生态学背景缺乏真正了解而造成的。植物和真菌通常会被无视，无脊椎动物也只是受到粗略的关注。此外，地球的岩层记录包含了生态学背景，展示了灭绝生物的生存环境，那时的生物进化出相应的外形来适应当时的环境，因此现在看来它们才会与众不同。这种记录就是一部囊括了各种可能性以及各种消失的景象的百科全书。而本书的目的就是让这些消失的景象生动地重现世间，打破人们对灭绝生物陈腐刻板的印象，告诉人们霸王龙并不是各种主题公园当中令人毛骨悚然的呲牙咧嘴的形象，并且让今天的读者们尽可能体验到真正的大自然。

构想曾经出现的景象的乐趣，就如同现实中外出旅行的愉悦。希望你将本书当作一部博物学家的旅行日志来读，尽管旅途中的各地是被时间而不是被空间分隔。当你开始将最近的 5 亿年看作一个个不同而又相连的世界，而不是漫无边际的难以琢磨的时间，这种感觉既奇妙无比而又令人熟悉。

第 1 章
解 冻

阿拉斯加北部平原

更新世，距今 2 万年前

日与夜，夏天与冬天，坏天气与好天气，都在讲述着自由。

如果一个人失去了自由，大草原会为此提醒他。

——

瓦西里 · 格罗斯曼 |《生活与命运》

铁列平[1] 也走进了沼泽地并藏身其中，他的身上长出了芦苇。

——

赫梯神话

---

[1] 公元前 16 世纪赫梯王国君主，以其在位期间主持的改革而闻名。*

巨型短面熊和真猛犸象

在临近破晓的阿拉斯加，一种小型的马出现在平原上。4匹成年马和3匹小马驹冒着凛冽的东北风挤作一团。离太阳落山已经过去了10个小时，空气刺骨般寒冷。这时轮到其中两匹母马站岗放哨了，它们会在族群的其他成员休息和觅食的时候，一直观察黑夜中周围的动静。这些马肩并肩、首尾相连地站在一起，这是个既能缓解紧张，又能取暖，同时还能观察各个方向情况的好办法。此时正值春天，即便是冬天这里也不会被冰雪覆盖，而是布满了枯草和褐色的沙土。这片位于阿拉斯加北部布鲁克斯山脉和长期封冻的北冰洋之间的平原出奇的干燥。大部分的雨和雪似乎都绕过了这片土地。一条经常改道的小溪从砾石上流过，简直如渗流一般地从地势较高处向南流，水流声小得几乎淹没在呼啸的风声中。即使是这样的溪流都流不进海里，水流在途中渗入沙丘后便完全消失了。这样的水流每天都在变化，不过水量会在接下来的数月中达到顶峰，因为那时山上的冰雪会融化。冬天没有多少食物，地表面积的五分之四都是光秃秃的泥土，另外五分之一则是干枯的褐色茎秆，这些劣质的食物表面还裹着粗粝的泥沙。即便如此，这些由夏季的丰盛食物遗留的残渣还是足够养活几个这样的短腿小马族群。处在末次盛冰期的北斯洛普，气温低得能将身体冻僵，太长的腿会造成体温过低的风险。阿拉斯加马是一种小型马，和现代的普世野马相似，只不过腿要更细一些。它们蓬松的皮毛呈棕色，又短又硬的鬃毛则呈黑色。它们在睡梦中也会活动，尾巴在逐渐到来的昏暗曙光中无意识地来回挥动拍打。这些马是最纯正的北方干旱地区的居民，无论条件何等艰苦，它们都会留守当地。那些夏季才迁徙到北斯洛普的动物——大群的野牛和驯鹿，以及少数三两成群的麝牛、驼鹿和赛加羚——已经离开了，它们无法像马一样承受此时的食物短缺。即使对这些马来说，在北方的冬天中维持生存也是困难的，更何况其中一匹母马还怀着小马。这样一个小的族群中有一匹公马和若干母马，马驹会在春末时节降生。由于死亡率高，这些马的预期寿命只有现代野马的一半。这些阿拉斯加马的寿命通常为 15 年，它们在阴风怒号中徘徊在生命终结的边缘。

风是从相当于现今阿拉斯加的东部，毗邻伊皮普克河西岸的地区吹来的，这条河一直存在至今。这里在当时是一片面积达 7000 平方千米的沙漠，荒凉的沙漠上到处堆着隆起的沙丘，每个沙丘有 30 米高，绵延 20 千米。这些沙子随风向西吹，吹过草原，在布鲁克斯山脉的山脚堆积下来。这些风成堆积物像糖粉一样疏松，呈沙与粉沙的混合物状态，被称为“黄土”。在这更新世界的寒冷地带最冷的几个月中，由于食物短缺，包括驯鹿和猛犸象在内的草食动物的身体都停止了生长。就像树木一样，这些动物的骨骼和牙齿留下了生长线。这是一种因季节变化留下的生理痕迹，可以显示动物经历了多少个冬天。它们依靠自己所能找到的食物勉强度日，消耗最少的能量，靠身上积累的厚重脂肪，支撑到生存条件重新改善的那一刻。捕食草食动物的猎食者们也生活在这里，它们十分狡猾。灌木丛中随时都可能突然伸出一双爪子，伸向经过这里的草食动物，令其被一口咬住脖子而丧命。在这样一片布满灌木丛的环境中，少量的洞狮骄横地统治着大片领土。它们悄无声息地在草原上潜行，双肩向后倾斜地轻落脚步，那些马几乎无法察觉洞狮正在向自己逼近。狮子捕猎依靠跟踪和偷袭，昏暗的黎明时分为其提供了便利。巡哨的母马是很警觉的，任何动静都会令它们的耳朵在隆起的灰白色的额头前面一阵抖动。

更新世时期全世界共生活着三种狮子，其中非洲狮是唯一存活至今的，也是三种狮中体型最小的。北抵劳伦泰冰原以南的北美地区，南至墨西哥乃至南美，这一片广大的地域生活着美洲拟狮，它是三种狮子中体型最大的。美洲拟狮是一种通体棕红色、带有浅斑点的猛兽，体长可达 2.5 米。它是很晚才在北美出现的，距今 34 万年前，它的祖先从欧亚大陆迁入了北美。在欧洲、亚洲甚至是阿拉斯加的草原上，马和驯鹿最大的威胁是来自欧亚大陆的洞狮。洞狮在演化上于距今大约 50 万年前与现代狮子分异。这些狮子的外貌特征，我们大多都是根据艺术品了解到的——生活在欧亚大陆北部的先民创作了数以百计的精美壁画和雕塑，其中涉及生活在猛犸象草原上的众多动物。欧亚大陆的洞狮体型比非洲狮大 10% 左右，毛更长，体色更浅。一层粗硬的外层皮毛覆盖在一层浓密卷曲、近似白色的底绒毛上，这种双层皮毛隔热性好，有助于抗寒保暖。雌雄洞狮均没有鬃毛，但都长有短胡须，雄性的体型比雌性大很多。由于这种动物的遗骸通常在洞穴中堆积，且没有被破坏的痕迹，因此被称为"洞狮"。但实际上它们居住在空旷的平地，以小群为单位在草原上活动，靠捕食驯鹿和马维生。

所有的猫科动物都是伏击型猎食者，它们的解剖结构适于潜行，继而以一个短跑冲刺，打猎物一个措手不及。这样的突袭需要隐藏踪迹，而在空旷的草原上，隐藏踪迹是很困难的。相比其他猫科动物，洞狮更擅长追袭猎物。壁画中经常展示洞狮的标志性特征——两道黑线从眼部向下延伸，就像猎豹一样——这样可以防止阳光造成的目眩，它们深色的背部和浅色的腹部形成了鲜明对比。

今天在北美的北部，已经看不到狮子、象和野马了。这里也不再是天不见雨滴、地不见积雪的干旱地区，更不再是一片沙漠。我们在设想自然世界的各个部分时，通常会将其视作一个整体，一个生态系统中的每一部分都有其特定的意义。北美西南部的索诺兰沙漠如果没有巨柱仙人掌、狼蛛和响尾蛇，会是什么样子？如果你熟悉一处地方，就会对该地所有组成部分间的内在联系有一个认识。如果有足够强的认识，你就会发现生态系统是一点一点建立起来的。聚集起来的众多物种给人的感觉就像前面说的那样，会让人产生对生态系统形成时间的认识。一个群落包含从微生物、树木到庞大的草食动物等各种生物的集合，是生物组成的暂时性群体组合，其发展取决于演化史、气候、地理地貌及偶然事件。

我在苏格兰高地兰诺克的布莱克伍德长大，这里遍布陡峭的山坡，山坡上石英岩嶙峋，长满了带着麝香气味的蕨类和成片的覆盆子。放眼望去，白桦树的树叶和松树上绽开的果穗宛如教堂天花板上的彩色玻璃。在沼泽和开阔的山地之间，是一小丛温带雨林。我极其怀念生活在这里的动物们，有貂、水獭、黄雀和鹿。对我来说，这些动物就是童年的象征，这片土地和这里的野生动物几乎是密不可分。但这些动物仅仅和我在有生之年生活在同一片树林、同一个世界，从长远的时间标度来看，大自然很快就会将这些回忆抹除。在更新世时期的数千年里，当野马在阿拉斯加广阔的荒野中漫步时，兰诺克还是一片死气沉沉的地方，当时此地还在绵延400米的冰川的冲刷之下。无论是冰川推进到这里之前，还是冰川活动遗留下冰层之后，这里都不是我所知道的那个地方。我对布莱克伍德的认识与我们现在所生活的地质时期全新世，及其现在所处的岩层有关。因为布莱克伍德是在这片岩层上发展起来的。

化石群落的状况并不会与现代人先入为主的推断完全契合。一个物种的现代分布范围也许能反映其祖先的生存地区，但这并不绝对。例如骆驼和美洲驼是亲缘关系最近的类群，它们在演化上于距今 850 万年之前分异。美洲驼是一个生活在美洲的族群的后代，这个族群留居在骆驼的祖先曾经生活的地方（林奈[1]的观点），而当时骆驼已经跨越白令陆桥抵达亚洲，并继续向西进发。然而直到距今 11 万年前，在冰河时期相对较温暖的间冰期，成群的骆驼还在加拿大游荡。在更新世接近冰川发展最盛的时期，骆驼栖息地的最南端可达今天的美国加利福尼亚州——那些在拉布雷阿不幸落入天然沥青陷坑的骆驼的尸骨告知了我们这一点，这些陷坑数千年中不断有沥青冒出。

在之后的距今 16000 年前，人类首次抵达美洲，并捕猎当地的野生骆驼和马。其结果就是，在人类到达之后的短短几千年里，众多更新世的大型哺乳动物便灭绝了。距今 25000 年前的最末次冰期中，冰川的发展达到最盛，人类居住在白令陆桥的低洼平原上，但已经有大批人类抵达美洲。在伊皮普克河以东数百千米的区域内，可能已经有白令地区东部迁入的小规模人类部落的篝火驻地——当地湖水保留的化学成分中含有人类粪便和炭火的痕迹——但这些东部部落的规模较小，彼此间隔也较远。当冰川消退，人类沿阿拉斯

1　林奈（Carl von Linné，1707—1778），瑞典生物学家，植物分类学的奠基人，创建了动植物双名命名法，代表作为《自然系统》。*

加南部海岸聚集至资源丰富的新大陆，他们当中的许多人没能活很久，被气候突变和各种各样的猎食动物夺去了生命。

过去的事物之间会存在联系，这样的联系有一些现在已经看不到了。茂密的亚热带森林从印度一直绵延至中国南海，毒蛇十分常见，在此地冒充一种危险的生物总是有好处的。行动迟缓的懒猴是一种夜间活动的奇特的灵长类动物，有一系列不寻常的外形特征，组合在一起似乎可以模仿眼镜蛇。懒猴总是左摇右摆，平滑而缓慢地在树枝上行走。当遇到威胁时，它们便举起前肢放在脑后，摆动身体并发出"嘶嘶"声，那一对相距较远的圆眼睛，就像眼镜蛇颈部皮褶内侧的花纹一样。更加神奇的是，在这个时候懒猴腋下的腺体会分泌一种物质，和唾液混合后产生一种毒素，足以使人类发生麻痹性休克。作为灵长类却在动作、颜色甚至毒性上都酷似一条蛇，真是"披着羊皮的狼"。今天，懒猴和眼镜蛇的分布范围并不重合，但对数万年前的气候进行重建之后我们就会发现，它们当时的分布范围是相近的。可能懒猴就像一名过时的模仿演员，困于演化的窠臼之中，迫于本能地还在进行着模仿秀表演。然而，无论是它的模仿对象还是观众，都已经不在了。

在懒猴和眼镜蛇以及北极地区骆驼的例子中，气候和地形地貌在这些动物的演化及其与其他动物的关系中起着决定性作用。生态系统并不是一个坚硬的固体，而是由成百上千个不同的部分组成，其中的每一个物种对热量、盐度、水源和酸碱度都有着不同的耐受性，都扮演着自己特定的角色。从最宏观的角度来看，一个生态系统是生活于其中的全部生物所组成的群落与陆地、水体所组成的环境之间关系的复杂网络。每个单独的物种都有其独立性，但整个生态系统的作用极其复杂。我们将任何一个特定生物可以生存的位置称为"基础生态位"。当受到其他生物的影响而导致生态位缩减时，我们称物种实际的分布位置为"实际生态位"。无论一个物种的基础生态位有多广泛，一旦环境改变导致该生态位消失，或是实际生态位缩减殆尽，这个物种就将灭绝。

更新世北斯洛普的寒冬季节的恶劣环境，导致了众多生物基础生态位的消失。马得以在此生存全赖它们对劣质食物的耐受性，再差的食物，只要足够多就可以维持它们的生存。它们时睡时醒，每天花大约 16 个小时进食，以保证获取足够的营养。猛犸象也可以靠劣质的食物为生，尽管它们的消化系统效能不高，而且它们需要更大量的脂肪，而不是冬天里稀疏的草木。另外据悉，在食物短缺的时节，猛犸象会食用自己的粪便以获得其中残留的营养成分。在其他地区生活的野牛拥有数以千计的庞大族群，它们必须令食物在自身具有四个胃的消化系统中发酵，因此它们无法在短时间内吃太多食物。这就意味着它们需要更高质量的食物，而在冬天，这些干旱的北方草原无法提供这样的食物。

世界这一隅的自然地理条件造就了干旱多风的气候。这不断呼啸着吹过伊皮普克地区沙丘的刺骨寒风，是一个庞大风系的一部分。这个风系的主风向呈逆时针旋转，其中心远在此地的西南方向。当风吹起太平洋的水汽并将云吹过阿拉斯加中部和育空地区时，风中原先带有的水分就丧失掉了。大部分的雨水降于野牛平原，并流向大冰盖的北缘。这片冰川将这一地区和北美其他地区分隔开，覆盖的范围几乎包括如今加拿大全境及以南的一部分，成为一座隔开太平洋与大西洋的冰封屏障。冰盖的厚度可达 2 英里，其对地貌产生的雕凿改型作用影响至今，造成的凹陷后来形成了五大湖。随着冰川的消融，之前积存在劳伦泰冰盖南缘的水被释放，切出了新的河道，将冰川遗留下的冰碛堆积剥蚀掉，形成了壮丽的尼亚加拉瀑布。

这样的大陆冰盖储存着大量的水，邻近的欧洲北部也有这样的冰盖，冰盖中的水都来自海洋。当时全世界的海平面比今天低120米左右，随着冰盖的增长，浅海的海底就露出了水面，形成了大陆之间的所谓"陆桥"。此时阿拉斯加可能从北美孤立了出来，但恰恰有一座陆桥将阿拉斯加的野生动物与西面亚洲的生物群落联系起来，形成一个新的群体，其跨度达到地球圆周长度的一半。如今白令海峡的水域将阿拉斯加和俄罗斯远东地区的楚科塔分隔开，楚科塔气候干燥，那里的居民热情好客。而这里在更新世时是一座陆桥，因白令海峡而得名"白令陆桥"，此地的生物区系也被称为"白令生物区"。白令陆桥在冬天也许是一处寒冷的地方，但到了炎热的月份，这里也会变得明亮和温暖起来。每年春夏两季，这里的草地上开遍野花。大部分的树木为灌木状，短短的枝条带着毛笔一般的叶穗在风中飘摆，仿佛在对空挥毫书写，低矮的灌丛中潜藏着雷鸟。在空中，一行雪雁拍打着翅膀，一路鸣叫着向海面飞去。秋季，白令陆桥上更低洼地带的棉白杨和大齿杨的叶子变黄了，宛如一片闪耀流动着的金子，映衬着一旁蓝绿色的高大云杉。这些低洼地区是众多植物和动物的避难所，这里的气候温和而稳定，有些生物无法承受冰河时期日益加剧的寒冷，便可以在此处存活。在一些地方，沼泽地中的苔藓不断生长着，在另一些地方，银白色的鼠尾草在野牛的脚步下散发出温暖的香气。

整个白令陆桥地区将会沉入海底——包括今天俄罗斯以北的土地——这是一片广大的地域，面积大致相当于美国加利福尼亚、俄勒冈、内华达和犹他四州的总和。在一个由统一的动植物群落和相对统一的气候构成的更广大的生物区系中，白令生物区本身仅仅是其中的一部分——东起白令陆桥，西至爱尔兰的大西洋海岸。从白令平原的最低处到阿拉斯加群山的最高处，空气逐渐变冷、变干，植物变得更矮小、更坚硬，但草原一直绵延不断。在这一区系的东缘，伊皮普克河流域布满沙丘的沙漠西缘便是猛犸象草原的一端，这是世界上曾经出现过的最大的连续生态系统。

草原的连续分布维系了其自身的存在。冰河时期的气候模式多变，每一年的气候状况相比上一年往往都有极大变化。如果你在当时的疏松土地上扎上帐篷，在同一处地方宿营多年，很可能会经历当地种群极其快速的兴衰更替。气候和植被情况某一年会适合马的生存，转年又会适合野牛生存，再转年适合猛犸象生存，以此类推。因此猛犸象草原是个连续的系统，物种可以跟随它们理想的气候迁徙，在它们生态位的范围内生活。在一个复杂多变的环境中若想活得长久，迁徙能力至关重要。在一片大陆的某处总会有避难所。在整个高纬度的北极地区，存在一种持续反复发生的局部灭绝模式，就是由于这类避难所不断被破坏和重建造成的。即便到了现代，最大的北极草食动物驯鹿和赛加羚仍都参与着地球上最庞大的陆地动物迁徙活动。在其他地区（如蒙古草原），存在着与当年的白令生物区相似的环境。人们在这里蓄养羊等家畜，这里气候多变，冬季的气温每一年都变化莫测。当气候变化导致蒙古草原变暖、变干时，草场的生产力便会降低，畜群在该地区的放养将受到影响。因为迁徙的距离越小，人们抵御严冬等恶劣条件（蒙古语中称为 zud）的能力越弱。这一系列严峻的挑战包括大雪覆盖地面使畜群无法觅食、没有足够的降雪使水源枯竭、地面封冻及猛烈的寒风。这些状况足以摧毁一个牧民聚落，使他们的畜群全部死亡。在一个多变的环境中，能随时拔营起寨迁往他处的能力是至关重要的，无论对野生动物还是人类来说都是一样的。在现代的气候变化中，生物仍然面临威胁，猛犸象草原的消失就是最直观的例子。

白令陆桥的连接作用终将被破坏。海平面终究会上升，在距今约11000年前，白令陆桥沉入海底。曾经环绕世界的草原被分割为更小的、连续性更差的区域，云杉和落叶松组成的大片针叶林向北扩展，苔原地则向南扩展。气候此时开始转暖，但对于那些适应寒冷的动物来说，通过长距离迁徙前往适合它们居住的区域已经不可能了。如果无处可去，一个种群就无法通过迁徙获救。如果一个种群的成员在大量死亡后得不到补充，它们就会在一个地区灭绝，并最终在全球范围内灭绝。其他物种也许能存活，但其生存的区域也必然要缩小。在阿拉斯加，曾经生活在猛犸象草原的所有动物中，只有驯鹿、棕熊和麝牛存活至今，其中麝牛是后来重新被引入阿拉斯加的。

随着黎明的到来，猛犸象草原的全貌逐渐显现。光线微弱的太阳逐渐升起，越过一个个沙丘的顶端。不久之后，每一粒沙子都向背阴面投出阴影，整个沙丘闪闪发光。躺倒的马打着响鼻站了起来，抖动身体让自己快速清醒；它们从来不会睡得很沉，也不会睡很长时间。宽大的深色马蹄急躁地拖过地面，蹄子的边角光亮；这些马整个冬天行走较少，蹄子没有受到磨损，非常健壮。

在一片晴朗明亮的天空之下，夏天翩然而至。小马驹出现在草原上，湖泊开始解冻，大群的驯鹿和野牛迁回了北方，直奔新生的植物而来，它们"隆隆"的踏蹄之声如同打雷一般。庞大的猛犸象族群也迁回了这里，这个种群的生物量几乎占北斯洛普所有草食动物的一半。阳光令空气迅速升温，马群正向顶端飘着一片低云的山丘走去。有云表明有水汽升入空中，进而说明这里有一个小水塘，是冰雪融化后的水在温暖的低洼地带汇集形成的。处在背阴处的地下水在不久之前还是封冻的，但来自洪积平原的积水吸引着需要饮水的动物来到此处，并成为各种各样的昆虫群落的家园——龙虱、丸甲虫和耐旱的土鳖虫都是伊皮普克河流域常见的昆虫。

阳光照耀下的天气很好，不仅干爽舒适，而且比现在的阿拉斯加还要温暖。这可能是由于冰河时期的阿拉斯加具有大陆性的气候——与今天的蒙古国相似，而白令陆桥地区则相对较温暖。沿海和内陆地区的气候截然不同。海水的温度全年都没有太大的变化，因此海水对邻近的陆地能起到一个温箱或热源的作用，产生风和大片的云，维持气候的稳定。在内陆，夏天的土壤升温要更容易得多，所以大陆气候中的夏天始终维持着较高的气温。同样的道理，土壤降温也很迅速，一到冬天便气候严寒。例如，今天俄罗斯沿海城市圣彼得堡 7 月的平均气温为 19 摄氏度，1 月的平均气温为零下 5 摄氏度；纬度稍高一些的内陆城市雅库茨克 7 月的平均气温为 20 摄氏度，1 月的平均气温为零下 39 摄氏度，便是由上述原理造成的。相比圣彼得堡，更新世阿拉斯加的北斯洛普地区更像雅库茨克——夏炎冬寒，全年干燥。当时阿拉斯加周边没有全年不封冻的海域，因此无法形成阴雨连绵的现代阿拉斯加。由于没有雨雪，冰川无法形成，这里便成了四通八达的无冰走廊。

新长出的草补充了食物，马群开始向西扩张。为了提防捕食者，马群结队而行，绝不落单；一些马在进食时，其他马放哨。经过了一个肃杀的冬天，它们的活动范围又恢复至曾经的数百平方千米之广。当马群登上一处山顶，发生了一阵因恐慌引起的骚动，它们随机本能地聚拢在一起，将小马驹护在中央。这是它们的战斗队形，蹄子和牙齿是它们的武器。背阴的山坡和天空之间那道绿色的地平线上，一只短面熊走了过来。

和棕熊甚至棕熊中最大的亚种灰熊相比，巨型短面熊都是个大家伙。阿拉斯加最大的短面熊体重超过 1 吨，是今天最大的陆地猎食动物东北虎的 3 倍，是成年雄性灰熊的 4 倍。短面熊的脸并不比其他熊更短，而是与它们迈着大步的细长四肢对比之下造成的错觉。熊都有短而倾斜的背部和很深的下颌，如果将棕熊放大到短面熊的大小，这些特征就更加明显了。当然，今天最大的熊北极熊有一个较长的吻部，但这似乎是一个适应纯肉食食性的特征。短面熊在北斯洛普并不常见，人们对它的习性也了解甚少。直到最近，人们推测短面熊细长的四肢适于奔跑，表明它是一种巨大的追袭型猎食者，这种恐怖的猛兽一只便相当于一群狼。持不同观点的另一些人鉴于短面熊和几乎纯植食的树栖眼镜熊有最近的亲缘关系，将短面熊描绘成了温和、悠闲、拱掘觅食的巨大草食动物。还有人认为短面熊是食腐动物，会在其他食肉动物杀死猎物后从它们手中抢夺尸体，过着欺行霸市、不劳而获的生活。短面熊的真实生活可能和一只巨大的棕熊一样，无论大型猎物、小型猎物还是植物它都会吃。

然而，在阿拉斯加至佛罗里达的所有美洲短面熊种群中，白令陆桥地区的短面熊食肉的可能性最大。在这里，严冬将地面上的植物一扫而空，熊的食性多变，此时它们倾向于捕食和食腐。一只成年短面熊可以依仗自身绝对的体型优势，在杀死猎物后控制住现场，防止其他捕食者靠近。一只短面熊摇晃着肩膀，迈着沉重的步子走向水塘，那里有一头被冻死的老年猛犸象的巨大尸体，正在化冻的肉散发出难闻的腥味。这可是天上掉下的馅饼。短面熊伸出宽大有力的前掌，连拔带拽地剥掉猛犸象尸体上的毛，强健的肌肉露了出来。这是一项缓慢而又耗时费力的工作，猛犸象的皮毛很厚，覆盖着两层致密的毛发。猛犸象这个更新世大动物的代表，似乎在死后都要对来吃它的动物进行微弱的抵抗。猛犸象的肩高可能达到 3 米，但是最大的短面熊站起来比猛犸象的后肢部分还要高出 1 米。

熊是强大得令人不可思议的动物。只要是人类和棕熊共同生活的地方，总是流传着神话故事。朝鲜族传说中有一个流传已久的一只很有忍耐力的熊的故事，它在 100 天里只吃野生蒜和蒿草为生。这些植物都可以在欧亚大陆的猛犸象草原上找到。在人类和熊共生的地方，熊的真实名字都被巧妙地避开不谈，这种语言上的现象叫作"忌讳"。对真名避而不谈体现了人们对某种动物的尊崇，防止对其指名道姓而造成不敬。俄罗斯人崇拜熊的力量和智谋，将其作为国家的象征，称熊为 *medvědi*，意思是"食蜜者"。日耳曼语系包括英语中，用 *bruin* 一词的各种变体来称呼熊，意为"褐衣者"。世界其他地区还有用"老爷爷"称呼熊的。在这只短面熊吃猛犸象尸体的时候，人类还没有抵达美洲，但就在几千年之后，人类将和他们的欧亚旅伴棕熊一同到来，和短面熊相遇。

在整个猛犸象草原上，各个草食动物的庞大种群汇合在一起，形成了一幅动物群体的繁盛图景。所有生态系统都遵循一定的基本法则。能量主要来自太阳光，还有少量来自放射性矿物的衰变。生态系统必须不断有能量输入，补充系统运作和衰退时的能量损失。能够靠自身获得和利用这些能量的生物为生产者，否则便是消费者，它们必须靠吃其他的生物来维持自身的生存。生产者提供的能量越多，才能养活越多消费者。白令陆桥的草原有巨大的生产力。在荒凉的西伯利亚最北部，每平方千米的草原都能养活 10 吨生物量的动物，大约相当于 100 头驯鹿，远高于现今同样寒冷地区的水平。在一个生态系统中，捕食者的数量永远少于生产者，夏天的北斯洛普仅有 2% 的动物是食肉动物，这个比例已经达到了极限。

对短面熊来说，猛犸象的尸体已经令它相当满足，因为近年来猎物已越来越少。进入北斯洛普的野牛的数量开始减少，马的种群数量也在减少。脚下的土地开始解冻变软，草本植物占据绝对优势的日子快要到头了。解冻的水塘周围开始出现泥炭层，对所有生活在这片北风呼啸、尘土飞扬的土地上的生物来说，这是一个警示信号。猛犸象草原如同一座封闭的庭院，四周是干燥坚硬的围墙。它的整个北部地区是封冻的北冰洋、冰川覆盖的北美、斯堪的纳维亚半岛和不列颠群岛。它的西侧是封冻的大西洋，向南是一系列的山脉，从比利牛斯山脉到阿尔卑斯山脉、陶鲁斯山脉和札格罗斯山脉，再到喜马拉雅山脉和青藏高原，形成了一道几乎连续不断的围墙。这些山脉像屏障一样将南方的季风阻挡在整个大陆之外，季风会造成冬季严重干旱和夏季的强降水，西伯利亚上空的高压气团可以使该地区的气候长期处于干燥状态。白令陆桥是一个薄弱地带，太平洋输送到这里的水汽可以使低洼地区形成海峡。这在过去尚不成问题，冰盖周期性的伸展和退却，使草原随之扩张和缩减，形成一个稳定的动态平衡。然而在猛犸象草原存在 10 万年之后，情况就不同了。这是一次大转变的开始，猛犸象草原将走向终结。[1]

随着冰盖的消融和海平面上升，更多的水得以蒸发到大气中，陆地环境中降水量也变得更大。现在，多变的气候造就了比以往更温暖潮湿的夏季，令白令陆桥更加湿润，使其夏季多阴雨，秋季易生腐殖质。猛犸象草原的存在依赖干旱和万里无云的晴朗蓝天。当

1　猛犸象草原的衰退始于距今约 19000 年前，并在距今 14500 年前显著加剧，这一时期发生了一次突然的变暖变湿，被称为"波令－阿勒罗德间冰期"。这与当时南极冰盖的消融相关。

夏季变得温暖湿润，积水就往往难以排干，在局部地区形成沼泽地，植物会发生腐烂而产生泥炭层。泥炭的扩张会导致草原逐渐解体。沙土也凝结成块，随风推移的沙丘成为湿润而固定的山坡。土壤湿润酸化，失去原有的肥力。湿润的地面保持低温，树木从下面生出，将水拦挡在地表附近，这些水的蒸汽上升形成云，造成更多的降雪，积雪隔绝了来自阳光的热量，使地面进一步持续低温。变冷趋势不断加剧，真菌慢慢地分解腐烂的植物，形成越来越多的泥炭，这一循环不断进行着。

越来越多的沼泽也成了动物迁徙的阻碍，大型草食动物很容易不慎陷进泥潭，沉入其中溺死。对迁徙中的马群和鹿群来说，不断扩张的泥炭地是行程中的噩梦，意味着食物短缺，环境发生了不可逆的转变，覆盖着青草的草地变成了可恶的软烂湿地。在泥炭地上茁壮成长的植物捍卫着自己仅有的这片营养匮乏的领地，不许其他生物接近，并长出了具有防御功能的刺和毛。在一些地方，树木开始扩张，包括一些耐潮湿的植物，如桦树、桤木和柳树。随着白令陆桥的下沉，猛犸象草原劫数难逃。

在现代环境下的阿拉斯加北斯洛普，从光秃秃的沙地到稳定的长期性泥炭土壤的转变只需要数百年。从爱尔兰到俄罗斯再到加拿大，古时的猛犸象草原几乎已消失不见，取而代之的是永久冻土层和泥炭沼泽。草原－苔原生态系统仍然在西伯利亚的个别地区存续，这里只有小型哺乳动物和蜗牛等小型动物，它们生活的环境由不同湿度水平的地区拼接而成。今天，阿拉斯加的北斯洛普是一片半干旱而又处于水饱和的平原，生长着苔藓、地衣以及低矮灌木等多种植物。年降雨量和降雪量的总和仅有大约 250 毫米，大致相当于加利福尼亚州圣迭戈的水平。但北斯洛普的土壤湿润，地下水位很高，处于坚硬的冻土层之上。到了夏天，化冻的土壤可厚达50厘米，形成季节性湖泊和软烂的泥炭地，对于马和猛犸象这类动物来说，在这样的环境中很难找到食物。现代的阿拉斯加植被稀疏，植物变硬和长刺的现象也更严重，地面泥泞不堪，蹄子一踩就会陷下去，已经不再适合野马生存。马在距今5500万年前首次在北美出现，后来便在这片土地上灭绝了，直到距今几百年前，欧洲人的船才将马重新带回这里。急剧变化的气候没有给马留下生存空间，对猛犸象和乳齿象乃至阿拉斯加的野牛来说也同样如此。曾经生活于猛犸象草原较湿润地带的驯鹿和麝牛，是现在极少数还生活在阿拉斯加荒野上的大型动物。

在一个如今属于俄罗斯的叫作弗兰格尔的小岛上，猛犸象一直存活至距今4500年前。然而从古至今，小小的弗兰格尔岛无法维持一个独立种群的长期存续，最终，弗兰格尔猛犸象这个全世界最后的猛犸象族群，在遗传结构上出现了危机。弗兰格尔猛犸象在6000年中是一个完全与外界独立的小种群，数量在270至820头之间，进行着高度近亲繁殖。从保存在冻土层中的DNA中，我们可以发现它们的基因中的错误编码。它们的嗅觉严重下降，皮毛像缎子一样光亮，但保暖御寒的功能也大大降低。它们的泌尿系统和消化系统的运行都出现了问题。我们还发现，这个种群中个体的基因序列中有多达133个无效编码。当时的弗兰格尔岛也是遍布苔藓的泥炭沼泽环境，猛犸象离开了适合它们的草原环境是无法生存的。

猛犸象草原展现了一幅生物兴衰存亡的动人景象，像传奇故事一样引人入胜，故事中的角色都是我们认识并基本了解的动物。孤独地冒着北风而行的猛犸象是一个逝去时代的笼统象征。而另一方面，我们以人类的视角去看待它们，以人类的身份去描画、狩猎抑或是崇拜它们，猛犸象与地球历史紧密相连，尽管它们永远地离开了这个世界。事实上，一些在猛犸象走过时就已经在地上发芽生根的树木仍存活至今。消逝的过去往往比我们想象的更切近，更新世时代消亡，紧随而来的便是人类文明的崛起。当时的人类还没有到达美洲，但在世界其他地区，人类已经掌握了在更新世世界生存的要义。当北斯洛普的马还在吐掉被风吹进嘴里的沙子时，法国的古人类使用颜料在洞穴的岩壁上涂抹，他们并不是乱涂乱画，而是有明确的目的，那就是画出拉科斯地区的野马。再过几千年，人类就可以捡拾鹿角制作投矛器具，绘制更精美的壁画，可以画出一头脖子长着一圈鬃毛的草原野牛，扭着头伸出弯曲的长舌头舔舐自己背部遭吸血昆虫叮咬的地方。更新世时期北方人类的文化鲜为人知，但世界上某些地区早期文明的部分内容仍然为其后代牢记和流传。澳大利亚北部有一处名为"纳瓦拉·加班曼"的遗迹，一座岩石掩体的下表面画着"岩石裂缝"，还有造型夸张的袋鼠、鳄鱼和蛇。其中最古老的画绘制于距今至少13000年前，直到20世纪当地人还在岩壁上绘画，这处遗迹在如此长的时间里一直记录着贾沃恩（Jawoyn）原住民的文明，这是难以想象的。等到猛犸象草原最终走向衰亡，弗兰格尔岛的猛犸象站在悬崖上远眺白令陆桥上的洪积平原时，吉萨大金字塔和秘鲁的小北文明已经存在了几代人的时间，印度河谷的文明也有了数百年历史。

与最后的弗兰格尔猛犸象之死大约相同时期，古代城市乌鲁克正处于吉尔伽美什的统治下。吉尔伽美什是苏美尔国王，也是有文字记载的最古老故事的主人公，这些故事也是最古老的文献记载之一。吉尔伽美什的故事是一个人类企图逃离自然的故事。在《吉尔伽美什史诗》中，傲慢而强大的吉尔伽美什伙同他的朋友野蛮人恩奇都，杀死了神明的松林的守卫洪巴巴，以图砍伐林中的树木来加固乌鲁克的城墙。恩奇都的粗野、缺乏教养与吉尔伽美什的言行得体、高贵优雅形成鲜明对比。恩奇都后来患病死去，吉尔伽美什便穷其余生徒劳地寻找长生不老的办法，后来他发现自己的愿望是不可能得到满足的。

　　自然界中没有什么是永恒的，更新世最大的生物区系也毁于一片泥沼之中。不同时期、不同地区的生物看似可以结合成一个稳定的系统，但这些生物组成的群落只有在环境能够维持其生存条件时才能延续下去。一旦生物区系中的环境条件（包括温度、酸碱度、季节性或是降水）发生改变，任何一个属于这个区系的生物都有可能失去立足之地。对一些生物来说，随着区系环境的改变进行相对应的迁徙可以幸免，这也是末次冰期结束时很多植物所做的应变。然而，一些环境中的生物没有迁移，它们就灭亡了。当环境变化得太快，或是变化幅度超过某一临界点，这种失控的剧变能令地球上最广大的生物区系毁于一旦，连同生活在区系内的生物群落一同消灭。这也并不一定意味着完完全全的灾难或是生态系统的崩解，有时候也可能意味着新的生物与环境的组合，以及新世界的诞生。驯鹿和赛加羚仍然占据着遍布地衣的苔原地，柳木、桤木和田鼠仍然生活在泥炭沼泽，一望无际的西伯利亚针叶林仍然占据着这片广阔的土地。从漫步在北斯洛普的野马以及追捕它们的洞熊来看，这片广阔的草原必然永存。然而从"深时"（Deep Time）的尺度来看，永存就是虚幻的泡影。随着冰川的消退，只需要一段时间的降雨，这片印着马蹄印的坚硬土地很快就会荡然无存，如同转瞬即逝的极光。

第 2 章
起　源

肯尼亚卡那波伊

上新世，距今 400 万年前

蕉鹃是那林中之物，

蕉鹃栖于树，看那高地上有瀑布高悬，

蕉鹃栖于高地，曙光到访我们的家园。

——

肯尼亚马拉奎特民谣

前路漆黑，暗流涌动，在我眼前支离破碎。

我投身雨中，我眼前的一切，都在流动。

——

米盖朗吉尔·梅萨 |《曙光》

亨氏西瓦麟

雨燕在电闪雷鸣中到来了。在持续了四个多月的无雨天气之后，雨季来临了，成群结队的冬候鸟吵吵闹闹地出现了，追逐着大群逃散的昆虫。候鸟的出现标志着这片地区再次散发出勃勃生机，这种循环交替的季节变化模式自形成以来已持续了数百万年。从雨季到旱季，再从旱季到雨季的循环不断进行着，变化的幅度较为舒缓。直到今天，生活在南非和威尔士的人们虽然彼此远隔万里，但他们都能一睹雨燕在风雨中翱翔的身姿。上新世的鸟类飞越东非高地山峰的上空。东非高地后来成为肯尼亚和埃塞俄比亚的一部分，和数千千米外青藏高原的隆升阻挡住带着水汽的风，令其无法到达非洲西北部。这一地区的降水状况由此被改变，撒哈拉和萨赫勒地区的环境开始缓慢恶化，直至变成沙漠。

罗尼乌曼湖是一个大湖，是该地区雨水丰富的有力证据。从遍布沙石的岸上望去，罗尼乌曼湖可能更像一片海。湖畔的山顶云雾缭绕，只有在晴天才能看到，山脚矗立在地平线上。除此之外，只有水天相接处才能看到湖的尽头，这种群山夹一湖的景象仿佛一座被水淹没的山谷。飞翔的雨燕向下俯冲，同时发出划破长空的尖声鸣叫，望向眼前山水与天空构成的蓝绿相间的景色，初步确定了飞行的目的地。罗尼乌曼湖面积广大，水较浅，南北长300多千米，东西宽100多千米。它位于非洲大陆一道巨大的裂痕东非大裂谷之中。从地幔深处上升的炽热的熔岩接触地壳后横向扩散开，如同一条水柱冲上天花板。熔岩流的牵拉作用缓慢而持续，将非洲大陆撕裂开。维持非洲东海岸地区完整的索马里板块从努比亚板块上分离开来，后者仍保持余下的非洲大部分地区的完整性。在更北方，阿拉伯板块也在埃塞俄比亚的阿法地区分离出去，三个板块交汇处形成一道深深的凹陷。位于阿法的连接线终有一天也会彻底分裂开，预示着在东非大裂谷不断扩张之处，将会形成一片新的海洋。

在上新世，这片分裂的土地雨水充沛，形成一系列裂谷湖，加速了气候的改变。到了今天，原先罗尼乌曼湖的位置是另一个湖——图尔卡纳湖[1]。数百万年以来，图尔卡纳湖一直是一个盐碱湖泊，周围遍布火山，湖中没有水向外流出。那富含藻类的碧绿色湖面，时常在强劲的沙漠风暴下波浪滔天。上新世时肯尼亚的气候比现在更加湿润，比图尔卡纳湖更加宽阔的罗尼乌曼湖向印度洋畔的高地区域扩展着。多条河流为罗尼乌曼湖补充着水源，这些河流流经地区形成的河道中，布满了交错的泥沙层、致密的双壳贝壳堆积以及厚厚的坚硬沙洲，这些河流就是现今非洲多条河流的前身，包括奥莫河、特克威尔河以及宽阔缓流的凯里奥河。上新世的火山如今都已经被剥蚀殆尽，成为埋在这片富氧水系之下的泥沙。

就在这大陆漂移、风暴季节性肆虐的动荡世界中，最早的人类出现了。很久之后，这里会出现各种人属的成员：如匠人[2]，其中的幼年个体被称为"图尔卡纳男孩"；以及鲁道夫人[3]，尽管它可能属于

---

1 得名于当地主要文明创造者图尔卡纳人，由首批到达该地区的欧洲人命名，图尔卡纳人自己称该湖为"阿南·卡拉科尔"。*

2 已灭绝的古人类，属于灵长目人科人属，生存于 180 万至 130 万年前的非洲东部及南部。*

3 得名于图尔卡纳湖在肯尼亚殖民统治时期的称呼——鲁道夫湖。*

直立人的种内变异个体。在上新世遍布金合欢树的卡那波伊，凯里奥河汇入罗尼乌曼湖的地方生活着湖畔南方古猿，这可能是最早的古人类。

在荆棘丛生的金合欢树林之间，浑浊的河水缓慢地流淌着。雨燕俯冲掠过湖面，啄食着湖中的水虱和水蝇，贪婪地喝着湖水。它们可以一边快速飞行，一边肆无忌惮地做着自己想做的任何事。在蜿蜒流入罗尼乌曼湖的河水宽阔的水面上和没有树木阻挡的空中，它们无忧无虑地盘旋。这是这群候鸟在此地区离地面最近的时候。天空才是雨燕的家，它们可以连续10个月一直在天空翱翔，在空中进食和交配，它们的两个脑半球可以交替休息，即便飞行途中也可以睡觉。它们飞行的速度超过每小时100千米，是最快的飞行动物之一，只有无尾蝙蝠能超过它们。它们的腿和脚很小——退缩的爪子可以用来钩住墙壁、树木和山崖，但无法在平地站立。很多雨燕在繁殖后代时才从空中降落，这也仅仅是因为生物演化法则令它们无法在空中产卵。即便如此，连它们的巢穴都如同从空空如也的天上变出来的，筑巢的材料也都是它们在飞行途中拾取到的。在交配之前，它们在地面上方一圈圈地盘旋，一边飞一边张开嘴像青蛙一样"呱呱"叫，一边鸣叫一边表演着翻滚动作，时不时地扫视着其他雨燕。艰苦的交配繁殖活动会持续一整个夏天，在它们停留于欧洲时进行，而不是在卡那波伊。在卡那波伊，它们只会在风中发出凄厉的尖叫。

雨水使其他动物从其潜藏处现身。一只翠鸟像离弦的箭一样扎进了河面，它的羽毛在阴沉沉的天空中闪着银光。随着一阵水花飞溅，当翠鸟飞回空中，它的嘴里多了一条鱼，它拍打着翅膀向下游飞去，找寻着落脚处来享用自己的猎物。铲鼻蛙是肥胖又小巧的蛙类，背部布满突起，呈苔藓色。它们聚集起来交配，雌蛙在远离河水的岸上挖洞并趴进洞中，雄蛙趴到雌蛙的背上进行交配。雌蛙产好卵并受精之后，雄蛙就会离开，雌蛙继续留在原地挖洞，一直挖到地下水的位置，在此期间它一直将蝌蚪带在身边。降雨使河水水位上涨时，水会从洞底冒上来，形成一个安全而又独立的水塘，供蝌蚪生长。老鼠连蹦带跳地穿过青翠的草地，提防着小型食肉类的突袭，包括侏獴、黑纹獴以及最早的猫类，即家猫的野生祖先类型。

潜泳的水獭以优美的姿势划过水中，雨下得更大了，似乎会一直下个不停。雨水落入水面溅起的水花，令整个罗尼乌曼湖笼罩在一片雾气中。体格强壮的硕水獭像海獭一样大，捕食鲇形类、狗脂鲤和幼年的尼罗尖吻鲈等鱼类为食，在波涛汹涌的水流中行进自如。凡是硕水獭出现的地方，它的另一种体型更大的亲属熊水獭也会同时出现。熊水獭有着滚圆的体型和扁平的尾巴，在水中游动时就像一根长满苔藓的浮木，除非它突然来个漂亮的转弯或是下潜到水中。卡那博伊地区有两种熊水獭，都捕食带有硬壳的猎物，如双壳类和螃蟹等。它们有着圆杵一般的牙齿，用来嚼碎这些猎物的硬壳。人们相信这两个种群只有在捕食不同体型的猎物时才能共生。小型的熊水獭捕食小型或幼年的水生带甲壳动物。体型更大的迪氏熊水獭有现代的狮子大小，从头至尾长 2 米，体重 200 多公斤。在水下，一种圆形的淡水双壳类非洲河蚌半埋在泥沙中，巨大的水獭正在搜寻着这些河蚌。幼年的非洲河蚌太小，水獭不屑于去吃它们，但成年蚌可以长到 6 厘米长，压碎处理之后就是一道营养丰富的点心。和其他水獭类亲属相比，熊水獭过的并不是完全的水生生活，也会在河岸上休息，但仍然需要从河湖等水体中寻找食物。它们在河流以及更加宽阔的罗尼乌曼湖中都可以生存。

河流、三角洲地带和湖泊中遍布着鱼类，数量庞大的鱼类以水生有甲壳动物为食。在流动的河水之下，交错堆积的泥沙层向下逐渐变为石头构成的河床，这里是成片的密集的双壳类，它们的壳体在胶结变硬后又成为后代生长的场所。在三角洲地带，以双壳类为食的脂鲤类褶齿脂鲤占鱼类总数的三分之一，在湖泊中，鲇形类的脂鲶占鱼类总数的将近一半。季节性的降雨滋养着这里的生物，罗尼乌曼湖和凯里奥河中连结成片的双壳类，是供养整个生态系统余下生物的主要支柱。湖水较浅，没有深水鱼类在此生活，河水和湖水充分结合，为湖水注入养分和氧气。与尼罗河的分离使罗尼乌曼湖中产生了该地区特有的物种，但这种独特性也将逐渐不复存在。

湖泊地区是水鸟的天堂。一只和硕水獭抢着捕鱼的水鸟正从水中笨拙地游回岸边，颈部弯曲得像一条蓄势前冲的蛇，身体其他部分都没入水中。它的羽毛缺乏油脂，可以降低水的浮力，有助于在水下捕鱼时更加便捷，但这也意味着它的羽毛并不防水。这只落汤鸡般的水鸟吃力地上了岸，在羽毛晾干之前它是无法飞回自己的栖息地的。雨停了，大地上到处是一片祥和的气氛，水鸟的同伴们已经站在河边蓄势待发，它们展开的翅膀如同一面面旗帜在阳光下缓缓飘摆。

皱头鹳是弓着背、翅膀像斗篷一样的秃鹳的放大版。皱头鹳在河边巡视或飞在半空，搜寻着食物。在很早的时候，秃鹳类就已经出现在人类居住的地方，从上新世的东非到更新世的印度尼西亚弗洛勒斯岛，再到现如今世界上的一些城市。它们不挑食，现已知道它们会在废物堆和垃圾填埋场附近生活，会捡食尸体，因此得了个绰号"送葬者"，这有利于防止疾病在环境中传播。鹳类有着高大的体型和慵懒的飞行姿态，常常为人类的民间传说提供灵感。在中世纪的斯拉夫宗教中，人们相信这些冬候鸟是去往极乐世界（Vyraj）的。在这些鸟类之中，白鹳被认为可以将人的灵魂带到冥界，继而带回人间转世。

翠鸟第二次冲入水中，这一次几乎没有在水流中激起任何水花，它再一次飞回空中，这一次捕鱼算是失败了，它落到了一只巨大的、身形在雨中若隐若现的动物背上。这只亮蓝色的鸟借助这一处新的钓鱼台，注视着水面等待时机，浑然不知自己到底站在一只什么动物身上。这头动物肩高 8 英尺 [1]，警觉地站在泥泞的低洼处，提防着随时可能出现的巨角鳄。短而卷曲的毛被雨水打湿后显得蓬乱，一双黑而细长的眼睛正上方分别长着一只粗短的角。它的头顶还长着两只向外后方弯曲，看上去像新月一般的角。并不是所有的长颈鹿都有长脖子，西瓦麟长得就像牛一样粗壮。尽管它们在卡那波伊动物群中只占极小的部分，但其近亲遍布从东非一直到喜马拉雅山脉脚下的广大地区。它们是现代长颈鹿和霍加狓的近亲，但要更壮硕，成年雄性的体重可超过 1 吨。西瓦麟缺乏现代长颈鹿那种极度纤长而又笨拙的滑稽魅力，但它用头部华丽的装饰加以弥补。

包括霍加狓和西瓦麟在内的所有长颈鹿科成员头骨上都具有骨质突起，称为"皮骨角"。皮骨角的功能像角质的牛角和骨质的鹿角一样，起到展示和御敌作用，而与牛角和鹿角不同的是，皮骨角始终包覆着毛发和皮肤。雄性霍加狓每只眼睛上方各长着一只又短又细的角，简直像两只触须。长颈鹿类都长着一对又短又直的角，耸立在两耳之间，特别是东非的一些成员在额头正中还长有一个厚的突起。卡那波伊的西瓦麟长着两对皮骨角，眼睛上方各有一只，两耳之间有一对，都较为发达。

1　1 英尺约合 0.3 米。*

西瓦麟轻轻地抬起踩在河里的一条腿，惊醒了一条正在打盹的雌性水獭，水獭慌忙地潜入水下，瞬间逃得无影无踪。满身灰白色泥浆的西瓦麟大步走上更干硬的地面，走到背阴处觅食。在凯里奥河岸边一带，雨水将尘土变成了亮晶晶的黏土，但高耸的山丘上由于覆盖着吸水性强的沙土，山坡上保持着干燥。有黏土的地方，水很难渗入土壤之中，这样就使地势低洼处形成了泥泞的盆地，雨水会使山上的黏土矿物扩散，更容易发生山体滑坡。在地势高低起伏之处，高地上零星分布着稀疏的灌木和草地，低洼的冲沟里长满了杂草——非禾本科的牧草。沿河两岸的狭长地带中，地层深处常年储存着地下水，旱季时仅仅是水位降低，因此树木只要将又长又直的主根向下深入隐秘的地下水层中，就能茁壮成长。这些生长起来的树木就会形成一条蜿蜒的林荫道，夹在河流两岸绵延数英里。凯里奥河缓慢注入罗尼乌曼湖的河口处，地下水位接近河水水面，夹在河两岸的树冠高度降低了。灌木取代了高大的树木，形成了在布满苔藓的湿润沙地上长满了灌木丛的全新景象。

土壤中化学成分、岩相和吸水性的局部改变，造就了一片高大树木、低矮灌木和草地三者相间分布的混杂环境。复杂的环境能维持更加丰富的物种在此生存，在卡那波伊，广食性草食动物所占的比例比东非其他地区要高得多。这里的植物在种类和数量上都极其丰富，草食动物可以尽情地进食。

植物以光合作用为生，利用太阳能将二氧化碳和水合成碳水化合物。水可以从地下汲取，二氧化碳则需要从空气中吸收，因此植物的叶子上长有被称为"气孔"的空洞，用来吸取气体。只要气孔张开，二氧化碳就可以进入叶片中，这个过程可以持续进行，植物可以一直获取能量，但也要付出代价：水分会因蒸腾作用从气孔大量流失，植物就会枯萎。在炎热缺水的环境中，这个问题更为严重。但到了上新世的某一天，几大类植物都解决了这个问题。

将光能转化为食物需要多个步骤，起关键作用的是一种效能极低的酶，叫作二磷酸核酮糖羧化酶。在炎热干旱地区，光合作用的效率需要尽可能地高，世界上有很多植物将合成二磷酸核酮糖羧化酶所必需的多种化学物质集中到植物深层的特殊细胞之中，远离会造成水分流失的气孔。这样会消耗能量，但能使光合作用的效率提高 6 倍，从而节省大量的水。

在距今 1000 万年前，具有上述功能的植物在全世界植物中占不到 1%。今天，全世界初级生产力（植物通过光合作用产生的能量）当中，有将近一半是通过上述过程产生的，这一过程的专业术语为 "C4 光合作用"。大约有 60 个大类的植物独立发展出了这种碳水化合物合成机制。这类植物中包括很多作物，如玉米、高粱和甘蔗等禾本科以及藜麦等苋类，它们的广泛分布令全球气候都发生了改变——如今大气中二氧化碳浓度下降，导致气候变冷，两极冰盖扩张，反射更多的太阳热量。由于 C4 植物大幅扩张，而且营养含量较低，草食动物必须适应在全新的植物群中觅食。

在卡那波伊，干旱开阔的草丛、灌木丛以及沿河道排列的树林所组成的混合环境，使得不同的动物可以专门取食不同的植物。纯草食动物已经完全适应了 C4 植物这食用植物界的后起之秀。有一些动物属于树叶和草都吃的混合食性，这类动物在当时的卡那波伊的数量比现如今任何一个生态系统中都要多。古非洲水牛可能是非洲水牛的祖先类型，麝牛的近亲玛卡潘羊以及牛羚和狷羚的早期亲属古转角牛羚都是混合食性。亨氏西瓦麟是食叶动物，只吃生长在湖畔和河边的灌木和树的叶子，尽管它们的后代某一天也成了食草动物。卡那波伊有两种长颈鹿，一种大一种小，能够依靠自己的长脖子独占树冠的位置，而且它们也都是吃树叶的。黑斑羚和三趾马在树林之间的空旷草地上吃草，一旁有半吨重的脸上长疣的猪在低着头游荡，还有聒噪不休的鸵鸟以及聚在一起的大群长鼻类（它们是现代象的近亲）。

卡那波伊自然有着种类丰富的长鼻类动物。这里不仅有亲缘关系和外形都与现代非洲象十分相近的曦非洲象，还有现代亚洲象和猛犸象的近亲埃克罗亚洲象。站在挺拔矗立的树木之间的是短腿的互棱齿象，它们那又长又直、如同叉车货叉一般的象牙几乎触及地面。相比之下，恐象的短牙向后弯曲着，可以用来刮削树皮。除了曦非洲象食草，其他的象都和现代象一样是吃树叶的。非洲象类先从食叶转变为食用 C4 植物，后又恢复食叶，其中的确切原因尚不明确，有可能是与其他象类在取食方面发生激烈竞争所致。当树林开始衰退，稀树草原大面积扩张时，在非洲存活下来的象只可能是发展出食草习性的古代象类的后代。今天，非洲象对生态系统的影响极大，它们是森林真正的主人，掌控着居住区域内树木的密度和树冠的覆盖面积，决定着区域内其他动物的生存空间。

卡那波伊遍布着大型食草动物，包括巨大的长颈鹿、10 吨重的恐象、硕大的水獭以及体型硕大的猪。该地区需要有丰富的食物资源，才能维持如此高度的物种多样性。在过去的 1000 万年中，环罗尼乌曼湖地区植被的更新速率比非洲其他化石地点要快得多。

凯里奥河东岸不远处是一片灌木丛生的低洼小路。阳光艰难地透过金合欢树茂密的树冠，成为洒在地面上的一片斑驳的光影。这片干燥的地面上长着一片天然形成的干草地：野牛草低垂着长满芒刺的毛茸茸的籽穗，一缕缕细草籽在生机勃勃的叶子上缓慢飘浮，同时还有粗壮挺立的狐尾草。一棵枯树的破败树干突兀地立在地上，低矮处的树洞表明树干的内部已经完全朽烂，只留下一个坚硬的空壳，散发着真菌的淡淡霉味。一窝夜间活动的蝙蝠正在树洞内睡觉。当夜幕降临，雨燕飞到高地上睡觉时，这些蝙蝠就可以随心所欲地捕食罗尼乌曼湖上空飞过的昆虫。

一只蕉鹃发出了一声报警的尖叫，引起了南方古猿族群的一阵骚动。南方古猿吐出嚼在嘴里的树叶，手脚并用地攀着藤蔓爬上了一棵树冠宽阔、树干粗壮的金合欢树躲避危险。南方古猿是第一种完全用后肢行走和奔跑的古人类。他们斜靠着在树枝上站稳，出于恐惧和愤怒而示威性地咧着嘴，露出犬齿。雨燕在它们头上像跳圆圈舞一般不停地盘旋。草丛的深处潜伏着威胁，那是一条蟒蛇，一只南方古猿恰好能使它饱餐一顿。

尽管南方古猿直立行走，他们和现代人仍然大不相同。南方古猿的毛发很长，毛发变短被认为是晚期人类对长途奔跑的适应性变化。南方古猿的脸部仍很像猿类，颌部向前突出，额头倾斜，从头顶至颈部逐渐变窄，颈部很粗壮。他们身高最高只有 1.5 米左右，和黑猩猩差不多，但不如黑猩猩强壮，男性和女性的体型差距比现代人要明显得多。南方古猿的足部还不是特别适合奔跑，脚掌稍向内弯曲，帮助他们每天爬到树上睡觉。

这时天又下起了雨，蟒蛇失去了先发制人的机会，它爬过一棵无花果树布满裂纹的树干和伸直的树根，重新退向了河边。树上的南方古猿安静了下来，但他们仍待在树枝上，因为过于害怕而没有很快回到地面上。它们吃大部分细嫩和粗糙的植物，但不吃硬脆的植物，也不吃 C4 草本植物。湖畔南方古猿是目前所公认最早的相比黑猩猩和倭黑猩猩与人类亲缘关系更近的动物。还有一些和人类亲缘关系极近的灵长类年代更早，但无法确定它们和人类的关系是否比它们和黑猩猩的关系更近。换句话说，它们和黑猩猩分异的时间是否比人类和黑猩猩分异的时间更早。湖畔南方古猿在卡那波伊的兴起，标志着一个逐渐发展壮大的类群演化的开始，我们就是这个类群中最后的幸存者。卡那波伊古人类的直系后裔是生活在距今大约 320 万年前的阿法南方古猿，著名的古人类化石"露西"便属于这个种。

在古希腊的雅典，有人提出了一个关于"忒修斯之船"的思想实验。忒修斯之船后世被博物馆收藏，作为展品在维护过程中，腐朽的木条不断地被替换，直到整条船原先的木材全部被替换掉。柏拉图提出疑问，替换的新木料是否还能代表原来的船？换句话说就是，既然整条船的木料都被替换了，它还是不是原来的船？这个思想实验还有一个扩展：如果原有的被替换下来的木料经过修复，去除朽烂的部分，再用这些修复过的原有木料重新建造一艘船，那么哪一艘才是原来的船，难道两艘船都变成了原来的忒修斯之船吗？

在人们最早尝试进行自然分类时，人类作为一个独立而特殊的部分，与其他生物分离开来。像生物群落一样，生物分类体系的问题在于它会随时间而改变。今天人类与其亲缘关系最近的黑猩猩属（包括黑猩猩和倭黑猩猩）之间是截然不同的。但物种都拥有共同的祖先，每一个支系都是一艘忒修斯之船。

当我们回看猿类的演化时，在黑猩猩和人类的祖先发生分异之前，我们只看到一个物种，我们可以给它命名。新物种的出现往往来自"标新立异"——某个种的某个单一种群发生了较快速的变化，而祖先种在其他地区的种群仍在各个方面维持原先的状态不变。在这种情况下，基本没有变化的种群还维持原先的命名，但从这个"新"种的角度来看，它距原先的种的共同祖先之间经过了多少世代已经无法计算。这时只能采取地质学当中一个"事后诸葛亮"的办法，即根据一个种群在某一个时间点的状态将其定为一个新的物种。在真实的情况中，物种是一个时刻变化的复杂体系，它包含的所有种群和个体的变化受基因变异的控制。

对人类来说，明确地指出何为真正的"人性"是很困难的。究竟是什么使得我们与其他动物不同？人性并不是一下子就出现的——转变为黑猩猩和转变为人的过程也不是一瞬间完成的——只要基因不再交流，两个种群就会停止融合。我们就和其他的物种一样，是在一个生生不息、持续变化的种群内，由一系列局部的变化更替一点点积累的结果。无论回望过去还是放眼将来，一切生物皆是如此。

讨论谁是世界上第一批人类，如同在一条古河道中敲入一块标牌，上面写着"该点之前无人类"，而河水仍旧在河道中流淌。"人性"没有本质的定义，如果某一生物的亲代不是人类，也就没有任何决定性特征能将其明确定为人类。如果我们能回到过去，并令时间快进，观察到湖畔南方古猿以种群为单位的共有平均特征是如何过渡为阿法南方古猿的，我们将发现"物种"的定义随着时间的推移变得毫无必要，或至少是无足轻重。随着时间的变化，林奈分类体系中各阶元[1]之间的差别失去了意义。你很难界定上述标牌之前的区域都代表非人类，而标牌之后的区域都代表人类，因为河水一直向前流淌着。

我们可以用自然标志点来代替标牌，由水系进行划分。在世界各大陆的分水岭，河水和溪流一旦分叉就不再汇合。在日后将成为埃塞俄比亚和肯尼亚的高地上，一条小溪流经一块阻挡水流的岩石

1　生物分类学确定共性范围的等级，有界、门、纲、目、科、属、种7个。*

而分叉。机缘巧合下，向左流的分支顺着山的东坡直冲而下，流入罗尼乌曼湖，最终汇入印度洋。向右流的分支向西流淌，成为尼罗河的支流，一路向北汇入地中海。在遇到岩石之前，这条河里的每一滴水都属于一个整体；在分叉之后，两条分支就永远地分道扬镳。在恰好流经岩石的时候，哪些水将流入地中海是未知的，正如在灵长类的演化路径上，哪一个是现代黑猩猩属最早的种，以及哪一个是现代人属最早的种，都未可知。黑猩猩最早的亲属与人类最早的亲属之间的亲缘关系，必然比它们中的任何一个与现代黑猩猩或是人类的亲缘关系都要近。但如果我们找到一个标志着人性开端的点，一个标明"最早"的标志，黑猩猩属和人属的区分就比其他任何情况下都要明确了。这也是古生物学家所使用的方法。

湖泊南方古猿是我们在这条人性之河中找到的第一种生物，与我们的关系比生活在现今的任何生物都要近。尽管南方古猿已经直立行走，但他们比现代人类矮小，身高只有1.3至1.5米，大部分时间都待在树上，长着非人猿类具有的前突的颌部。毫无疑问，黑猩猩有能力使用简单工具，如石锤和石砧，比最早的人类使用打制燧石石器还要早50万年。在湖泊南方古猿杂居的族群中，男性和女性在体型上有很大的差别。当湖泊古猿演化为阿法南方古猿，犬齿的齿根尺寸和齿尖都发生退缩，牙釉质增厚，颌部变宽。南方古猿和稍晚的古人类是怎样通过上述变化发展为现代人的，我们对这一过程的了解还不十分确切；人类演化之河的河道图基本绘制完成，一些支流逐渐干涸直至消失无踪，智人最终将出现在位于东非大裂谷的河流源头不远的地方。

卡那波伊同样是其他许多动物的摇篮。卡那波伊平原上有多种非洲象类，其中曦非洲象是现代非洲象的近亲，但该支系并没有存活至今。当时的黑斑羚以草为食，和现代黑斑羚非常相似，有可能是现代黑斑羚的祖先，二者都被归入现代的黑斑羚属。当时的长颈鹿和现代长颈鹿几乎一样，体型比现代长颈鹿稍小，前额更光滑，有着与现代长颈鹿一样的长腿和笨拙的长脖子。

当然，这一时期将发生很多变化，很多物种会消失。随着生物的适应和演化，它们的生态位会改变，一些生物的栖息地发生重合，它们之间会发生竞争。一些间接证据表明，东非的熊水獭最终因人类活动而灭绝。[1]当人类发展起来之后，工具成为他们生活中必不可少的一部分，人类的食性将改变，不像南方古猿那样只吃植物。肉食程度的变化导致人类和东非的其他肉食动物（包括熊水獭）发生了竞争。地质记录表明，当地大型食肉动物的数量和多样性衰退程度在距今 200 万年前达到顶峰，恰好是人属在东非大裂谷首次出现的时间。存活至今的大型食肉动物都是专门食肉的类型，包括大猫、鬣狗和非洲野犬，以捕猎凶暴的大型食草动物为食。以植物、双壳类、鱼类、水果为食的杂食性动物，如水獭和一种像熊一样巨大的獴等都灭绝了，人类最终将它们的生态位统统占据了。事实果真如此的话，卡那波伊的熊水獭可能将成为第一个因人为原因导致灭绝的物种。

自然爱好者往往将世界分为两部分，即原始的大自然和现代城市景观。人性被视为一种外界力量，不属于"自然"的范畴，排除

---

1 有必要说明，人为原因导致熊水獭灭绝的观点存在争议，原因是基于的数据量不足。不过从生态学原理来看，生物之间确实存在互相竞争排斥的现象，而且与其他物种的兴衰相关联。例如，随着大型猫科动物于距今约 2000 万年前到达北美，北美当地的豪食犬（现代犬类的亲属，是一类高度肉食性动物）逐渐衰亡。

于人们对自然界的认识之外，并且只能对世界起破坏作用。这种观点是对人性同时具有的自然性的否定。自人类出现伊始，我们就为生存而战，探索属于自己的生存空间，我们的这些努力包括成为居住地的改善者、生态系统的塑造者，我们改变这个世界为的是使世界更符合自己生存的需要。

在卡那波伊，我们看到了最早的与我们现今大致相同的世界。大陆基本处在它们现在的位置，全球气候较寒冷且分布着冰川。上新世地球的气候和包括现代在内的末次间冰期相近。卡那波伊并不是人类文明的摇篮。当时的人类仅仅是东非众多生态环境之下生活的动物族群之一。当时的东非生活着鬣狗、獴、獴和野猫等食肉类动物，属于最早的非洲特有哺乳动物群落的一部分。卡那波伊的罗尼乌曼湖畔也有各种有蹄类哺乳动物的身影，如斑马、角马、象、羚羊和长颈鹿。卡那波伊的灵长类不仅包括人类，还包括早期的狒狒、瘦小的长臂猿以及和现代类型十分相近的白眉猴等。湖泊令卡那波伊与其他同时代的非洲化石地点相比具有得天独厚的条件，其他地点都没有种类如此丰富的水禽和飞禽。

河水从东部的山地带来了矿物质，沉积在罗尼乌曼湖底栖息着蚌群的区域，提供了养分，造就了高生产力的生态环境。然而，这种矿物质的注入最终毁灭了卡那波伊。随着越来越多的盐分流入并在湖底沉积，湖床逐渐抬升，阻碍了河水的注入并逐渐干涸。仅仅过了 10 万年之后，罗尼乌曼湖便消失了。但此后湖泊以及栖息在此的生物还会重新出现。罗尼乌曼湖干涸之后又经过了 50 万年，非洲的裂谷发育重新开辟出一片地区，形成了一个新的洛科肖特湖，可能最早的使用石器的古人类肯尼亚人就生活在这里。这个湖也会因泥沙淤塞而消失，但在泥滩上又会形成罗兰尼昂湖。湖岸边生活着最早的人属成员——能人。湖泊的寿命基本都很短，但罗兰尼昂湖存在了将近 50 万年。最终，在罗兰尼昂湖变成洪积平原后又过了 150 万年，如今的图尔卡纳湖在距今 9000 年前开始发育，我们所属的种——智人今天仍然在湖畔生活，享受着今天凯里奥河带来的便利，用河水灌溉 C4 作物高粱和玉米。

今天的雨燕仍在凯里奥河上空盘旋，鹮和鹳仍在大裂谷地区的湖畔漫步。东非仍然是世界上几处最适合大群的大型食草动物生活的地方之一，这里的食草动物也确实保持着丰富的多样性。但这种局部的多样性掩盖了一个更大的问题。印度、澳大利亚东部以及北美的五大湖地区同样都是适合动物生存的乐土，大型食草动物应该在这些地区生存，而事实上并没有。即便是生态资源丰富的肯尼亚，大型食草动物群也面临着严重的危机。生活在上新世的很多大型动物已经永远消失了，包括西瓦麟、熊海獭、巨大的野猪和剑齿虎，而且并没有切实可行的方案来保证现今生存物种的延续。时至今日，在东非大裂谷，我们仍然能看到消亡于不久之前的动物生活过的地方，看到人类在慢慢崛起时所生活的环境。地球在人类出现之前经历了漫长的岁月，但卡那波伊是全世界最早的可被称为"人类文明之家园"的地方。

第 3 章
洪 水

意大利加尔加诺

中新世，距今 533 万年前

我们从日落之处和加德斯海峡讲起，

大西洋的海水在这里汹涌地流入内陆海。

———

老普林尼

我将永远爱你，亲爱的，直到大海枯竭。

———

罗伯特·彭斯 |《我的爱是一朵红红的玫瑰》

麦氏重甲鹿

暖风拂过空中，带着柏木的香甜气味吹向山边。松枝像羊的尾巴一样轻轻地拍打着。傍晚的空气中弥漫着一股咸味，回荡着蟋蟀的鸣叫。抬头仰望，除了天空什么都看不到。天空之下的原野上，由于热气蒸腾对光线的折射，很难看清楚一千米之外的景象。河流在褐白相间的干旱原野上肆意地流淌着，这些河流沿着它们切出的河道缓缓行进，直至流到前方的断崖处，落入深谷之中。在更远处，寸草不生的广大荒野朝着地平线伸展。在另一边，暗淡下来的太阳落向山脊，这片山脊由于光线不足显得模糊不清。一般的河谷地和古代亚平宁地区由大河切割形成的这一地貌不可同日而语。中新世的罗讷河谷在深度和宽度上，比今天的科罗拉多大峡谷还要大上数倍，而当时远在一片海洋加一片大陆之外的科罗拉多大峡谷，才刚刚在科罗拉多河的切割作用下逐渐开始形成。

　　当你注视着距今 500 多万年前的晚中新世末期的加尔加诺，如果有人对你说，经过日复一日的微小变迁，这里的石头终将被翻腾的海水所冲刷，你可能很难接受。更难以想象的是，这些傲然屹立的山峰将会变成码头，山顶处的半空中将出现海面，船舶来往穿梭，而这片海域将在后世的连续数千年中成为人来人往的贸易和战争中心，堆满了货物和武器。这里的山顶将成为地中海中的一个个石灰岩海岬，聚集着大批渔民。中新世末期的加尔加诺是一片干旱贫瘠的盐碱盆地，最深处可达地表之下数千米。从黎凡特到直布罗陀，从北非海岸至阿尔卑斯地区，整个地中海已经干涸。

这类事件并不是第一次发生。当非洲和阿拉伯板块向北推移，一度十分辽阔的特提斯洋逐渐变得狭窄，缩小为一片处在非洲、阿拉伯半岛、西亚和欧洲之间的小型内海——地中海。将这片海域与世界其他海洋连起来的唯一通道，是西班牙和摩洛哥之间狭窄的直布罗陀海峡。持续数百万年的板块运动令直布罗陀海峡发生周期性开闭，从而大大影响了这一地区的环境。

在地中海东部和南部地区，高温和蓄水量少意味着降水量少，过少的降水在其积聚形成河流之前便蒸发掉了。北部地区的状况好一些，但没有太大的差别。欧洲各个山脉（内华达山脉、阿尔卑斯山脉和迪纳拉山脉）的地理位置，决定了其以北地区将出现面积更大的陆地。海和山脉之间的间隔越来越窄，山地集水效应令雨水几乎无法汇入地中海。非洲和欧洲的一些大河可以注入地中海，但水量小得可以忽略不计。在注入地中海的河流当中，尼罗河、波河和罗讷河是注入量较大的，三条河每分钟的注入量总计约为60万立方米，是伦敦皇家阿尔伯特音乐厅体积的7倍。通过换算，地中海每年的淡水注入总量约为600立方千米，相当于80个尼斯湖的水量。这个体量可能看上去很庞大，但炎热的气候令海水蒸发得更快，每年有4700立方千米的海水被蒸发掉。连接着地中海和黑海的狭窄的博斯普鲁斯海峡当时还没有形成；面积缩减的特提斯洋从今天的罗马尼亚地区向中亚延伸，一个突出的海岬将地中海从特提斯洋中分离出来。只有大西洋的水流通过狭窄的直布罗陀海峡不受干扰地持续注入，才能解决水量失衡的问题。在中新世最后的70万年里，直布罗陀海峡一如既往地阶段性开启和关闭，令这片海域在短短的一千年里几乎荡然无存。只留下地中海东部地区的一个小小湖泊，从现今土耳其和叙利亚境内发源的水系维持着这片湖水的存续。

海水从地中海大量外流，导致了全球海平面的升高。地中海原先的岛屿变成山脉，河水毫无意义地流入山谷深处强烈蒸发的咸水湖中，这片山谷地区最深处位于海平面以下 4000 米处。这是当时全世界陆地的最低点。空气越来越重地朝着深谷处下沉，风沿着悬崖向下吹。当一个气团向下运动时，气压就会升高。就像在一台发动的引擎当中，不断增加的压力使气体压缩并升温。风每向下吹 1000 米，温度就上升大约 10 摄氏度。当时的地球处在寒冷时期，但尽管如此，这片平原位于地表之下 4000 米的最低处的夏季最高温度仍可以达到恐怖的 80 摄氏度——这比现代美国加州死亡谷[1] 所记录的最高温度还要高大约 25 摄氏度。中新世末期地中海洋盆的底部完全被盐覆盖，距地表 3000 米处以下区域全是亮晶晶的石膏和氯化钠，总量超过 100 万立方千米。只有极端环境微生物才能在这地中海峡谷的底部生存，这类微生物可以在其他生物无法存活的地方大量生长。

对人类来说，地中海的海水是连结欧洲、亚洲和非洲文化的桥梁，三大洲各个城市和文明之间通过地中海进行的交流和贸易往来，远比陆地途径便捷。然而，对于人类这样居住在陆地上的动物来说，海洋仍然是一道障碍。尽管海洋并不是一道完全不可逾越的天险，却起着延缓人类迁徙以及隔离不同人群交流的作用。在陆地上，即使是非常辽阔的险恶地带（如沙漠），在上述阻隔作用上也远远不如海洋。岛屿是海底山脉的最高峰露出水面而形成，当一片海域开始

---

1 北美最炎热干燥的地区，也是北美地势最低点所在地。*

消退时，这些山峰之间相对较高的山脊也逐渐露出水面，使原先散落的各个小岛上的生态系统彼此相连。巴利阿里群岛（包括马约卡岛、梅诺卡岛、伊比萨岛和福门特拉岛等）海面以下1000米深处的海底便是一片平原，该平原连接着巴利阿里群岛的各个小岛，西连西班牙大陆，北接法国和罗讷河谷水系。撒丁岛和科西嘉岛以同样的方式与意大利北部相连接。而西西里岛和马耳他岛坐落于一条隆起的海底山脊上，这片海底连接着非洲和欧洲，隆升形成了亚平宁半岛。中新世末期的希腊岛弧，从克里克岛到罗德岛均未隆起至现代的高度，后来的塞浦路斯在当时是由火山形成的一片绝世而独立的高原台地。

在中新世末期的加尔加诺地区，远古的石灰岩山脉从意大利山脊中分离出来，如同一座孤零零的石灰石瞭望塔一般，凝视着亚得里亚海上方的天空。直至今日，这一带仍是一座孤悬于欧洲大陆之外的岛屿。岛屿上的生物在与世隔绝中演化着，出现了体型极小和极大的物种，造就了独特的生态环境，随时都有灭亡的危险。在地中海消失之前的数百万年里，加尔加诺绝大部分时间里都是一个岛屿，在极少数情况下与邻近的斯康特伦相连。随着地中海逐渐消退，海峡消失，岛屿与大陆连接起来。大量海域的消失意味着没有足够的水汽蒸腾形成降雨，这片原本水土丰美、生机盎然的地区将变得越来越干旱。尽管河流在合适的季节也会流经此处，但没有湖泊和大量的蓄水，降雨也无从谈起。雪松伸展着枝条，遮蔽着光秃秃的山坡，塌了秧的山毒芹挂着绿色的顶穗在深谷中勉强维持着生存。降雨量的减少不利于针叶林木的生存，干旱的岩石和裸露的地面更适合一些灌木，如黄连木、黄杨、盘曲的角豆树和凹凸不平的橄榄树，这些都是干旱环境中造就的植被。

灌木丛中出现了一群体型庞大的鹅，大约有十几只，它们有节奏地相继抬起和垂下脑袋，形成一片起伏的波浪，白色的成鸟和黑色的幼鸟寸步不离更小的鸟雏。它们之中体型最大者的体重是疣鼻天鹅的两倍，它们此时唯一的目的就是在秋季尽可能地觅食。鹅和鸭都是极度贪食的动物，本能会驱使着它们一直狼吞虎咽地进食，直到将自己的嗉囊填得满满的。这一点在中世纪被法国农民发现，并以此来制作鹅肥肝，但对野生鹅来说，这只是本能而已。艰苦的长距离迁徙需要大量的能量，因此鹅类会将自己喂饱喂肥，为之后漫长的旅途做准备。然而，现在这些鹅却无法远行。尽管它们仍保留着祖先以暴食来储存能量的本能，庞大的体型和相对较小的翅膀却注定了，它们像很多走禽一样无法飞行。冬天降至，这些鹅变得肥壮起来。

中新世末期的加尔加诺可能以水环境为主，在这里，田鼠和睡鼠等小动物的祖先灵巧地从生长在水面上的植物上方飞奔而过，还有鸟类掠过水面。这片水环境在这片大陆上的出现实属偶然，如同买彩票中奖一样。像巴利阿里群岛那样的岛屿在短暂的干旱时期处于陆地环境，体型稍大的动物更容易跨过这片区域进入大陆，当海平面再次上升，没有进入大陆的生物就会被隔离在岛上。岛屿生物是大陆生物的次级产品，往往会产生恶性发展从而灭绝。食物链的压力更加剧了这种恶性发展。猎物的种群数量少导致食肉类动物无法维持生计，因此加尔加诺地区几乎没有肉食性哺乳动物。猫科、鼬、犬科、熊和鬣狗，一个都没有。在海水尚未退却的几百年前，潮水拍打着岸边的石灰岩，一小群水獭还在此处生活。海水退却之后，水獭可能还在这里，也许就在山中某个黑暗潮湿的角落里生活着。

由于哺乳动物的缺乏，鸟类占据了大型猎食动物和食草动物的位置——像极了恐龙统治时期景象的再现。这些鸟类中有很多是从其他地区飞来的候鸟，是当地鸟群中的季节性成员，如雨燕和鸽子，但岛屿上也产生了一些当地特有的物种。体型最大的草食性鸟类为短翅膀的鹅类加尔加诺鸟。可能是进食时靠得太近了，两只加尔加诺鸟猛地跳起来，爆发了冲突。它们像柔道运动员一样张着翅膀，发出沉闷的鸣叫声，试着通过啄对方的翅膀来防御对方的拍击。打斗没过多久就结束了，体型较小的一方意识到自己没有胜算。败阵的一方沮丧地耷拉着翅膀，从鸟群的旁边溜走了。像所有的鸭、鹅和天鹅一样，加尔加诺鸟常常一言不合就开战，它们的翅膀如果用力得当的话，足以拍断骨头。加尔加诺鸟的腕关节位置长有球状的骨质突起，覆盖在羽毛之下，如同一把装点着羽毛的权杖。如果两只鸟争持不下，它们就挥动翅膀互殴起来。

远处传来一阵凄厉的呼哨声，表明有猎食猛禽出现了。自海水退却后，即便是夏天也几乎没有降雨，在无云的晴空中，一只秃鹫一般的大鸟张着粗壮而弯曲的翅膀现身，在空地的上空盘旋。它悠闲地拍动翅膀，依靠气流向前滑行，尖利的鸣叫响彻天空。这个身影的主人就是当地最大的猎食鸟类——弗氏加尔加诺雕。加尔加诺雕最有可能是秃鹫类的近亲，这类本地特有的"雕"包括两个种，其中弗氏种体型巨大，比金雕还大。弗氏加尔加诺雕是迄今为止出现过的最大的猛禽之一，尽管它比不上新西兰的普凯。普凯是生活在更新世的猛禽，捕食恐鸟为食，翼展达到 3 米。这种恐怖的雕在灭绝后的很长时间里，仍在毛利人的民间故事中流传。加尔加诺雕并不是捕食者的关注点，因为它们太大、太强壮了。加尔加诺雕的眼睛正盯着其他的动物。

随着一阵枝条被拨开的"啪啪"响声，一张凹凸不平的脸出现在灌木丛中。一只矮小的像鹿一样的动物正在河边低着头喝水，它的体重不超过成年人的一半。它看上去不像是一个地位低微的角色，头上装点着一排角，像一顶王冠一样。它的角一共有五只，两耳之间有两只长角，眉梢上各有一只向侧面伸展的短角，最引人注目的是两眼之间还有一只长角。在傍晚阳光的映照下，它高贵地抬起头来，锈红色的上颌部露出两颗白森森的匕首一般的犬齿。重甲鹿与同时期的其他鹿类一样，长着发达的犬齿。这些牙齿并不是用来狩猎的。现代的麝和中国水鹿也长着发达的犬齿，一般用来和同类争斗。在发情期到来时，雄鹿需要用发达的犬齿和角来获得统治地位，从而赢得配偶。

重甲鹿的角是角质角，不是骨质角（完全外露的骨骼，每年脱落，转年重新生长）。尽管角质角、骨质角和长颈鹿的皮骨角的起源属于相同的演化事件。在晚中新世，骨质角的出现是相对较晚的突破性演化事件。鹿类从起源于亚洲，到跨越青葱的草原抵达东欧，骨质鹿角经历了重大的转变，即由简单的、功能性的尖状分叉的角，发展为更具装饰性的复杂结构。每年换新角的过程需要大量的钙质，鹿类对钙质的需求非常强烈。人们发现，现代赫布里底群岛的赤鹿会在春天守在剪水鹱的巢穴外，待雏鸟从巢中出来时便上前一脚将其踩死，吃雏鸟的骨头摄取钙质。北美的白尾鹿也是臭名昭著的雏鸟杀手，吃各种鸣禽的雏鸟。可见鹿角是何其昂贵。[1]

重甲鹿的角更像是羊或牛的角，骨质的角心覆盖着终生不脱落的角质鞘。长着五只角的重甲鹿相貌与众不同，但由于角既是性选

---

1 然而鹿类也因此获益。鹿角的生长机制与癌细胞类似，但由于鹿类能控制这种生长机制，它们有极强的从癌症中痊愈的能力，鹿类的癌症痊愈率比其他野生动物高 20%。

择的产物，也是武器，各种奇特的鹿角在世界各地均有发现。中新世的北美有一种鹿类动物，名为并角鹿，雄鹿在几乎接近吻端处长着一只极长的角，末端长着如同烤肉叉一般的分叉，像是马戏团的小丑用鼻子顶着一根竖起的棍子。

加尔加诺的这种犬齿发达的鹿类通常在针叶林中单独觅食，吃软嫩的树叶和茎，在上空盘旋的加尔加诺雕是它们的主要捕食者。鹿角并不是单纯的摆设，这些角可以在猎食猛禽冲过来时护住身体的各部位：两只角护住眼睛，另外两只角护住颈部，一只角护住鼻部。重甲鹿的发情期即将到来，而加尔加诺雕基本上都是在重甲鹿的发情期之后猎杀它们，那时它们会三两成群地暴露在无植被遮蔽的空地上，在岛上变得更加干旱时，这样的空地就更多了。遭到猎杀的都是幼鹿，即便是体型最小的成年重甲鹿体重都有 10 公斤，这对翼展 2 米的大鸟来说依然太重了。

即便没有雕的威胁，重甲鹿也很愿意躲在植被之下来躲避白天的持续高温。中生代石灰岩隆起所形成的加尔加诺海岬，在数百年里已经变得破败不堪，经过漫长的岩石溶解和侵蚀作用形成了连串的洞穴，由地表渗入的水流进这些洞穴，在洞壁内堆积了松软的钙质碳酸盐，形成了柱状的钟乳石和石笋，褶皱起伏的石幔在地表形成裂隙。洞壁摸上去潮湿而又冰冷，是各种生物的避难所，也是它们的坟墓。这种景观称为"喀斯特地貌"，是由地表小的裂缝发育为大的断裂，进而形成洞穴，在不断有水渗入后缓慢形成的。地下河水和溪流冲刷着各种各样的动物残骸，和砾石以及其他环境中的碎屑堆在一起。这些动物通常是不慎落入裂隙之中而死的，被一层石灰岩细粉末覆盖，骨骼经过浸泡和置换作用成为化石，进而被保存了下来。

加尔加诺海岬在海面上屹立了数百万年，其本身也是在海中形成的。海岬那亮闪闪的石灰岩层，曾经是一个完全消失的陆块——大阿德利亚大陆架的一部分。大阿德利亚于距今2亿多年前从非洲大陆中分离出来，越过狭窄的洋面，在今天的欧洲南部沉入海底。如今的加尔加诺以及更远处的普利亚、卡拉布里亚、西西里等地，都曾经是大阿德利亚这片面积相当于格陵兰岛的陆块在海面下的边缘。在同样的长时间板块碰撞事件之中，非洲和欧洲板块的撞击和俯冲令地中海干涸，曾经是大阿德利亚的板块已经大部分位于洋底之下，其俯冲入地底的部分位于阿尔卑斯山之下1000多千米处。如今这片沉没大陆只有近海陆架的一些残余部分，散落在西班牙至伊朗的沿线一带。一个溶洞的洞壁上覆盖着一层雪花石膏般的胶结物，由浮游生物的微小壳体构成，上面镶嵌着海螺和蛤蜊的外壳化石。这样的溶洞在欧洲的边缘还有数千个，它们是阿德利亚地块最后的遗存。

在岩洞外一棵月桂树泛着光芒的树冠上，一只黑头的鸣禽开始婉转地鸣唱着黄昏的到来。洞内十分冰冷，空气中弥漫着钟乳石潮湿的味道。洞中的地面上有巨仓鸮呕出的一个食团。食团中包裹着动物的骨骼，有生活在当地的体型巨大的睡鼠、田鼠。此外还有帝王鼠兔，它是适应山地生活的体型很小的现代家兔和野兔的近亲，但体型要大得多。加尔加诺的所有动物都是体型异常的。巨仓鸮的内陆近亲从喙至脚高1英尺，身长3英尺，和猫头鹰一样大。这里的鼠兔比距离它们很近的大陆近亲要大得多，这里数量最多的一种田鼠体重超过1公斤。最后还要提一下这里巨大的鹅和秃鹫。除了这些体型巨大的动物，其他动物的体型都十分矮小，如长着发达犬齿的重甲鹿，以及种群状况堪忧的一种小型鳄鱼，后者是很晚的时候从非洲游到这里的，继而被困在这个不适合它们生存的缺水环境中。

岛屿小型化现象首次发现于罗马尼亚哈采格的一个白垩纪化石

点，表现为一个岛屿上的动物有大约一半出现体型减小的趋势。当形成后来的加尔加诺溶洞的石灰岩体还处在海下的时候，哈采格是一个很大的岛屿，上面生活着矮小的恐龙。人们认为这些恐龙的矮小体型是岛上资源匮乏所致，体型庞大的动物在营养供给有限的环境中无法生存。这种现象不仅限于恐龙这种大型动物。由于没有捕食动物，一些大型动物（如鹿以及其他一些岛屿上的河马和象）不再需要依靠庞大的体型来抵御捕食者，随着时间的推移，它们的体型因食物短缺而逐渐缩小。体型小的动物难以靠自身储存能量和水，为了能在资源匮乏的时期生存下去，它们的体型逐渐变大了。这种现象在世界上的各个岛屿不断出现，包括中新世时期地中海上的岛屿。然而，就像生物演化历史中所有的规律一样，例外也时有发生。中新世时期，生活着体型庞大动物的岛屿遍布全世界。新西兰生活着3英尺高的不飞鹦鹉，10英尺高的象鸟在马达加斯加岛上漫步，它现存最近的亲属是体型矮小的几维鸟。

地中海地区不同区域的山地一旦因某种原因成为与外界隔绝的岛屿，原先山区中小型食草动物的生态位便会被一些长相奇特、体型矮小的类型所占据。加尔加诺生活着成群的重甲鹿。在马略卡岛，一只很小的山羊正在黄杨丛中进食，带着异样的目光凝视着前方。黄杨是一种声名狼藉的有毒植物，含有大量生物碱等化学成分，一般的食草动物不敢吃它。然而，鼠羊有一种降解这类毒素的手段：它们从河滩里取食少量的黏土，来中和黄杨叶中有毒的生物碱。这种粗糙的泥土解毒剂会磨损它们的牙齿，因此这种动物演化出了像老鼠一样齿冠很高且终生生长的门齿和臼齿，这也正是它名字的由来。岛屿上的生存压力经常令这里的动物产生不同寻常的响应，鼠羊的生理结构便和大部分哺乳动物迥然不同。为了应对周期性的食物短缺问题，这种矮小的山羊可以调节自身的新陈代谢速率。它们生长速率缓慢，只有条件适宜时才会加快，和变温动物（也就是俗称的冷血动物）一样。在梅诺卡岛，中型食草动物的生态位由体型庞大的努拉兔所占据，这是一种形似袋熊的兔子，走路姿势极其笨拙可笑，远远望去像一团风滚草。

洞口外的鸣禽已经死了，尸体被一只灰白色的长脸猎食动物叼在嘴里，几片松软的羽毛飘撒在空中。这只猎食动物长着滚圆的臀部，没有尾巴，硕大的脑袋上耸立着一根根胡须，它在那只黄莺叫得最兴起的时候进行了伏击。这只恐怖的猎食者颌部的皮肤垂下来，覆盖在瘫软在它嘴里的鸟尸上，它快速地转身跑掉了。加尔加诺没有猫科一类的猎食动物，空出来的生态位由一种被称为"恐毛猬"的奇特的小型哺乳动物所占据。毛猬是现今只分布于亚洲的一类动物。这是一种昼伏夜出的动物，和它亲缘关系最近的现代动物是刺猬，但毛猬的身上没有刺。大部分的毛猬体型和刺猬相近，吃一样的食物，如蛞蝓、蚯蚓、昆虫以及其他无脊椎动物。和刺猬不同的是，毛猬能产生一种含氨物质，闻上去像腐烂的大蒜，可以用来划定领地和在打斗时震慑敌人。这种气味并不会妨碍毛猬捕猎无脊椎动物和鸟类，因为这些猎物的嗅觉通常不灵敏。加尔加诺岛上有两种恐毛猬，它们是当地顶级的猎食哺乳动物，捕食其他小型哺乳动物以及鸟类和无脊椎动物。

西方的堤坝已经决口。在老普林尼编写的古罗马传说中，直布罗陀海峡是赫拉克勒斯[1]用剑削切出的通道。而这条通道早在中新世

---

1 古希腊神话中众神之王宙斯和阿尔克墨涅之子，曾解救为人类盗火的普罗米修斯，死后被封为大力神。*

末期便已经被削切出来，深数百米，长数百千米，然而是被大洋而非剑削切的。两个板块年复一年地摩擦接触，在彼此并行滑动时产生了巨大的构造作用力。这种挤压滑动令当时宽阔平坦的直布罗陀地峡高度下降，打开了一道9英里宽的缺口，使大西洋的海水大量涌进来。海水以每小时40英里的速度，从西地中海这道天然阀门中倾泻而下。堤坝一旦决口便一发不可收拾，缺口被流水冲得越来越大。然而，地中海盆地各地区的深度均不相同，一些天然的屏障会将海水阻挡住，避免整个盆地像浴缸一样被迅速灌满。如今马耳他岛和西西里岛所在地区以及阿尔卑斯山脉的各个山峰地势较高，在一段时间内可以阻挡海水流向东地中海地区。马略卡岛上矮小的山羊停止了对有毒的黄杨大餐的啃食，抬起头来望着低空中伴随着狂风雷电的彤云。梅诺卡岛上弓着背的庞大兔子被天上的响动吓了一跳。随着海水的涌入，其流速减慢了，在新形成的海底切出通道，将之前沉积在此处的干燥的蒸发岩剥除。大的岛屿相继逐渐形成今天的形状。原先在崖壁和谷底的恶劣环境中生存的植物和细菌都被海水淹没。然而，在塞浦路斯完全与陆地分离以及爱琴海、亚得里亚海形成之前，地中海必须扫清最后一个障碍。

在加尔加诺以南，亚平宁半岛上意大利山脊东麓一带的气候开始转变。随着第勒尼安海的形成，干燥的大气开始从这片海域汲取水分，形成积雨云。尽管天气已经开始变化，但南部和东部地区环境的巨大差异仍然没有改变。从西西里山脉开始，意大利的山地被一道山脊一分为二，北部的平原上坐落着几个深色的湖泊，遥远的西部是波光粼粼的海岸。地中海西部几乎被海水淹没，但东部仍然和之前一样干旱。

这种状况在直布罗陀海峡开启四个月后开始转变，在南部，西西里山脉东缘上空升起了数百米高的水汽团,在数千千米外清晰可见。"隆隆"的巨大水声一直向南传至现今的锡拉库萨附近。马耳他–西西里地区仍然是一道巨大的天然堤坝,是拦在地中海最深的两个盆地之间的屏障。此时,这片宽广的区域内散落着许多海水形成的湖泊。当海水开始从这道堤坝上溢出,东部盆地将会被地球上曾经出现过的最大瀑布的流水所淹没。这道瀑布高 1500 米,是现今委内瑞拉的安琪尔瀑布高度的 1.5 倍。水流以每小时 100 英里的速度从峭壁上倾泻而下,大部分的水在到达地面之前变成了水汽。和直布罗陀海峡地区海水缓慢地,如同受阀门调节般地流入西地中海盆地的情况不同,海水在东地中海地区是真正的急流泄洪,这是由整个大洋的压力将海水推入一条仅有 5 千米宽的通道而形成的。即便是如此湍急的水流注入,东地中海海面也要每两个半小时才能升高一米,至东地中海完全形成需要一年的时间。在那之后,马耳他岛、戈佐岛和西西里岛将从非洲和意大利分离出来,加尔加诺则再一次变成岛屿。

重新形成的海洋将形成新的岛屿,将新的生物群体留在岛上,演化出更多体型异常的生物。直到更新世,地中海各个岛屿均与世隔绝,生活着许多体型异常的生物。河马经常在无意中顺水漂流到马耳他岛、西西里岛和克里特岛,在岛上发生小型化的演进,成为非常矮小的类型。在许多岛上,矮小的象四处游荡着。这些象的头骨正中有个非常大的鼻孔供呼吸之用,眼窝不完全被骨骼包围,早期人类就是看到这样的头骨,想象着神话中的独眼巨人刻克洛普斯就生活在地中海岛屿的洞穴中。生活在西西里岛的巨大的福氏天鹅从喙至尾长达 2 米,是这些矮小象类的天敌。

今天的地中海仍然是一片几乎封闭的内海,依靠大西洋持续不断地注入海水。如果直布罗陀海峡再次封闭超过 1000 年,地中海将再次干涸。神奇的是，在一个世纪之前，这个想法经过讨论，形成了一项内容翔实的工程计划——大西洋发电机项目。该项目计划在直布罗陀海峡、西西里海峡和博斯普鲁斯海峡各建造一座堤坝，令地中海的海平面降低 200 米，利用这个落差进行水力发电，为整个欧洲提供电力。这个项目本身充满了殖民主义的色彩，而且该工程对脆弱的地中海生态系统所造成的破坏是完全无法估量的。随着非洲大陆继续向北推进至欧洲，在之后的几百万年里，直布罗陀海峡有很大的可能性会在自然状态下完全闭合。非洲北部、欧洲南部和中东全部是地势较低的地区，山地的阻挡使这些地区的河流无法汇入海洋。这种现象使很多海域成为所谓的"内流海"，海水唯一的外流途径就是蒸发。

地中海就是内流海，在所有的内流水体中，最著名的可能要数死海。坐落在荒漠谷地的死海的湖水由约旦河注入，湖水不断蒸发，盐分和矿物质大量沉积，形成了这个举世闻名的高盐度咸水湖。重现中新世末期地中海的变化，一个更好的现代范例是之前的咸海。和黑海以及里海一样，咸海是曾经覆盖欧洲大部分地区的古代副特提斯洋的最后遗存。咸海曾经由阿姆河和锡尔河注入河水，湖水不外流，当这两条河被改道用于灌溉农田后，咸海开始缓慢干涸。咸海被中间完全干涸的地带一分为二，南部已经没有地表河流注入，成为地面上一个逐渐缩小的死水潭。咸海南部的生态环境完全被破坏，当地人赖以生活的生物资源日趋枯竭。曾经丰富多样的水产品消失殆尽，只剩下无法使用的劣质水和有毒的高盐碱风成荒漠。

距今 533 万年前地中海重新形成的事件被称为"赞克尔大洪水"，标志着中新世的结束和一个新的地质时期上新世的开始。加尔加诺岛的形成确保了生活在当地的生物从之前的干旱环境中存活下来，成为隔绝于险恶的平原环境之外的避难所，但这种隔绝也导致了它的毁灭。在地中海重新形成之后，阿普利亚板块继续不断向北推移，构造运动使陆地的高度不断变化，这意味着截至上新世中期，加尔加诺会没入海水的波涛之中，生活在这里的独特生物将会灭亡。构造运动使陆地的高度阶段性地抬升和下降。当加尔加诺再次抬升时，它和意大利半岛连接，欧洲大陆的生物进入了这里。

从赞克尔大洪水至今的 500 万年里，地中海的各个岛屿都上演着矮小和巨大生物灭亡的悲剧。萨丁鼠兔是地中海的原鼠兔属中体型较大的种，也是最后一个种，在古罗马人引入的外来物种的竞争和捕食下几乎灭亡，残存的若干孤立种群艰难地生存了一段时间，在最近的 200 年内完全灭绝。撒丁岛本地的矮鹿是爱尔兰大角鹿的近亲，在人类进入撒丁岛的短短 100 年间，于距今 9000 多年前彻底灭绝。最后一批鼠羊灭绝于距今大约 4000 年前，仅比当地岛屿上最早出现的人类活动证据早 150 年。至今没有发现生存时期晚于更新世的矮象和矮河马，地中海各个岛屿上丰富多样的地方动物群被入侵的外来物种扫荡一空。这些外来物种有些是自己浮海来到岛上的，更多的是由人类带到岛上的。然而，外来物种无论什么时候来到孤岛上，岛屿小型化和大型化作用始终发挥着效力。科西嘉鹿是赤鹿的一个濒危亚种，于距今 8000 年前被引入科西嘉岛，它的身高只有大陆上常见赤鹿的一半。孤悬的赫布里底岛上生活着圣基尔达田鼠，是距今 1000 多年前才搭着维京人的顺风船来到岛上的，它们已经比大陆上的田鼠大很多了。

将来，随着两极冰川的融化，海平面上升，加尔加诺也许会再一次和意大利半岛分隔开，这些古代遗留的石灰岩山壁将再一次脱离大陆而成为岛屿，继而再一次成为一片侏儒和巨兽的乐土。

第 4 章
家 园

玻利维亚廷吉里利卡

渐新世，距今 3200 万年前

我做了一个梦，一个深深困扰我的梦。

在那梦中的山谷之中，崩塌的山石压在我的身上，

湿滑的，像飞蝇一般。

——

吉尔伽美什史诗

仅仅站着眺望是无法渡海的。

——

泰戈尔

智利圣氏间兽

漫天沙尘飞扬之下，一株株青草相继迎风而倒伏，如同被一只无形的手拂过，整片草地上荡起一片片涟漪。凉爽的风吹遍世界各地，预示着新纪元即将到来。对陆地动物而言，真正的新纪元直到最近才逐渐到来。植物中的一个科改变了这个世界。在渐新世的南美，这个星球上的第一片草地已经出现。尽管早在距今 7000 万年前，草本植物已经在南美洲、非洲和印度出现，但它们仅仅是以树木为主的环境的一小部分，是热带丛林植物群当中不起眼的成员，且只分布在南半球。随着南极从相连的大陆中分离出来，大洋洋流的方向发生改变，曾经的盛行风不复存在，新的盛行风出现，并具有前所未有的新风向。整个地球历史可分为两个稳定的气候状态，一个是"冰室"状态，两极存在长年封冻的冰；一个是"温室"状态，两极无冰。现代世界处在冰室状态，全球气候向今天寒冷状态的转变是从渐新世开始的。在全球气候变化的格局下，南美洲的寒冷和干旱化尤其明显。草本植物的特性使其高度适应新环境，在其原先分布的地区繁盛生长，并且扩展到了新隆起的安第斯山脉低纬度山麓的半干旱洪积平原上，首次成为自然景观中的重要组成部分。

　　太平洋底的洋壳向东推移，俯冲插入南美陆块之下，被挤压的大陆隆起形成新的山峰。安第斯山脉在白垩纪不断升高。随着南美西海岸的低地被挤压、折叠，岩层像硬纸板一样发生弯曲和倾斜。

如果这一切发生在今天的廷吉里利卡，将会形成一座巨大的火山。在白垩纪，这些海岸地区抬升形成阿尔蒂普拉诺高原，岩层被翻转，方向足足转了90度，因此今天这些已经石化的沙滩垂直插在地表之中。卡尔奥尔科化石点位于今天的玻利维亚附近，这里有一处留在岩壁上的化石足迹，是白垩纪时期的恐龙踩在当时的河中留下的，看起来像是壁虎爬过笔直的陡峭崖壁时留下的足迹。但在渐新世时期，这一切还没有形成。当时的安第斯山脉规模很小，高度甚至还没有达到1000米，而随着安第斯山脉的隆升，草本植物也开始扩张，很快将会成为一种遍布世界的生物。曾经的森林现在变成了零星的矮树林以及三三两两的灌木丛，和开阔平坦的地面相比显得格外矮小，只有在地平线附近才显出一丛丛起伏的轮廓。今天，我们已很难找到与廷吉里利卡地区相似的生态环境。草本植物和棕榈树在这里都很常见。和现代的生态环境相比，这里最接近稀树草原，二者都有分布稀疏的树木和大片的开阔地。而生活在廷吉里利卡的生物使这里的生态环境和其他地区截然不同，食叶动物在动物群中所占比例是其他任何现代地区的3倍，树栖哺乳动物极少。

高峰是引发降雨的因素。空气会在山脊上空聚集时变冷、变致密，空气中包含的水汽会在山的迎风面以降雨的形式排出。直至这团空气飘过山峰，它就会变得干燥，在山的背风面形成一条雨影带，这一地区的上空很少有雨点落下。今天的安第斯山脉形成了一条非常长的雨影带，导致了阿塔卡玛沙漠的极度干旱环境。尽管渐新世时期安第斯山脉的山脊高度只有现在的一半，但在更低矮的山区，背风面的降水量可达到迎风面的一半。再加上早期安第斯山脉中部上空自然形成的高气压，使得渐新世的廷吉里利卡的降水具有很明显的季节性。火山高地的山谷中，河水沿着河床从高处倾泄而下，蜿蜒地流过廷吉里利卡地区四面环山的黑土平原，这条河只在每年的雨季才流过这片区域。到了旱季，河床干枯，25米宽的平坦河道上排列着灰白色的泥裂，如同一块块天然形成的泥沙地砖。旱季炎热的天气炙烤着这些小泥块，令其边角发生卷曲；一旦河道再次涨水，一片片的红色泥沙会附在水面上，像一艘艘小船随着河水快速而杂乱地向东流向大西洋。立在原先干枯河道中的草茎，被重新蜿蜒流过的河水冲走。在更高处，原先的河流切出的河岸上成排的滨河植物仍然存在，如同一组老照片构成的一本动画书，描绘年复一年流经这片洪积平原的河水所遗留的河道。

在当前河水的沿岸分布着一定储量的地下水，使土地保持湿润，头顶茸穗的青草与灯心草和不凋花并排生长着，构成了由棕榈树和牧豆树组成的芒刺遍布的河畔森林的一部分。在远离河岸的灌木丛生的棕色土地上，随处可见绿草与长满多肉植物而看上去一片翠绿的坚硬岩石，与那些被风一吹就"噼啪"作响的灌木混杂在一起。人们相信，在此时此地，也就是渐新世智利的安第斯山地区，最早的仙人掌科与其姐妹类群——同样耐受长期干旱环境的马齿苋科——开始分化。存活下来的草本植物都长得粗硬而低矮，但它们正是靠这样的形态得以生存的，最近飘来的富含矿物质的火山灰也有助于它们的存活。它们不用等太久，雨水就会到来。雨季逐渐来临——北方的天空阴沉，滂沱大雨形成的光带遮挡住了北部的山峰，灰暗浓密的云雾在降雨之后变得清亮。随着云雨的到来，空气变得凉爽，山地湖泊蓄满了湖水。

此时，草原上遍布着成群的食草动物，远远望去使人联想到塞伦盖地大草原上动物种类最多的地区，动物们聚集在树荫下，等待着河水涨起来。然而，这里的动物并不是斑马、角马、犀牛、长颈鹿或是河马那样的大家伙，而是一些小巧玲珑的生物。此时的南美洲还是一块孤立的大陆，这里的动物十分独特。生活在最早的草原上的动物更是分外奇特。透过浓密而发干的草茎，可以看到一群灰色的如狐狸般大小、脸长尾巴也长的动物在一起吃着草。它们围绕着一只独自站在狭长林地边缘的体型更大、毛发蓬松的动物。如果草能从雨季开始之后一直保持生长，小型食草动物就可以完全隐藏在草丛当中，而成群的食草动物不会吃光一片区域内的所有草，从而全年维持草地原有的样子。在这样的半干旱草原上，吃掉之后能快速长起来的草更受食草动物青睐，而那些吃完之后来不及生长的草则无人问津。如果食草动物完全不去森林中觅食，这些河畔森林便能够向两岸更远处扩展。但刚长出来的小树上的嫩枝会不断被食草动物吃掉，因此没有多少树苗能长成大树，在长满灌木丛的环境中仅有零星的小片树林。草本植物能迅速从降雨中获得滋养，能够比树木长得更快。这就表明草本植物在降水量适中的气候下更容易扩张。在降雨量大或蒸发量小的地区，所有植物都可以获得充足的水分，因此森林仍然可以占据大片土地。降水量小或蒸发量大的地区则会成为长有灌木丛的沙漠，就像现如今的澳大利亚内陆。在廷吉里利卡，早在雨季到来之前，纯粹的森林环境就会因缺水而消亡，但草本植物却能存活下来。当雨季到来时，草本植物大规模扩张，令山谷和平原呈现一片翠绿，并几乎同时开满了五颜六色的野花。间歇性降雨是大部分以草本植物为主的环境的特点，即强降雨和无降雨时期交替出现。在温暖湿润、遍地森林的始新世之后，新的风向和降水状况构成的气候模式为草原在南美的出现提供了完美的契机。

成群的动物在草丛中时不时地缓慢移动着，其中的每一只动物都不会行走很长时间，但所有动物在一起不断地搜寻着可以吃的嫩芽，使得整个兽群的队列一直在变化。唯独有一只毛发蓬松的动物与众不同。它转动着身躯，用后腿支撑身体，舒舒服服地向后坐倒下去，像熊一样叉着腿，沐浴着阳光。它的前肢长而强壮，末端是奇特的前掌，长着长而弯曲的爪子。它用前爪撕扯着一株不幸的小树，咀嚼着树上的枝条，神情若有所思。伪雕齿兽是一种树懒，但和它的现代近亲有很大的不同。现存树懒的两个属是曾经一度十分壮大、种类繁多的家族的残余，这个家族的大部分成员生活在地面上。树栖的树懒包括二趾树懒和三趾树懒，它们在树懒家族之内的亲缘关系并不近，而是独立发展出了在树冠中定居的生活方式。树栖的树懒只吃树叶，大约 90% 的时间都在进食和一边休息一边消化食物。它们的生活很懒散，避免因活动或站立而消耗过多的体力。它们确实不需要站立，爪子用来懒洋洋地挂在树枝下面或是让自身安稳地趴在树枝上，都再适合不过了。地懒用同样的爪子挖掘、觅食和抵御敌害。到了距今 2300 万至 500 万年前的中新世，树懒家族达到极盛，甚至有一部分生活在秘鲁沿海地区的地懒逐渐适应了水生生活，它们的鼻孔开口位置很高，骨骼致密，长着像河狸一样的尾巴，可以在海底行走，像河马一样吃海藻为生。

树懒是生活在南美的奇特动物之一，与犰狳和食蚁兽共同构成了只在特定地区分布的哺乳动物类群，被称为"异关节类"，因其脊椎具有特殊的复杂关节而得名。除了异关节类，在伪雕齿兽周围觅食的动物包括若干个不同的种，这些动物都属于南方有蹄类（简称SANU），是一个包含多种未知属性动物的庞杂类群。这个类群的英文首字母缩写听上去像是某个组织机构的名称，而这也反映出我们无法确定其真正的性质。无论在哪种分类观点之下，南方有蹄类与世界其他地区的哺乳动物之间的关系都无法证实，其自身成员之间的关系也不明确，各成员之间没有明确的相近亲缘关系，但它们相继占据着相似的生态位。

例如，在伪雕齿兽周围吃草的动物中，有一种动物在某些方面与生活在非洲和中东的蹄兔很像，但其他方面却和蹄兔截然不同。真正的蹄兔是一种长着方形颌部的矮胖动物，像一只粗壮的短耳兔子，如同皱着眉头一般的面部特征令它看上去总是一副愤世嫉俗的样子。这些与蹄兔相似的南方有蹄类动物被称为"伪蹄兔"，长着同样的方形颌部，但四肢更长，身体也更纤细，面部有些像鹿。圣氏间兽也混杂在这群动物之中，这是一种体态柔软、形似野兔的动物，有着细长的身体和四肢。它们小心翼翼地吃着低矮的植物，警觉的双眼不停地提防着袋鬣狗——这种有袋类猎食动物是澳洲有袋类的近亲，长着鬣狗一样可以咬碎骨头的颌部，以及带有沟槽的终生生长的犬齿。

圣氏间兽貌似野兔，伪蹄兔貌似蹄兔，这一现象被称为"趋同"，体现为没有较近亲缘关系的物种通过平行演化，各自独立发展出大致相同的解剖结构。当一个新的环境（如廷吉里利卡渐新世时期的环境）产生时，动物们只能通过几种方式在新环境中生存，如此便不断会有不同的动物发展出适应同一种生存方式的特征。在开阔的平原上，一个非常重要的需求就是躲避敌害。和森林相比，开阔地区没有多少地方可以躲藏，快速奔跑的能力就变得十分重要。因此，像野兔和圣氏间兽这样的小型动物发展出灵活纤细的四肢，大型动物四肢的脚趾数量减少，并长成细长的蹄子，以提升奔跑的能力。南方有蹄类动物包含了与几乎所有旧大陆和北美有蹄类动物各门类相似的类型，形似大象和河马的闪兽和焦兽在残存于南美北部的湿润丛林中打滚，四肢细长的滑距骨兽发展出了酷似羚羊、马和骆驼的类型，正如生活在世界其他地区的羚羊、马和骆驼独立演化出了各自的现代类型。

相似度如此之高的动物通常分别出现在相距很远的大陆上，相互之间不会有接触。距离远意味着不会发生竞争而导致其中一方被淘汰，也表明这些外形相似的物种之间亲缘关系确实较远。例如，许多人在很长一段时期内坚持认为，犰狳与非洲及亚洲的穿山甲有较近的亲缘关系，直到有证据证实了二者布满全身的甲片、粗大的爪子和缩减的牙齿仅仅是适应相近生活方式的结果。今天我们知道，穿山甲与海豚、蝙蝠或人类的关系，比它与犰狳的关系更近。但无论一个群落处在多么孤立的环境之中，迟早都会有其他地区的生物到来。在廷吉里利卡的南美洲本地特有动物的周围，已经出现了新近迁入这里的动物，它们是从地球另一边跨越大西洋而来的。

全球范围的气候呈现一种持续变冷的态势，生物也在不断转变。某一地区的物种灭绝，通常会为其他物种的扩张提供契机，后者会畅行无阻地一路扩张，占据由灭绝物种让出的生存空间。在渐新世，河狸、仓鼠、刺猬和犀牛等动物从亚洲迁入欧洲，导致了欧洲一些动物被淘汰，包括欧洲本地特有的夜行动物始镜猴（眼镜猴和真猴的亲属），有蹄类动物中的几个科也灭绝了。渐新世时期的南美洲和其他大陆并不相连，生物难以迁徙进来，因此这里产生了独特的动物群和植物群，就像今天的澳大利亚一样。草本植物可以说是南美洲植物的新秀。然而，南美洲与外界并不是完全隔绝，还是会有来自远方的生物通过不可思议的途径扩散到这片大陆上。在廷吉里利卡，我们发现了这些外来生物的踪迹，这些来自旧大陆的生物正漫步在新大陆的草原上。

非洲的各条大河注入大西洋，在高温天气下，树木等植物随着河岸的不断侵蚀而被冲到河中。这些树木上住满了动物，有昆虫、鸟类和哺乳动物。有时候，整段河岸连同上面的植物全部被冲到水里，或者由自发缠结在一起的水生植物形成天然的木筏，随同河水被冲向海中。一片小岛般的巨大木筏随着因降雨而暴涨的河水顺流而下冲进海洋，这是一幕自然界的奇观，节奏缓慢而富有戏剧性。被冲入河中的地块上，树木仍然矗立，盘绕的树根交错着，牢牢地插在土壤里，下层灌木丛中的动物还没有意识到自己即将启帆远航。在大的地块周围漂浮着一些分散的小土块，像一群拖船围绕着一艘驳船。在后方绵延的森林的背景之下，土块保持着平稳而缓慢的移动，慢到难以察觉。只有被一股湍急的河水冲散，或是在河流转弯处撞在岸上，这些地块才会停止漂流。如果碰不到任何障碍，这些岛屿般的漂浮物最终会冲出河流的入海口，进入广阔的海洋，并且在河水的冲力下被推得不断远离海岸。这些漂浮物上的动物得以善终的可能性很小，但其中一些载着小规模种群或怀孕的雌性动物的漂浮物则交上了好运，在万幸之中被海风冲到了南美洲。

到了渐新世的廷吉里利卡，自非洲漂流来的动物在南美洲留下的后代之一开始繁盛起来，那就是真猴类。想必南美真猴类的祖先历尽千辛万苦，从非洲飘洋过海至此，最终只有少数幸存者成功登陆。从蜘蛛猴到吼猴，再到狨猴，亚马孙雨林中所有真猴类的存在，都要归功于当年的这些幸运儿。当时大西洋的宽度只有今天的三分之二，从非洲渡海到南美洲的距离也比今天短得多，但这段旅程仍然是非常漫长的，因为沿途只能依靠降雨和漂浮物上树叶中的积水作为饮用水。即便我们假设漂浮物能一直按正确的方向行进，上面的猴群也要在海上度过六个多星期。始新世时期，猴群一旦抵达南美洲，便能迅速扩散至西海岸。而猴子并不是唯一由非洲漂流而来的哺乳动物。豚鼠类也在抵达新家园之后繁盛起来，其中两个种出现在廷吉里利卡。所有的南美本土啮齿类，从水豚到刺豚鼠再到天竺鼠，都是同一个飘洋过海上千英里抵达此地并幸存下来的种群的后代，它们至少在晚始新世便已经来到这里。

跨洋迁移的途径多种多样，令人惊奇。非洲大陆和南美大陆于距今 1.4 亿年前分离，一些稀奇古怪的物种恰好生活在两块大陆刚刚开始分离的时期，随着大陆的分离而分布在大西洋的两岸。蚓螈是一种很少有人见到的穴居两栖动物，它们只要离开淡水，很短的时间内就会死亡，却通过大陆的分离实现了跨大西洋的航行。这些越洋扩散的例子甚至在一些淡水鱼中也能找到。有两种亲缘关系很近的虾虎鱼，人们认为它们是一个年代很晚的共同祖先的后代，目前已知其中一个种只生活在马达加斯加，另一个种只生活在澳大利亚。它们都是没有眼睛的穴居鱼类，无法在其他地方生存，这又为它们平添了一层神秘的色彩。在北美，一些看似无法逾越的屏障也无法阻挡生物的迁移。魔鬼洞的沙漠鱼仅仅在内华达州的这一个洞穴中发现，而它却是分布于死亡谷和墨西哥湾的沙漠鱼的近亲。这些种在距今 25000 年前才彼此分异，而分散在东部和西部的这些地点之间并没有淡水水路，因此有人认为可能是迁徙的水鸟传播了鱼卵。长距离的迁移扩散可能很少，但生物如果做了足够多的尝试，那么终有一次能够成功。而那些已经成功的案例，就有了重大的意义。

一些散落在草原上的带刺灌木的根部附近有一些坑，这是小动物挖掘出的洞穴的洞口。洞穴里面是状况良好的坑道，一直通入始平原绒鼠的巢穴，这是始新世迁入此地的啮齿类的后代。一大群始平原绒鼠居住在地下，它们长着松软的皮毛和蜷曲的尾巴，面部长满细长的胡须，显然是毛丝鼠和平原绒鼠的近亲。毛丝鼠和始平原绒鼠一样，对寒冷气候没有较强的适应力，无法生活在高海拔或是纬度更靠南的地区。到了晚渐新世，始平原绒鼠扩散至巴塔哥尼亚。从中新世开始，随着安第斯山脉的隆升，产生了一些高海拔地区，众所周知，这些地区是现代平原绒鼠的家园。在渐新世，尽管始平原绒鼠在安第斯山脉地区分布广泛，但神出鬼没，难以见到。安第斯鼠的分布更为广泛，它是刺豚鼠的近亲，但特化[1]程度不如能像鹿一样快速奔跑的刺豚鼠。和始平原绒鼠相比，安第斯鼠更偏好柔软的食物，它们取食柔嫩的树叶，而不是干硬的草。这些啮齿动物来到这片大陆上没有多久，相比它们刚抵达南美时那少得可怜的种群数量，南美啮齿类生态类型的多样性已经非常丰富了。

当然，在这之后草本植物将会从南美洲传遍整个世界。它们的生物特性令其扩张的速度快得异乎寻常。它们的种子很小，可以轻而易举地随风传播，或是由动物携带于体表或体内协助传播。它们能快速生长至繁殖年龄，种子富含淀粉，含有大量的营养物质以供胚体生长，而且种子经过火烧、冰冻以及动物长时间的咀嚼后仍能存活。草本植物可以轻易扩散到很远的距离之外，一旦大规模生长起来便很难铲除，并且能够朝着对自身有利的方向改造环境，是这个星球上最高效、最成功的入侵物种之一。

当我们听到一个关于远征的传奇故事，就会情不自禁地从人类的视角看待相应的事件，并愿意花时间搞清楚来龙去脉。人们都非常愿意将这些啮齿类和猴子看作心怀希望的冒险家，描绘着它们一马当先的精神，以及在充满未知和危险的环境中对抗困难、谋求生

1　由一般到特殊的生物进化方式，指物种适应于某一独特的生活环境、形成局部器官过于发达的一种特异适应，是分化式进化的特殊情况。*

存的勇气。但鉴于人类进行海外殖民时期的所作所为，上述故事构架便显得不合时宜。当某一类动物或植物从世界上的某个地区扩散到另一个地区时，一些人会用"入侵"一词来形容这个过程，因为这些外来物种会破坏当地的生态系统，令原先的环境面貌所剩无几。经常有人呼吁我们缅怀过去，怀念我们儿时的自然环境，相比那时，今天的世界已经改变，而且一般来说是变得更糟糕了。这样的呼吁告诉我们，过去的都是对的，现在的都是错的。

若要保护一个生态系统，重要的是维持其正常运转，维持其内部生物之间的联系，构成一个完整的内部流通的系统。事实上，物种是不断变化的，"本地"物种的概念不可避免地含有过多主观人为因素，通常与该地区属于哪个国家有关。在英国，那些最末次冰期以来生活在当地的植物和动物被划分为"本地"物种。然而在美国，"本地"植物和动物指的是那些在哥伦布登陆加勒比海地区之前生活在当地的物种。这些动物和植物受法律保护和受重视的程度高于那些"外来物种"，但本地和非本地物种无法轻易界定，而且非本地植物也并不一定就会破坏相应地区的物种多样性。例如，矮荨麻没有被划为英国的"本地"植物，但它们几乎随处可见，而且有明确记录表明它们在更新世便已出现在英国。野莴苣是生长在欧亚大陆和北非的野生植物，是种植莴苣的祖先类型，在德国被划为"本地"植物，在波兰和捷克被明确定为"古代引种"，在荷兰则被划为"入侵物种"。

因此，"扩散"和"迁徙"等一些中性的生物学名词，都带着一种令人不适的政治语言的色彩。回看过往，这种现象暴露了一种愚蠢的想法，即混淆了反对人类自身殖民活动以及倡导保护生态系统的意图。自然环境中不存在这种混乱的概念，这种概念也无法成为我们怀念过去的基础。人类强加给这个世界的各种限定，不可避免地改变了我们对事物归属的认识，令我们在回望地球漫长历史时只能看到一个个生态系统中不断变化的生物列表。这并不是说本地物种是不存在的，而仅仅是说我们很容易将本地物种的概念限定在地域观念中，实际上这一概念也与时间相关。

现在仍然有一些国家和地区将自身领土的概念扩展到远古时期，在国家政治和古生物之间制造确实的联系。20世纪早期阿根廷的古生物学家罔顾当时的科学共识，错误地宣称人类起源于南美洲。这个观点固然是错误的，但这种观点的意图是反对同样错误的北半球中心论。欧洲和北美的古生物学家普遍持这一理论，认为南半球各大陆上的生物演化进程相对落后。即便是今天，我们对生物演化的大部分认识仍都来自北半球的研究成果，因为北半球各国研究生物演化的历史更悠久，并集中了大量资金雄厚的研究机构，对一手化石记录有极其翔实的描述。

即便在21世纪，人类化石对一个国家也有着举足轻重的影响力，例如西班牙谢拉德阿塔普尔卡发现的早期人类化石。今天，美国大部分的州都有自己的州化石，从伊利诺伊州的塔氏怪鳗，到很久之后阿拉斯加确定的州化石猛犸象。西弗吉尼亚州选择杰氏地懒作为州化石，而地懒是公认的南美特有动物，并不属于北美。然而，地懒被选为美国的州化石，正是对人们早期普遍认识的回击，这是一种被蓄意添加了种族主义观念的固有认识：美洲的所有动物是一个整体，而不应该分南北，这种南北分裂观念的强化从某种程度上来说与欧洲人有关。一个物种是不是对应地区的本地物种，取决于你通过何种角度来看待它，尝试通过早已灭绝的物种或引入"生态种"的概念来讨论这一问题，犹如在玩今天的一些游戏时，要小心翼翼地通过一些边界和标识一样。

这一点在渐新世动物跨大西洋迁徙的讨论中可能尤其突出，因为其中涉及我们的灵长类近亲。人类总是下意识地带着主观态度去看待历史事件，我们必须避免自己以罔顾史实的空想去讨论当时的动物迁徙，那是完全由偶然事件促成的，当然也是充满危险、难以想象的旅程。

风将高地上的积雨云吹到了平原，翻滚的乌云如同魔鬼一般使天空变得一片漆黑。雨点刚一落下，地懒抬头望了望天空，停止了进食，缓步向前走去。空地上的焦兽群为了避雨，开始向河道转弯处岸边的一小片树林移动。开满野花的土地芬芳配合着如同打击乐一般"滴滴答答"的雨声，构成了回荡在空中的悠扬曲调。在这乐曲之下还有另一种"窸窸窣窣"的声音，那是潺潺的水声和蹄子奔腾的声音，声音逐渐增大，最后几近咆哮。在一株牧豆树突起的枝头上，鸟一只接一只地尖叫着飞走了，紧张的气氛立刻在地面上的兽群中弥漫开来。始平原绒鼠将灌木丛撞得来回摇摆，它们躲避着危险，消失在安全的洞穴深处。

木头断裂的"噼啪"之声沿着河水流淌的方向不断回响，紧随其后而来的是一股翻腾3米高的巨浪。动物们由紧张变为了夺路而逃，地懒哀嚎着，四肢并用、连滚带爬地逃命，焦兽惊恐万状地四散奔逃。洪水滚滚而来，撞到树木后向反方向翻转，变成一个接一个漆黑的滔天浪头奔向河岸，前赴后继地拍在岸边的地面上，宛若在草地上散开一片致密潮湿的丝绒布。泥石流有节奏地倾泻而出，一层叠着一层，如同滚开的麦片粥一般继而向前流去，在洪水顺畅的推动下流过整片草地，以每秒数十米的速度溢满山谷。在泥石流的冲击下，干硬的河床泥块支离破碎，翻滚的巨石如同没有了重量，粗大的树干像小树枝一样轻飘飘地浮着，泥石流将其所到之处的一切东西卷入、淹没或是摧毁，在它脚下的泥土中开凿出一条新的通道，将山谷谷底变成了一片狼藉的灰色泥槽。

廷吉里利卡周边地区火山之巅的暴雨引发了一场猛烈的山洪，洪水在倾泻而下时卷起了沿途细密的火山凝灰，形成泥浆，继而成为火山泥石流，侵蚀了河岸，令河道更宽、河水更湍急，冲击力也更强，最终河水达到了惊人的流速，成为一股毁灭性的力量。[1] 地懒原先坐的地方已经积起了 2 米深的冒着气泡的洪水，焦兽和啮齿类已经踪迹全无。距离河岸最近的树木由于其根部的土壤被冲走而轰然倒塌。一些顽强的树木仍屹立在水中，在不断咆哮而过的火山泥石流当中不受控制地摇摆着。在这场暴雨中，草本植物都不见了，放眼望去除了洪水看不到任何其他的东西。只有洪水冲到转弯处形成的波浪，以及洪水急速冲过时激起的翻转的波纹，能够显示出原先河道的位置。

一个小时之后，洪水的盛大演出落幕了。令人难以想象的是，大量的泥浆是如何从那么远的山上冲下来的。泥浆冲过草地，如同流过张开的手指之间。河水流经更加平坦的地区，排出了水中的泥沙，流速变得缓慢并稳定了下来。在那些依然裸露的坚硬地面上，之前在泥石流中翻腾的巨石现在一动不动地立在地上。泥石流所到之处的动物都被卷入泥浆，无一幸免，它们永远被封在了石头里。石头经过泥石流的冲刷，被泥灰、砂和土壤覆盖着，等待着青草再一次长满山谷。

廷吉里利卡的所有动物都有可能被保存为化石，而这里的草本

---

1 例如 1980 年圣海伦火山喷发后形成的火山泥石流，其流速经测算可达每小时 100 千米。

植物却完全无法直接保存为化石——无论是实体化石还是孢粉化石一概皆无。火山泥石流十分粗硬，保存条件恶劣，植物软组织和脉状的昆虫翅膀都无法保留下来。一些动物在这场灾难来临时逃过一劫，远走高飞，也没有在此处被保存为化石。只有一些陆生动物的骨骼残段和碎裂的牙齿在岩石的破坏作用下幸存下来。尽管草本植物没有以实体的形式位列廷吉里利卡的化石名单中，但它们也留下了自己的印记。环境会改变生活于其中的生物，生物也同样会改造自身所处的环境。将一个地区的所有食草动物按体型从小到大排列，根据体型的分布状况可以绘制一条曲线，叫作"群落线"。根据群落线的走向，可以相当准确地判断一个地区相对的开阔和干旱程度。用这种纯数据的方法来推断，廷吉里利卡明显属于相对开阔的环境。即便只通过一两件动物标本来推测，廷吉里利卡也是明显存在草本植物的。只要观察廷吉里利卡动物化石的口腔内部，你就会有全新的发现，而这一切都是草本植物、食草动物及其所处的外界环境之间产生联系和相互作用的结果。

植物会重点发展自身被动物食用的部分。植物果实含糖分，外表吸引眼球，因此动物容易找到，也喜欢吃这些果实，种子便因此得以传播。花朵艳丽夺目、香气浓郁，且含有花蜜，能吸引传播花粉的昆虫。一些植物甚至能感知传粉昆虫的到来，当昆虫从这些植物前飞过，它们的花瓣可以探测到昆虫翅膀的轻微震动，这时就会立刻分泌更多的糖分使花蜜更香甜，就像市场上的小贩对着过往行人吆喝叫卖一般。草本植物对借助动物传播种子并不热衷，它们是风媒传粉植物，也就是靠风和流水传播草籽。它们开着平平无奇的花朵，结着缺少营养的颗粒果实。人类已经驯化了种植草本植物，包括小麦、水稻、玉米和黑麦等，经过了数百代人的试验、数万年的不懈选育，才将它们转变为粮食中的重要部分，甚至收获作物之后，我们通常还需要极其繁杂的加工工序令其变得美味可口。草本植物的叶子同样缺乏营养，而且它们为了对抗食草动物，在内部发展出一套防御工事般的结构，一种叫作"植硅体"的尖锐的钙质结晶遍布它们的体内，食草动物吃进嘴里之后会感到嚼着沙子一般，植硅体还有显著的破坏作用，可以慢慢磨损食草动物的牙齿。总而言之，食草动物注定了要吃粗硬的、缺乏营养的食物，这些食物还会缓慢而持续地磨蚀它们的牙齿。

我们甚至无须从微观层面观察草原环境对动物身体特征的改变作用。即便动物一生只啃食和咀嚼较软的食物，也会导致牙齿的严重磨损。吃草更是会大大加剧牙齿的磨损，自然选择的作用看似充满智慧，却也不通情理。但在这样的作用下，生物也并没有放弃为生存而抗争。但凡存在的资源都会被充分利用，即便有些资源很难获取，它们仍然能使部分生物获益。草本植物促使动物的牙齿齿冠越长越高，以至于不怕任何程度的磨损。这种牙齿齿冠很高，咀嚼面平坦，遍布坚硬的釉质和白垩质，齿根短或无齿根，被称为"高冠齿"。高冠齿发展到极致便出现了不断生长的牙齿，这些动物以带泥沙的草为食，在一生中牙床不断退缩，牙齿不断生长，这种牙齿生长方式在大型动物中仅见于披毛犀和南方有蹄类。在早渐新世，草本植物尚未在北美广泛传播，当时的马只有家猫大小，在危险重重的阔叶林中吃树叶为生。当全球进入寒冷时期，平原地带变得更加开阔，北美草原发展起来，马必须适应这种变化，成为生活在开阔环境中的四肢细长、善于奔跑、高齿冠的群居食草动物。生活在开阔草原上的众多动物在运动和取食方式上独立发展出相似的适应特征，表现在牙齿和四肢上。变化的动因是复杂多样的，开阔的环境、增大的体型和坚硬的地面都可能影响这些形态的变化。无论是羚羊、美洲叉角羚、鹿还是一些南方有蹄类，所有这些动物都同时向一种新的生活方式发展，这是食草动物的通用模式。

届时，南美的特有动物将走向消亡。在距今2800万年前，巴拿马地峡从加勒比海中升起，阻隔了大西洋和太平洋，连通了北美和南美，北美的生物会向南迁徙，南美的生物也会向北迁徙。距今2000万年前南美和北美之间开始了大规模的双向生物迁徙，直到距今350万年前巴拿马地峡完全断开才结束，这就是著名的美洲生物大迁徙。从结果来看，北美的生物在迁徙中受益更大，而其中原因仍不是很明确。在南美特有动物当中，至今只有北美豪猪和弗吉尼亚负鼠发展繁盛，犰狳也在北美南部的沙漠地区生活。

即便在南美，北美物种也占据了绝对优势。所有肉食性有袋类和南方有蹄类动物全部灭绝了。到了今天，南美特有哺乳动物中仅剩下101种负鼠、6种树懒、4种食蚁兽和21种犰狳。大地懒生存的时期已经算是非常长了，在加勒比海地区可能存活至距今4000年前。地懒在距今8000年前还生活在巴西和阿根廷，是地球上曾经出现过的最大的掘洞动物，它们挖掘出巨大的坑穴网络作为整个族群的巢穴，并保留至今。箭齿兽是一种南方有蹄类动物，外形像一只没有角的犀牛，后弓兽是一种形似骆驼的滑距骨兽类动物，在距今15000年前仍然存活。加勒比海地懒和南方有蹄类的灭绝事件可能并非偶然，在大约同一时期，人类抵达了它们的生存地区。

这些远在世界彼端，生态和解剖特征趋同的动物，我们很难按照现有的哺乳动物分类体系对其进行划分，但其中最晚灭绝的成员为科学家们提供了认识它们的契机。在巴塔哥尼亚较干旱、寒冷的地区，时代最晚的南方有蹄类化石保存了可以进行分析的组织——

胶原蛋白纤维，和 DNA 的作用相同，可以用来探明动物之间的关系。通过对氨基酸序列的对比，这些南美特有动物的身份渐渐浮出水面，我们现在知道了它们与奇蹄类（现存的奇蹄类动物包括马、犀牛和貘）关系最近。

尽管问题有了答案，但答案本身又引出了更大的问题。经研究，许多古新世和始新世的动物都是奇蹄类的亲属，它们生活的地方彼此之间相隔万里，如北美、欧洲和印度。如果我们假设最早的奇蹄类生活在亚洲，那它是如何进行这种全球迁徙的呢？在地球的这段历史时期中，各个大陆是分开的，上述地区彼此之间的距离比以往任何时候都要远，那么奇蹄类各个科的祖先是如何做到如此快速、广泛的扩散的？或者，这些动物与奇蹄类的相似之处，会不会也可能是它们在很早的时候就针对相同环境发展出了相似的特征，从而发生了趋同呢？

旅程本身不可能被保存为化石，但是旅行者的后代消亡之处便代表着全部旅程的终点。无论沿着岛屿行进还是在海上漂流，也无论沿着哪条路前行，纵观整个地球历史，生物一直在不断地迁移、扩散，在新环境中繁荣发展。草本植物由廷吉里利卡发端，并将很快扩散到全世界。这种在南半球繁盛生长的植物将会引发这个星球上最大规模的生物扩张事件，从北美大草原到欧亚大陆的干草原，再到非洲的稀树草原。从竹林到白垩草甸，草本植物的时代来临了。

第 5 章
循 环

南极西摩岛

始新世，距今 4100 万年前

然而地球还是在转动。

———

伽利略

黄昏已过，在孤寂的长夜中，它们暗淡了下来。

———

维吉尔 |《埃涅阿斯纪》

诺氏企鹅

海滩上到处充斥着海鸟的鸣叫声，成年海鸟焦急地呼唤着它们的配偶，年轻一些的海鸟则试图浑水摸鱼，偷偷寻找交配的机会。带壳的软体动物随处可见，腹足类乳玉螺高耸的螺旋外壳如同神话中独角兽的角，双壳类僧帽蛤光滑的壳确实像帽子一样，此时的沙滩已经变成了异常拥挤的动物交配场地。石头上涂满了白色的鸟粪，任何东西一旦沾上这些粪便，就会散发出刺鼻的氨水味道，粪便渗进沙子里，最终形成的岩石其化学成分与纯沙形成的岩石大不相同。海鸟用砾石在各个僻静之处筑巢，体型小的鸟喜欢在岩石裂缝或有植被遮挡处筑巢，而体型大的鸟就只能在开阔地筑巢了。在一条狭长半岛的背风面有一片海湾，构成了一座大型避风港，一条溪水经此处流向入海口，在沙滩上留下了一个个散落的沙洲，这里是海鸟们育雏的理想之处。海滩周边陡峭的山坡上树木茂盛，有着成片鳞状树皮的南青冈树从高处沿着山坡铺展下来。南青冈树之间的狭小空隙中，还夹杂着一些针叶树木——猴谜树、柏树和芹叶松——这些树的表面都布满了附生植物，即完全依靠寄生在其他植物表面存活的植物。花枝招展的山龙眼引来了各种藤蔓、蕨类和丝状苔藓附着其上，构成了一幅墨绿色的图画。自西吹来的海风十分潮湿，与这片向南伸向海洋的狭长陆地相遇后化作细雨。这里是一片温暖的海岸雨林，处处都是一幅绿油油的景象。即便当一棵树在长到一半时，根从土壤里露出来，也仍然能够从落叶中汲取肥料，并吸收到足够的水分来维持生存。倒塌和腐烂的树木表明这片森林已经形成了很久，这是一片未受惊扰的原始丛林，一株接一株的树木尽情生长，仿佛都要触碰到半悬在空中的太阳。

大陆之间时而分裂、时而合并，全球气候时而温暖、时而寒冷，但一些恒定的天文指标确保着这个世界长期适合生物居住。太阳光从很远的地方照射而来，这个距离基本是恒定的，地球所接受的光照也基本来自相同方向，具有相同的能量。然而，根据地表接受光照的位置不同，地表不同地方所感受到的光照强度也大不相同。如果地面是直接面对太阳，热量会集中在较小的一片区域，这片区域的环境温度会更高。如果地面以一定角度的倾斜面对太阳，地面上的人会看到太阳位于半空中，光照会散布到一片较宽广的区域，产生的温度也比阳光直射时要低。这样就粗略说明了为什么凌晨和傍晚比白天冷，而地球上远离赤道的高纬度地区更冷。

然而，这并没有解释季节交替的原因。世界各地生物在一年之中的生活节律，是地球早期历史中非常重要的部分。在遍布天体的太阳系中，一次偶发性的碰撞使地球的自转轴倾斜。如果地轴不发生倾斜，地球的运行轨迹将始终如一，地球上的每一天都会一成不变，地球上各种事物的变化进程也不值一提。正因为地轴发生倾斜，才有了"年"这一概念。每过 6 个月，地球的一极正对太阳而另一极背向太阳，正对太阳者面临持续的夏季白昼，反之则面临持续的冬季夜晚，如此周而复始。地球上的一年因这种华尔兹般的倾斜运转而划分出季节，生活在高纬度地区的生物面对换季产生的环境变化，要么迁徙以寻求适宜环境，要么留下来应对恶劣环境。在今天，我们的星球仍然处在冰期阶段，位于最南端的南极大陆终年冰雪覆盖，陆地上一年之中几乎只有冬天。然而在始新世，两极地区的生物呈现出另一派景象，西南极洲的半岛地区北部便是典型的例子。

在始新世初期，全球气候的温暖程度几乎是史无前例的，这是由大气中高浓度的二氧化碳和富集的甲烷造成的。关于具体的浓度说法不一，有人推测当时大气中二氧化碳的浓度可高达大约百万分之八百，是现代水平的 2 倍多，是 19 世纪时的 4 倍多。古新世与始新世之交是地球历史上著名的温暖时期，被称为"极热期"，无论气温还是二氧化碳浓度均达到最高水平。当时有巨量的二氧化碳和甲烷排放到大气中，排放量为每 1000 年 15 亿吨——这个排放量在地球历史上是前所未有的，甚至超过了人类社会前工业时期的水平。这使得当时的气温至少上升了 5 摄氏度。这是一次突发性的大规模碳排放，这些碳的确切来源尚未证实，但岩层记录表明，在格陵兰一场大规模的火山喷发之后，深海中的甲烷固态结晶开始溶解释放。甲烷这种比二氧化碳作用更强的温室气体，导致气温从此开始上升。海洋温度的升高又促进了甲烷的进一步释放，从而进入了促使气温不断上升的恶性循环。

全世界的生态系统都对气候变暖产生了响应。整个北半球的哺乳动物体型开始变小，因为恒温动物的产热量和体重成正比，但散热量与体表面积成正比。体型小的动物相对于体重有更大的表面积，因此在炎热的环境中也不容易体温过高。在海洋和陆地上，从微小的浮游生物到特大型食草动物，各种生物要么灭绝，要么迅速演化为新的类群。从各个方面来说，始新世都称得上是"现代世界的黎明"，在这个全球气候处于温室状态的时期，现代生物的基本格局已经形成，现代世界的雏形诞生了。在始新世的西摩岛，极热期的高峰已过，但此时的全球平均气温仍远远高于现代水平。赤道地区的温度并不比现代高很多，当时还是海岛的印度的平均陆地温度，与今天一些炎热潮湿的生态环境相似。然而，高纬度地区的情况就大不相同了。当时的世界不像今天这样处在冰室状态，当时的两极地区没有被皑皑的冰雪覆盖。当时没有山地冰川和海洋永冻冰层储存水，因此海平面比今天高 100 米，对人类来说，当时所有大陆上的气候都相当不适宜居住。

当时的一些现代物种都属于我们所说的"全球分布"，包括南极在内，这就表明了，即便是有"被遗忘的大陆"之称的南极，在当时也是气候温暖的——这多少有些令人意外，当时南极的夏季温度达到了 25 摄氏度。海水也很温暖，温度达到 12 摄氏度。整个大陆覆盖着郁郁葱葱、遮天蔽日的森林，到处都是飞鸟的鸣叫声和走兽穿过下层灌木丛的"沙沙"声。但地球一直在转动，物理定律决定着生物与其居住的土地和海洋之间的关系。南极的位置一直处在地球的最南端，处在连续的夏季白日和冬季夜晚的不断循环之中。在南极，阳光的规律以及决定全球大气和水环流的规律同样有效，掌控着这片极地雨林的生态。

从沙滩直接攀上布满树木的陡峭山坡是很困难的，因此山上是猎食动物的禁区。海鸟的巢穴不但受到地形的防护，它们也能靠数量众多来御敌自保。这里是周边一带比较大的海鸟聚居地，一共居住着 10 万只鸟。这些海鸟可是这片地区的象征。即便气候热得出奇，只要看到这些鸟，人们就会知道这里是南极，而不会错认成其他地方。没有任何一种鸟对于其居住地的代表性，比得上企鹅对南极的代表性。企鹅的祖先居住在新西兰，西摩岛是最早的企鹅化石出产地之一。企鹅的居群呈一条带状覆盖着海滩，长度超过 400 米。整片海滩都淹没在一片黑黄白相间的拥挤鸟群当中，到处是高一声低一声的鸣叫，鸟群早已乱作一团，分不清哪一只是哪一只。

走近一看，鸟群的规模更加令人惊叹。体型最小的是海豚企鹅，和现代王企鹅差不多大小，但在始新世的西莫岛就不值一提了。这里所有的企鹅都属于巨企鹅科，体型比它们袖珍的现代亲属大得多。有一些企鹅（如诺氏企鹅）站立时平均高度达到165厘米，基本相当于人类身高的平均水平。在混居于此处的所有企鹅中，诺氏企鹅是平均体型最大的类群之一，而一些克氏企鹅中较大的雌性个体身高可达2米，体重接近120公斤——相当于一名高大的橄榄球运动员的体型。这些企鹅长枪一般的喙和现代企鹅相比可谓长得出奇，可达30厘米。除了这两个巨型的种，还有7种企鹅比大部分现代企鹅都要大。一块栖息地居住的种类达到如此丰富的多样性，尤其是不同种的生活方式也相同，这是很罕见的。一般来说，一个地区的不同物种只有在生态位差异大到足以使它们分别获取不同的资源，避免竞争的情况下才能共存，也就是所谓的"生态位分割"。然而在这里，海洋中极其丰富的资源令企鹅们如获至宝，与其选择生活在资源匮乏的地区，它们宁愿在这片拥挤的鸟类都市里争夺一席之地，建立起各个种类汇聚一堂的大群体。

这些企鹅已经适应了海洋生活，它们的骨骼变得致密，可以抵抗水的浮力，行走时步态更加蹒跚。此时它们仍保留内侧脚趾，后期便退化了。它们松弛的翅膀更像海鸽的翅膀，而不是后期企鹅发展出来的那种适合在水下潜泳的坚硬的鳍状翅膀，羽毛也不像后期企鹅那样致密，因为它们无须应对极端寒冷的天气。那些不在沙滩上成群乱窜的企鹅都浮在海湾的水中，准备出发前往捕鱼地点。它们捕食鲱鱼、隆头鱼、无须鳕、海鲇鱼以及长着尖锐吻部的石鲷、剑鱼和带鱼。鹦鹉螺在浅水中上下漂游着，它是章鱼、鱿鱼和乌贼的带甲壳的近亲，很少出现在高纬度地区。除此之外，海水中到处都是银鳕鱼的各种近亲鱼类。浮游生物十分丰富，鱼类将这种极佳的养料作为食物，这里简直就是一座"海洋大食堂"，是鱼类天然的活动场。

这片半岛位于德雷克海峡中，南美洲和南极洲的手指状突出部分原先在这一地区相连，在中始新世断开连接，形成海峡，海峡之下是上升的洋盆。这里是大陆和海洋的交汇之处，生活在开阔水域的生物也在这里繁盛发展，数量极多，形成了一片海洋天堂。在这片地区，冷水从海洋深处上升，将一些生活在深海的奇特生物携带上来，如金眼鲷类的燧鲷和针眼鲷。寒冷的洋流也携带着养分和溶解氧，为海底至海面各个深度的生物提供给养。洋流在海峡的浅水区域掉转方向向北流去，如此循环往复，这种洋流循环已经持续了 2000 多万年。

这种上升洋流虽然只是一种区域性的地理现象，但其循环流通的驱动力却是照在数千英里之外的赤道地区的太阳光。赤道地区空气升温最快，热空气上升至高层大气中，将热带地区的湿润空气向两极方向推动。空气在上升过程中不断冷却，被其下方处于上升途中的空气推向两极方向，之后冷却到一定温度的空气开始下沉，如此形成了一个环流圈，在这个空气环流圈覆盖下的地区被划分为热带。这个环流圈下沉空气的边缘部分继续推动着更靠两极方向的空气，依此类推，朝着两极方向又相继产生了两种环流圈，分别划分出了温带和寒带地区。

在这些环流空气层的基础上，地球的自转产生了信风，即热带地区海平面附近低空吹起的自东向西的强风。基于相同原理，南北纬 60 度的极地地区的空气升温后上升，向赤道方向流动。向极地方向流动的空气迅速下沉，在科里奥利力[1]的作用下自东向西急速流动。向赤道方向流动的空气与从赤道向两极流动的冷空气相遇之后，前者被牵引下沉。极地和赤道地区地表的风向是自东向西，中纬度的风向则是自西向东。南极四周的南冰洋盛行西风，即自西向东吹。

在现代的南冰洋，表层海水由于西风的不断推动，且不受大陆的阻挡，产生了一股自西向东持续流动的洋流，其流速达到了摩擦力干预下的最大值，这就是环南极洋流。地球自转产生的推力使海水流向更广阔的赤道地区，就像车辆在交通环岛中转一圈后驶出。在太阳光照产生的风和地球自转的共同作用下，海水自南极向北流动，深海富含养料的海水不断上升涌出，使极地海域的生物得以繁盛发展。

丰富的鱼类资源令捕食者们大饱口福，而企鹅并不是唯一享受这片寒冷海域恩赐的动物。在海滩上大群的企鹅之间，还可以看到一些小型的鸻，它们是鸻形目鸻科的成员，以昆虫为食。成群的昆虫对鸻具有很大的吸引力，站在远处溪水入海口处的是朱鹭，它们在潮间带捕食软体动物和甲壳动物。海洋上空的主宰者们挥动着狭长的翅膀，乘风不断翱翔着，它们中体型小的有长着管状鼻孔的信天翁以及海燕，体型大的有喙上长着牙齿状突起的骨齿鸟。这些鸟居住在离海岸较远处的山顶，靠着南半球盛行的西风，它们不需要花费力气就可以飞行很长的距离。它们最明显的特征是白色边缘的翅膀，有些鸟的翼展能达到 5 米，比自身的躯干长得多，适合乘着风快速飞行，这种方式更像是滑翔。体型过大的鸟无法飞离水面太高，

---

1 简称科氏力，指旋转体系中进行直线运动的质点由于惯性，相对于旋转体系产生的直线运动的偏移。*

它们就像地效飞行器[1]，能够迎风以很高的速度向海浪顶端的位置俯冲，以捕捉在海面附近游泳的鱼。那些滑溜溜的鱼和鱿鱼非常狡猾，总是能抓住最好的时机逃脱。但骨齿鸟不仅拥有能在南极的强风中翱翔的翅膀，更是长着一副占据了大部分头部的上下颌，像面包刀一般长满锯齿，能够对付狡猾的猎物。它们较小的头部高处位置是一双锐利的眼睛，长着像翠鸟一般长长的喙。喙的内侧长着细长的骨质突起，牙齿直接从这些骨质突起上长出来，张开的鸟喙就像鳄鱼的嘴一样，但只有成鸟才会长牙齿。像几乎所有海鸟一样，骨齿鸟有较长的生命周期，一次只养育数量很少的雏鸟。没有牙齿的雏鸟完全无法依靠自身进行有效的捕食活动，因此它们在出生后一年多的时间里都由成鸟照料，亲代轮流照看雏鸟和飞到海面上捕食。

今天，信天翁可以跨大洋飞行超长的距离，白天乘着西风飞翔，晚上在海面上睡觉。始新世的信天翁和骨齿鸟可能有同样的行为，一次就可以飞出很远，消失在海平面的另一端。在飞行中，它们用自己弯刀状的翅膀华丽地翱翔，极少扇动翅膀，而是乘着气流向前滑行。当它们随着空气一同下降和减速时，才会调整方向，用力振翅以加速飞行。这简直就是大气环流的缩影。

在水面上时，这些鸟唯一害怕的就是水中种类极其丰富的鲨鱼。这一地区土生和定期迁徙而来的鲨鱼至少有22种，它们以此地数量众多的鱼类为食，不同的鲨鱼会选择不同的鱼类猎物进行捕食。海

---

1 "地效"全称地面效应，指飞行器在贴近地面或水面进行低空飞行时，由于地面或水面的干扰，使地面或水面与飞行器升力面之间的气流受到压缩，从而增大了机翼升力并同时减少阻力的一种空气动力特性。利用地面效应做低空飞行的飞行器称为地效飞行器，可贴近地面或水面做低空飞行。*

岸边的溪流入海口处水很浅，原本清澈的海水因带着泥沙的奶茶般的溪水注入而稍显浑浊，水面上突然冒出一片泡沫，一只灰色的尖状鱼头若隐若现，鱼头上有一根长满尖刺的锯齿状长条，随后它又消失在了水中。这是一条锯鳐。锯鳐是鲨鱼中的一类，吻部酷似一把指向前方的链锯，它们通常只生活在热带和亚热带地区，即便在温暖的始新世的夏季，它们都很少造访南极。西摩岛丰富的食物显然对锯鳐有很大的吸引力，它们很可能是随着南美东海岸的洋流抵达这里的。锯鳐的锯状吻部能起到定位和捕食猎物的作用，沿着长长的吻部有数千个壶腹状感受器，可以感知电位的变化。由于脊椎动物依靠钙离子流动的电位差来控制肌肉运动，因此当鲱鱼有明显动作时，锯鳐就能感知到，它就会在水中高速挥动自己的锯状吻部敲击海底，将鲱鱼从其躲藏的低洼处赶出来，最终诱使猎物游到自己的嘴边。

海面上的企鹅惊恐地拍打着水面，掀起一阵水雾。一条极其长大的盘曲扭动的身影出现在水中，像是航海传说中的海蟒。这是一条身长21米的龙王鲸，属于龙王鲸科，拉丁名原意是帝王蜥蜴。这明显是早期学者们的错误判断，由于生物命名法的严格规定，这个名字也被迫保留，实际上这种动物是一种鲸。最早的鲸起源于遥远的印巴地区的特提斯洋沿岸，距离当时仅仅几百万年，那时印巴次大陆还是个岛。巴基鲸是最早的鲸类之一，四肢细长，过着水陆两栖生活，以捕食和食腐为生。它的外形既像海豹又像狼，骨骼致密，眼睛长在头部较高处，可以藏身水中并露出眼睛观察四周，可能以奇袭的方式捕猎。此后，鲸类逐渐发展为完全的水生生活，龙王鲸是最早一批完全告别陆地生活的鲸。

这种原先生活在浅滩上的动物的身体构造发生了大幅度的变

化，以适应新的生活环境，长出了鱼鳍般的前肢和末端扁平的尾巴。其鼻孔退缩至头顶，但头部尚未发展成现代鲸类那样中间凹陷的扁圆状。水的浮力使它们的体型可以长得很大，而无须担心被自身的重量压垮。由于完全不需要在陆地上行走，它们的后肢退化为向外伸出的极小的鳍状，即便是在转动身体时都极少使用。它们的内耳对低频音越来越灵敏，因此在水下有着发达的听觉。它们的耳蜗逐渐变长，盘绕得更紧密，耳蜗壁更薄，能够听到在水中传播了很长距离的声音，这些声音是其他动物很难听到的。然而，始新世的鲸类还没有发展出膨大的"甜瓜"结构——齿鲸和海豚前额的突起部分，可以增强其发出的用来定位的声波。龙王鲸可以聆听海洋的音乐，但还无法以歌唱作为回应。

沿着河水逆流而上，河道逐渐变窄变深，在丛林密布的山地间蜿蜒流过。由于极热期的海平面上升，山谷被水淹没，形成了河流。一只浑身是毛的动物笨拙地沿着河边踱步，吓得青蛙纷纷跳进水里躲避。这只动物长着马一样的嘴唇，长长的鼻子有些像貘，身体像水桶一般，却又长着带5个趾头的细长四肢。它像追着鲑鱼的熊一般趟进河口地区的水中，将一群鹦惊得飞走了。它用两颗露在外面的上门齿和藏在嘴里的发达犬齿，啃食着长在水边的水葱和灯芯草。这是一只南极闪兽，在南美和南极地质时期的动物群中皆有记录。

南极在地理上是南美洲、非洲、澳大利亚等各个大陆之间的联系枢纽，这些大陆曾经组成一片超级大陆——冈瓦纳大陆。印度－马达加斯加陆块已解体，印度板块和亚洲相撞，像推土机一般向北推入亚洲，引发了造山运动。而西摩岛也是冈瓦纳大陆的一部分，西南极半岛向南美延伸，与巴塔哥尼亚相连。两个地区的森林十分相似，直到距今1000万年前，二者之间的地峡才被新形成的威德尔海淹没。澳大利亚坐落在多山地、地势较高的东南极海岸不远处。南极的动植物（包括南青冈树、企鹅等）是更广大的冈瓦纳大陆动植物群的一部分。所有南方大陆的植物构成了一个生物区系。南极闪兽是我们在廷吉里利卡见到的本地有蹄类动物闪兽的近亲，还有其他一些关系密切的生物分别生活在西摩岛和南美洲。

除了一些凌乱的碎屑，针叶植物的叶子经过几百年的堆积，已经形成厚厚的一层，张牙舞爪的附生植物和肆无忌惮萌发的真菌体遍布在活着的树干上，这些密林丛生的山坡并非无法穿越。树木之间的空隙俨然是一条很容易走的登山路，一种每只脚长着三个蹄子的动物世世代代从这里经过，开辟了这条路。这种长得像骆驼的动物叫作南脊兽，属于滑距骨兽，它们在森林中经过时会踩出一条道路。它们有小型的单峰驼那么大，以南青冈树林中低垂下来的树叶为食。这一地区的环境在一年之中变化较为明显，而在较长的时间尺度上则更为稳定，南脊兽的身体结构在数百万年中都没有变化。在身体结构方面，南脊兽没有朝特定的方向演化，从而成为一个技能全面的通才，能够很好地适应环境的变化，而不会偏好某种特定的环境。这种面对复杂变化而岿然不动的现象被戏称为"以不变应万变"模式。在苔原地和极地这些恶劣的环境中，广泛的适应性是非常重要的技能。不变的环境造成了生物的特化，而在演化方面来说，这是一种止步不前的状态。没有哪个环境是恒定不变的，生物一旦丧失了生态位，紧随而来的便是灭亡的命运。

树林的深处有一棵倒下不久的巨大的猴谜树，生前至少有 30 米高，因其他茂密植被的支撑没有完全倒下，而是呈一定角度倾斜着。这棵树快速地腐烂，蘑菇沿着树干萌发出来。这些真菌的菌丝、菌根和网络结构都深入到死去的树木体内，依靠细胞分裂不断增殖，这一切从外面是看不到的。在潮湿的环境中，腐殖化的进程是很迅速的。倒下的巨大树木上有个树洞，洞口长满了大片不透水的树叶，杂乱而紧密地盘曲成球状，看上去像是小孩子踢的足球，只不过是绿色的。走进洞口，树洞里是成排的苔藓和春天里刚发芽的植物，这些植物长得低矮，已经成了温暖的干草，那种又软又干的质地像羊毛拖鞋一般。这里没有灵长类，因此这里的"猴谜树"也无法令猴子产生疑惑。这个树洞是南猊的一种近亲的巢穴，南猊这种树栖有袋类动物在西班牙被称为"山猴"。

南猊是一种大眼睛、毛茸茸的夜间活动的负鼠类动物，大约有老鼠大小，长着能抓握的前肢和扁平卷曲的尾巴，尾巴底部无毛，这样能起到帮助攀爬和储存过冬脂肪的双重作用，令人感到不可思议。它们白天以及整个冬天都在睡觉，就像睡鼠一样。西摩岛是两种早期南猊的家园，其中一种体重大约 1 公斤，是现代南猊的20 倍以上。南猊能够踏足南美确实要归功于南极。有袋类动物分为两个主要类群，即美洲有袋类和澳洲有袋类。美洲有袋类包括现生的负鼠和几个灭绝类群，如长有剑齿的肉食性动物袋剑虎。正如其名字所示，它们是美洲（特别是南美）特有的动物。澳洲有袋类包括生活在澳大利亚及其周边岛屿的有袋类动物，如袋鼠、考拉、袋熊、袋獾、袋食蚁兽、蜜袋鼯、短尾矮袋鼠和袋鼬。南猊也属于澳洲有袋类动物，现今却只生活在智利和阿根廷西部的高海拔温带雨林中。事实上，南猊无法生存在其他地区，它们吃一种特殊的植物为生。智利槲寄生是槲寄生类的一种，这种寄生植物靠南猊传播种子，是南青冈森林生态系统中的关键部分。南猊与这种生态系统之间的深层次联系，令相关的生物地理问题变得更加扑朔迷离：南猊的祖先是否先迁入澳大利亚，适应了当地的南青冈森林环境后又迁回南美? 或者是澳大利亚的南狼迁入其他地区后繁盛发展起来? 西摩岛的其他有袋类动物都属于美洲有袋类, 对上述问题的解答毫无帮助, 问题的答案隐藏在数千米厚的南极冰层之下, 那里原是一片雨林, 现在完全为冰雪所埋。

然而, 远古时的雨林环境也不可思议地出现了一些特殊的鸟类。平胸鸟类（鸵鸟、鹤鸵、鹤鸵、奇异鸟及其亲属）是另一类典型的南方动物, 南半球所有大陆上都可以找到平胸鸟类的成员。但不同大陆上平胸鸟类成员之间的关系并不是独立的。新西兰的两种平胸鸟类奇异鸟和恐鸟并非近亲。奇异鸟却是已灭绝的马达加斯加象鸟的近亲, 它们都适应夜间觅食, 视力弱而嗅觉发达, 头上长有髭须, 羽毛相比飞羽更接近绒羽, 就像齿翼鸟那样。对于这些特殊的马达加斯加不飞鸟而言, 在始新世南极冬天黑暗的森林中辨别方向并非难事。然而, 对于平胸鸟类在西摩岛上生活状况的说法, 我们没有任何确凿的证据予以支持, 该地区仅仅发现了一枚明显具有平胸鸟类特征的脚踝骨骼而已。

除此之外, 森林中第三类体型巨大却不会飞的鸟类是生活在河畔的恐鹤。恐鹤的腿长而粗壮, 翅膀退缩, 头骨超过一半的部分是又窄又高的方形喙, 末端长有罐头起子一般的尖钩。西摩岛上生活的恐鹤类叫作雷鸟, 人们推测这可能是一种食腐动物, 或者在岛上滑距骨兽经常走过的路边埋伏, 用偷袭的方式捕食滑距骨兽。雷鸟和欧洲的加斯顿鸟以及澳洲中新世的鹰头鸟都是肉食性的水禽类, 雷鸟则是大型陆生猎食鸟类最后的辉煌。在之后的中新世, 一种10英尺高、身形灵活的恐鹤类出现, 叫作凯伦鸟, 以巴塔哥尼亚民间传说中一种恶魔的名字命名, 长着71厘米长的头骨, 其中大部分是又深又尖锐的喙, 大小和形状都像一柄开山斧。

恐鹤拥有绝佳的视力，因此当地球绕太阳转至一定位置，南极地区的季节变为冬天时，无尽的黑暗也不会给恐鹤带来困难。然而，当午夜都能享受阳光的夏季变为只有黑夜的冬季时，动物们生活环境中的方方面面都在改变。太阳仍在东升西落，但高度却越来越低。直到有一天，太阳再也没有升起来，即将持续三个月之久的黑夜开始了。

尽管太阳不再升起，冬季的天空仍有昼夜的变化。在相当于白昼的时间里，地平线之下太阳的余晖令天际出现一抹微光。在曙暮光和黑夜的交替之下，生物停止了日常的节律变化。当昼夜的变化不明显时，生物钟（也就是生物自身的昼夜变化节律）便无法维持下去。人类不适应极夜的生活，会产生压力，像一种永远倒不过来的时差。虽然外界的永久黑夜是不争的事实，但人类的身体无法适应这种从不曾遇到的状况。对一些极地动物来说，虽然昼夜的循环停止了，它们仍然依照自身的需求生活。这些动物感到疲劳就睡觉，恢复了体力就会醒来。其他一些生物在没有白昼的时期仍按照其固有的规律活动。各种生物的情况都不相同，海洋中的浮游生物随着月相的变化活动和蛰伏，但对很多生物来说，冬天意味着暂停活动。植物停止了自身的呼吸作用，放缓了新陈代谢。针叶植物的叶子不脱落，但包括南青冈树在内的其他许多植物都脱去了叶子，整片森林都屏住了呼吸。在树枝上，南猊舒舒服服地躺在苔藓堆成的球状巢穴中，依靠冬眠便可以度过冬季的严寒。大型动物能量需求较大，很难靠单纯的冬眠越冬，因此南极闪兽、南脊兽和平胸鸟类必须冒险外出觅食。

在黑暗的丛林中，夜行动物以及那些适应昏暗光度的所谓"暮行动物"都能行动自如。暮行动物在白天即将结束时的暮光中外出活动，脸上长着髭须，外形如河狸但小得多，在柏树的根系中筑巢。

大大的眼睛表明它们适应极夜时节天空之下微弱的光亮。冈瓦纳兽便是一种暮行动物，在印度到南美均有发现，它们是众多起源于南极的哺乳动物之一，是中生代哺乳动物的孑遗。它们的前肢向外侧伸展，后肢直立，呈现一种如同摆开对战架势的相扑手的奇特姿势。当被南青冈树香甜的落叶吸引时，它们也保持着这样的姿势蹒跚地爬过去。冈瓦纳兽不是唯一寻觅南青冈树叶的动物。每年定期结出种子会被不断到来的动物吃光，为应对这种风险，南青冈树通常在很长一段时间内不结种子。在所谓的"结种年"里，南青冈树会在夏天过后迅速地结出大量种子，供吃种子的动物尽情食用。作为食物的种子通常在短期内供应，而以此为食的动物数量也并不多，因此树木结种的数量远远超过被动物吃掉的数量，确保了有种子存活下来，长成树苗。这种高明的满足捕食者策略的确切机制，其形成原因我们还不得而知——难道是树木通过化学信号进行交流吗？或者环境中的一些变化显示了结种年的到来，树木被这种变化所诱导而集体发生响应吗？冈瓦纳兽以及负鼠、南狨和鸟类搜寻着还没被吃掉的南青冈种子，一堆小皮囊似的南青冈果实散落在地上，每个果实包含着七八粒种子。这些果实很容易找到，动物们在地上挑拣着种子，放进嘴里津津有味地咀嚼起来，来回扭动着的颌部像是在做鬼脸。

生物一旦处在这个世界上的某一个环境中，就会发展出对该环境的适应性，而洋流、大陆的位置、风向和大气化学成分等地理因素，共同塑造了这个世界的面貌。西摩岛上的生物之所以繁盛，乃是地球各种物理特性累积作用的结果。动植物可以利用的资源非常丰富，从而引发了竞争、适应、特化和成种等演化事件。气候对生物的发展也有限定作用。这一地区的冬日黑夜还是十分寒冷，令很多生物无法在这里生活。加尔加诺的岛屿化规律令中等体型的动物（巨大化的小型动物和矮小化的大型动物）更容易生存，相比之下，西摩岛则更利于特大型和微小型的动物繁衍。在严寒中生存的途径有两种，一种是冬眠，就像这里的南狷和其他小型动物那样，通过调整自身的生理活动来度过冬天；另一种是增大体型，减小比表面积[1]，利用脂肪保暖。对中等体型的动物而言，这两条途径均无法实现，因此在始新世的西摩岛上不存在体型介于兔子和山羊之间的动物。

南极地区物产丰富的时代即将接近尾声，这里的生物面临着日益增加的生存压力。在南极大陆中心的高山地区，山顶的积雪整个夏天都不会融化。在始新世，南极大陆只有高海拔地区持续严寒，然而到了渐新世，全球气候开始持续变冷，高山冰雪向山下延伸，向整个大陆扩张，将几乎所有动植物的栖息地向大陆边缘方向压缩。这个过程一开始较为缓和，冰川推移到西南极半岛以东，在威德尔海中产生了一些短期存在的冰山。印度板块撞击欧亚板块，喜马拉雅山脉开始隆升，造成了大量的新鲜岩石剥蚀面，遇二氧化碳发生风化作用，将二氧化碳吸收到岩层中。随着大气中二氧化碳浓度的下降，冰川便发展起来。随着冰川的扩张，其白色的表面将更多的太阳光反射回空中，地面所吸收的热量减少，从而进一步促进了冰川的发展。大气环流和降水的模式改变，洋流改道，气温下降，南极雨林中的物种无法适应这样的自然环境，一个接一个地灭亡。即便是南脊兽这样适应多种环境的动物都无法生存下去。每个物种的

1　单位质量物体所具有的总面积。*

生存能力都是有限的。

南极生物群灭绝的确切时间，以及从哪里开始到哪里结束，皆未可知，我们只能从之后的渐新世得到一些不完整的记录。与早期人类对南极内陆的破坏性考察相比，始新世时期没有考察日志，也没有物种死亡日期和地点的记录。远古时期的记录都埋藏在厚厚的冰雪之下，只有冰层表面在偶然情况下破裂，才能有所发现。在内陆的比尔德莫尔冰川地区，长有南青冈树的灌木林一直存活至上新世，但生活在始新世的纷繁植被中，只有一些生命力强的苔藓和地衣生存下来，一直繁衍至今。作为始新世南极生态区系的代表，南青冈树林在今天仅零散分布于澳大利亚、南美洲和非洲这几块大陆的南端，其面貌与南极雨林时期相比已经彻底改变。始新世南极的动物中，只有帝企鹅得益于群体抱团取暖的行为、配偶间异乎寻常的忠诚度以及一系列保持体温的生理特征，作为南极最后的永久居民而顽强地生活着，这片大陆作为帝企鹅及其亲属的家园已达数千万年之久。

在西摩岛冬天的清晨，落入地平线已满三个月的太阳即将升起。在黑夜中乘风盘旋的飞鸟可能靠闪烁的星辰辨别方向，也可能根据地壳深层铁矿产生的磁场变化来定位。由于夜空中星座位置的变化，南极的天空仿佛在转动，这是地轴倾斜的地球的运行所致，这种运转带来了季节的变化。在星空之下，睡醒的雷鸟和闪兽走过刚刚结冰的地面，发出"噼啪"的响声。

第 6 章
重 生

美国蒙大拿州海尔克里克

古新世，距今 6600 万年前

我爱蒙大拿，我爱潺潺流水声。

设若我跨过那条河流，我便能获得重生。

——

霍伊特·埃克斯顿 |《是谁将灯点亮》

星辰只余残光，我将在这残光中重建世界。

——

尼采 |《狄奥尼索斯颂歌》

▲

真齿兽

一场浩劫降临在世界。

6600万年前，一枚长径至少10千米的陨石出现在北方的高空，以每秒数千米的速度向西南方坠落。陨石划过大气产生的火光照亮了平流层，紧接着它便撞击在今天的墨西哥尤卡坦半岛的希克苏鲁伯地区的浅海中。碰撞的巨大冲击力将地壳熔化，炽热的岩浆喷射到半空。岩浆的液滴在冷空气中凝结为弹珠一样的滚烫玻璃块，在半个北美地区如雨点般砸落，持续了整整三天。碰撞激起的热浪引发了森林火灾，导致全球三分之二的树木物种灭亡，幸存的树木寥寥无几，遥远的新西兰地区的森林也遭到毁坏。撞击产生的震荡波席卷全球，在面对撞击点的地球另一侧，印度洋洋脊发生断裂。撞击产生的冲击波将周边地区的生态系统彻底毁灭，同时大规模的海啸扫荡了海底。超过100米高的海浪在不到一个小时的时间里横扫整个海湾，沿海地区连同较远的内陆地区都被淹没，整个加勒比地区既有的生物群落被毁灭殆尽。北美被水淹没的地区都成为浅海，巨浪来回翻腾，简直像是浴缸中的水花。陨石的撞击产生了一个直径100千米的撞击坑，撞击点之下地底深处蕴藏的石油在很短的时间里焚烧殆尽。焚烧产生的浓烟排入大气，由高海拔地区的风吹得扩散开来，像一条用尘埃织成的毛毯，迅速将地球盖得严严实实。在接下来的几个月里，降雨量减少至原有的六分之一。天空变得黑暗，看不到太阳光，植物和浮游生物都停止了养分生产。它们再也没有活过来。局部地区的气温至少下降了 3~4 摄氏度，全球陆地平均气温降至 0 摄氏度以下。黑暗持续了两年，在这两年间，全世界所有生物都没有进行光合作用，含有硝酸和硫酸的雨水落入海洋，杀死了大量的生物。适应温暖环境的生物无法生存下去，大型植食和肉食动物因缺乏稳定的食物来源而面临饥饿。分解者则如鱼得水，在黑暗的天空之下，真菌分解着已死亡和正在死去的生物的躯体。地球上四分之三的物种无论雌雄老幼无一幸免。冬天持续了整整一个世代。

古新世是一个浴火重生的时代，化石记录中古新世的开端就像监控录像中的故障，在一阵画面卡顿和扭曲之后，当图像再次恢复时，里面的所有东西都变了。在全球范围内距今 6600 万年前的岩层中都发现了镶嵌其中的铱元素层，这是一种发现于高密度铁陨石中的化学元素，证明了地球这一时期所遭受的来自外太空的毁灭性打击。据估计，在当时遮天蔽日的尘埃引发的致命冬日里，地球表面只有八分之一地区的生物能有效产生碳水化合物，噩运改变了一切。在紧靠铱元素层数米之下的古老岩层中，可以见到各种恐龙的遗骸，如长着颈盾的小巧的纤角龙、圆隆头顶的肿头龙、不长牙齿的似鸟龙，以及捕食以上恐龙的霸王龙。神龙翼龙是曾经出现过的最大的飞行动物，比莱特兄弟制造的早期飞机还要大，但它重量更轻，在当时的天空中滑翔着。像利维坦一般的海洋爬行动物生活在周边地区的海里。在铱元素层之上数米的岩层中，我们发现了一批形态各异的哺乳动物化石，体型从小型到中等不一，食物包括树根、块茎及昆虫等。一同发现的还有一些鳄类，可能还有一种龟类。所有植物和哺乳动物中多达四分之三的物种，以及除部分鸟类外的所有恐龙都灭绝了，它们原先生活的地方出现了新的生物。如此迅速的转变令人难以置信，在早期的科学研究中，对这一转变的认识也存在困难。人们经过上百年的地质学研究，才发现了古新世这个时代。最终，古新世被中途插入了地质年代表之中，之前是祖龙类（包括翼龙、恐龙和鳄鱼的近亲）统治的中生代，之后是早期马类、灵长类和食肉类生活的始新世，成为一个承上启下的时代。

英国作家赫伯特·乔治·威尔斯于1922年写道："生命的这一段历史仍然罩着神秘的面纱，连大体的轮廓都模糊不清。当面纱被揭开时，爬行动物的时代已经结束……一幅新的景象呈现在我们眼前，新生的顽强的植物群和动物群占据了世界。"为了与这些新生的顽强的植物与动物会面，为了知道它们如何在地球上繁衍，我们必须从这次毁灭性的陨石撞击点启程，在时间和空间上都走得远一些。在这场全世界的浩劫中，我们只有一个地方可去。我们要跨过冥河，走向地狱。

3万年之后。

空气中弥漫着蕨类和泥潭沼泽的气味，气味非常浓烈，令人一闻便知。很快空气变得潮湿，并吹起了风。下面潮湿的地面泥泞不堪。雨水淅淅沥沥地洒在这一带的各个区域，到处是无孔不入的湿气，随着热带风暴的离开，降雨开始减少。在西面远处的山地，一块了无生意的裸露岩层出现在一片植被上，犹如一片绿色的油彩上又添了一笔灰色。这是降雨造成的又一处山体滑坡，最近长出来的小树也一同滑落了。仿佛是这些山体已经放弃了希望，任凭自己慢慢沉入海底。这是西陆海道的西缘，西陆海道是北美中部低海拔地区的一片温暖浅海，将周边的陆地分为两小块，西侧是拉腊米迪亚，日后将成为落基山脉地区，东侧是阿巴拉契亚，此后将构成从美国佛罗里达州经田纳西州至加拿大新斯科舍省的所有陆地。海水在最近的几百万年里已经退却，拉腊米迪亚和阿巴拉契亚的最北端相连通。然而，北美大陆的大部分地区仍被长期存在的浅海分割成小的陆块。在拉腊米迪亚东部的沿海平原上，曾经有一片具有平缓弯道的水系，长满了高大的树木，生活着巨大的动物，这片地区就是今天的海尔克里克。当全世界的天空暗下来时，随着泛着红光的炽热的玻璃雨降下，一场大火迅速从南方蔓延开来，如同赤红的滚滚巨浪。森林起了火，将近五分之四的大型植物被烧得一干二净。这些树木的根系盘绕着深入地下，它们是地球生态面貌的重要组成部分，在大火中再也无法屹立不倒，最终烧成了地上的一堆碳渣和灰烬。再也没有树木在山上扎根，也没有树木在河畔汲取地下水，树木都被烧光了。暴风雨浸湿了土地，水总是能改造地球的面貌，能将山地侵蚀成平原。致密的基岩阻挡了水的进一步渗入，使地下水位升高。河流产生出沼泽、泥淖和死水潭。周边地区散落分布的小片高地上，幸存下来的树木开始从它们的避难所向外扩张，形成了小片零散的林地，林地之间流淌着肮脏的沼泽水体形成的河水。

地球上的生命如同重新起源一般。地衣、藻类、苔藓特别是蕨类在新的环境中开始扩散，仿佛是植物早期演化过程的再现，新的环境令世界重新选择生活于其中的生命。在大劫难过后，机会主义者是最先发展起来的，而蕨类是植物中最典型的机会主义者。它们可以在贫瘠的土壤里生根，生长迅速，适应各种环境，它们的孢子可以在其他植物不能生存的地方萌发生长。全世界的蕨类都长着尖状叶片，它们抛洒出独特的孢子，随风飘荡，每一个单独的细胞都相当于对新实体资产的低廉投资，都是一个在动荡环境中立足的机会。一旦成功，就可以从别的植物手中优先占领土地，迅速发展起来。它们是劫后余生的生物，是先锋物种、环境的改造者，可以令这个世界变得更加宜居。有时候它们能大幅改善环境，例如可以造就更加肥沃的土壤，为那些适应力稍差的植物创造生存条件，令其繁盛生长。另一方面，成功的物种竞争力更强，仅靠生长迅速就可以快速利用还未被占据的资源。它们尽可能地排挤其他物种，但终将败北，生长缓慢、更倾向于避免风险的生物将会胜出。无论基于哪种机制，经过一系列的转变，生态系统终将恢复到之前的物种丰富度。尖状叶的蕨类扩张迅速，寿命短，它们持续繁荣了上千年，依靠演化上的冒险投机获得了阶段性的成功。但生态多样性要经过将近 100 万年的时间，才能恢复到大灭绝之前的水平。在地质学中，时间和距离是密不可分的。在这个方面，蕨类在岩石记录中只延续了 1 厘米的厚度，留下了一层含有孢粉和黏土的岩层。

蕨类沼泽貌似从一个小山坡上向外扩张了数英里，但这片高地也是其他植物的避难所。一些沼泽针叶植物欧洲水松标识出泥淖的边界，它们像卫士一样立在覆盖着浮萍的 2 英尺深的水里，弯曲的根系从体表向外侧伸展，以此帮助自己呼吸。更靠近沼泽中心处，幼嫩瘦长的矮红木西方水杉正在茁壮生长。这里大部分的树都是昂然直立的内布拉斯加杨，是山杨和白杨的近亲。分布其间的是细叶波罗蜜，是波罗蜜和悬铃木的早期亲属，其鸭掌般的叶片似乎很难适应当时的天气。

我们可以通过植物的叶子来判断当时的环境。叶子是植物获取营养和呼吸的器官，相当于有肺和肠道盘曲其中，对植物所处极端环境的抵抗力较差。这样就带来了挑战。如果环境过于干燥，水分会过快地经由叶子上的气孔蒸发。在 C4 光合作用出现和多肉植物起源之前，还是有一些方法可以解决这一问题的——可以减少叶子的数量或缩小尺寸。叶子会生成蜡质层，并逐渐变厚、变致密，以防止水分的散失。如果发生大规模降雨，积水会损坏叶片，或产生滋生真菌的温床，因此叶子发展出翘起的边缘以便将积水导流至末端，叶子末端也长出形似壶嘴的结构，成为"滴水嘴"，使水流到地上，防止其损坏叶子。只要观察叶片结构，计算滴水嘴的数量，便可以有效推断相应地区的降水量。杨树叶子有一个滴水嘴，叶片呈雨滴形。而雷氏悬铃木每片叶子有三个滴水嘴。

雨突然变小了，仿佛快要到了停止降水的时间。树木都如释重负，没有了滂沱大雨的压迫，树枝又重新向上伸展开来。树叶继续排放着积水，带着部分防水蜡质层的雨水倾倒而下，浸湿了土壤。不同植物的叶片具有不同种类的蜡质层，每一种类型的蜡质层都有其独特的化学组分，只要分析随雨水滴落土壤中的蜡质，就能知道这些蜡质层曾经覆盖在哪种植物的叶子上。开花植物产生的蜡质比针叶植物的要多，而这两类植物蜡质的分子链都比苔藓植物要长。生长在更加干旱环境中的植物，蜡质的分子链都比较长，可以更有效地阻止水分的散失。即便土壤变硬、矿化，变为岩石，蜡质中的化学成分依然能够保留，在一定程度上可以显示曾经生活在这里的植物种类。植物死亡很久之后，它们的化石保存在了岩层中，这些复杂的化学成分仍然能留下琐碎的痕迹。

想在这片沼泽中占据一席之地的并不仅仅有植物。一种体型非常小的动物间异兽占据了这片环境，其数量占生活在这里的所有动物数量的近三分之一。间异兽硕大的门齿、方形的下颌以及匍匐前进的姿势，令人乍看之下可能误以为它是老鼠，但它并不是啮齿类动物。它口腔深处的牙齿和如今任何一种哺乳动物都不相同。它的齿列看上去像是插在牙床中的半片圆锯，极度发达的前臼齿也能起到类似锯的作用。一道道沟槽沿着齿列排布，使整个齿列呈锯齿状，形成了一道圆钝的锯刃，用来切割植物的茎。间异兽属于多瘤齿兽类，这是一个自侏罗纪开始繁盛的类群，大多数成员有老鼠大小，有的吃种子，有的吃果实或茎，有的是穴居，有的是树栖。

在白垩纪已知的哺乳动物当中，没有几个类群得以幸存，更没有哪怕一个类群完整地保留下来。在南半球，单孔类（包括现代的鸭嘴兽和针鼹）只有少数类群幸存，它们是生物演化中延续时间极长的类群。它们数量也许不多，但一直在不温不火中存活至今，虽然不繁盛，分布也不广泛，却一直存在，至今没有化石记录出现。有袋的后兽类（也就是现代有袋类的祖先）曾经遍布北美，却只有一部分存活至古新世。最终，它们同样只分布在南半球。此外，还有两个以昆虫为食的特殊的哺乳动物类群可能存活至古新世：一是四肢呈匍匐姿势，长着带齿尖的三角形臼齿，脚踝长有突起的对齿兽类，二是形似不长刺的刺猬的树猬类。古新世对齿兽类的唯一标本是一枚游时兽的牙齿，对齿兽是中生代类群，这枚牙齿发现于晚古生代地层中，且不在对齿兽已知的地理分布范围内，因此颇具争议。一类和狗差不多大的树猬类动物懒兽发现于早古新世的巴塔哥尼亚，另一类树猬类动物盗墓兽也发现于相同地区，但时代要晚得多，它生活在中新世。盗墓兽是形似鼹鼠的穴居动物，长着感觉灵敏的吻部，它的形态高度特化，与晚期类群的关系不明。而有人认为，懒兽是一类有胎盘的哺乳动物。懒兽和盗墓兽与真正的对齿兽之间存在将近 4000 万年的演化间断，这个断层虽大，但并不是无法理解的。可能这些类群就像单孔类一样，由于其生态环境的特殊性，没有保存为化石。

在生物保存为化石的过程中，不同地点的环境条件是不同的。如果要达到博物馆藏品那样的完整度，生物遗体必须抵抗各种侵蚀，防止腐烂变质，要埋藏在一定的深度，免受地表施工时凿子和锥子的损伤。在海尔克里克，哺乳动物在保存上相比鸟类具有一项优势，那就是它们的牙齿。牙齿覆盖着具有保护作用的釉质，在物理和化学意义上相比骨骼都更坚硬、更稳定，保存下来的几率也高得多。哺乳动物的牙齿（尤其是臼齿）具有特殊的纹饰，布满凸起和凹陷，沿牙齿四周分布着形态各异的脊状结构，对这些凸起和凹陷进行连接和分隔。仅凭借一枚下臼齿，便可以准确地鉴定一个物种。然而，依靠牙齿来探讨物种之间的关系并非易事。相似的食性会引发趋同演化，导致相同的牙齿特征在一个类群的演化历史中不断重复出现。

对很多科、属、种来说，古新世并不是末日，而是开端。世界范围内的生态系统开始恢复。值得一提的是，这意味着少数幸存下来的类群开始繁盛，全新的类群开始出现，这些类群中的一个种可能就属于单独的一个目。硬骨鱼、蜥蜴、有袋类及各种鸟类在这个世界上繁盛发展，占领了大灭绝过后遍布世界的空余生态位。

人类在生物分类上属于真兽类，换成带着自豪意味的通俗说法就是"真正的动物"。我们的真兽类近亲在白垩纪繁盛发展，并在大灭绝事件中幸存下来。和很多哺乳动物类群一样，这些原始的以昆虫为食的动物被它们的后代人类划分为有胎盘哺乳动物。这些动物在白垩纪时期在北半球繁盛发展，在印度地区也有分布，当时的印度还是一个岛屿，和其他陆地间的距离也是地质时期最远的。尽管有如此广泛的分布，白垩纪真兽类当中有超过一半的科至古新世已完全灭绝。真兽类中只有三个大类存活下来：大部分成员为猎食动物的白垩兽类、形如跳鼠的丽猥类和有胎盘类。究竟有多少个有胎盘类支系留下了后代，我们无法得知确切的数字，大部分人估计在10个左右。我们也无法直接获知幸存下来的有胎盘类支系的形态特征，大灭绝事件之前没有它们的相关记录。我们可以对它们的生态情况进行推断，它们都是夜间活动、以昆虫为食的小型动物。有胎盘类自古新世起才有化石记录，这个几乎紧随大灾难之后的时期是它们的黎明。

沿着窄窄的小溪两岸，布满了成片的蕨类，其中一丛被拨开，发出"噼啪"的响声，上面成团的蜘蛛网也被撕破，一只家猫大小的纤细动物带着两只幼崽从蕨丛中钻出来，到溪边喝水。如何称呼这种动物的幼崽是个难题，毕竟，我们无法将它与羊、狗、猴或马这些动物相类比。这些类群在古新世尚未出现，但在希克苏鲁伯撞击的废墟中重建的世界里，或至少在古新世时期，这些现代类群正悄然起源。溪边的这些动物是最早的有胎盘类动物之一。这些早期有胎盘类是后来所有有胎盘类的祖先类型，它们的名字已经在漫漫时间长河中变得模糊不清，我们的语言无法称呼它们的幼崽，随着时间的推移，这些原始的类群才慢慢开始分化。在生命演化之树上，这些早期有胎盘类群分散在一丛代表一个支系的宽大树杈的末端，它们都是各自分支的孑遗，被大灾难分隔开，不复在演化树上交汇。溪边的这些动物是真齿兽，那两只幼崽是一对兄妹，等它们长大后，其中一只可能会迁移到远方觅食。它们的后代可能不会再碰面，群体之间不会杂交。从完全臆测的角度想，这两个分开的群体可能分别发展为蝙蝠和马的祖先类型。[1] 从谱系的角度来看，翼手类和马类的支系一定可以追溯至同一个祖先类群，而且对大部分目一级有胎盘类动物而言，古新世是它们的摇篮。

这一时期的真齿兽以及其他归属不明确的动物，在哺乳动物演化树上的位置尚未确定。如果能跨过沼泽，从真齿兽的身上拔下一撮毛做 DNA 检测，将会实现一个古生物学家的诸多愿望。但6600 万年是一片难以逾越的沼泽，而且真齿兽早就会惊恐地逃之夭夭了。

如今，我们对这些类群的判断必须留有余地，并关注和期望将来能有一天，我们可以得到更充分的证据来下定论。这些动物的解剖特征太不同寻常了，和现生各个目之间有相似之处，但又有很大的差别，很难对它们进行确切的分类。真尖齿兽的面部特征看上去像一只鼻子扁平的巨大刺猬，还有些像马岛猬，如此一来就如同众多的后期类群组合出来的物种。它们是尚未向任何方向发展的近乎虚幻的有胎盘类，如同从其他各个门类分别拿出一部分堆在一起，像捏泥塑一样拉伸揉搓成真尖齿兽的样子。我们现在确实将古新世

---

1 之所以说是臆测，是因为物种肯定不是从个体中产生的，而是通过种群产生的。在不同种群当中，如果两个支系出现在同一个分支的两端，即构成姐妹群，在不同物种的众多基因库中，这两个分支的成种过程即发生在同一次物种分化中。例如蝙蝠和马的亲缘关系之近令人惊奇，同属于有胎盘类中的劳亚兽总目。有人提出，蝙蝠、奇蹄类和食肉类之间关系密切，它们组成一个单独的类群——飞马兽类（意为凶猛的长翅膀的马）。但劳亚兽总目各成员之间的关系非常难以界定，像真尖齿兽这种动物位于有胎盘类和劳亚兽总目适应辐射的基部，但没有人会一口咬定一个物种就是另一个物种的直接祖先，这个做法也不明智。

哺乳动物很多科一级的类群，全部杂糅到一个叫作"踝节目"的分类群中。这是一个众所周知的垃圾桶，一个贴着已经发黄且表面剥落的标签的博物馆储藏柜，分类位置无法更进一步界定的早期哺乳动物门类都被投放其中。在这个大杂烩的类群当中，真尖齿兽属于熊犬科，该科本身可能就是一个垃圾桶。

尽管这些动物的祖先以昆虫为食，但如果深入到细胞层面，它们的控制产生溶解昆虫坚硬外壳的酶的基因已经关闭。即便一只动物适应于吃昆虫，可能对它而言更容易的做法是避免与其他吃昆虫的动物发生竞争，尝试一种其他动物不吃的，但又具有挑战性的新食物，如植物。如果消化昆虫的酶已经不需要了，那么保留着它将没有半点好处。动物消化系统对几丁质（甲壳质）的识别功能是如何从亲代遗传给子代的，对此我们尚未查明，这就像是演化版的传话筒游戏，随着食物中几丁质的减少，针对几丁质消化的遗传信息逐渐变得没有用处。这些基因的残留部分还可以在人类、马、狗和猫的细胞中找到，是一段关于过往的食虫生活的恍惚记忆。有趣的是，这一类演化中的功能丧失现象在不同的门类中都是独立发生的。

一只间异兽蹦蹦跳跳地从真尖齿兽身旁跑过，像松鼠一样顺着树枝爬上一棵山杨觅食。蝙蝠藤短刀般的叶子之间结着低垂的深色树莓，间异兽头朝下顺着一条坚硬的藤蔓爬下来，它没有去吃这些树莓。一只体型稍大的原地狱犬兽躲在藤蔓的下面，形似一只又大又凶猛的鼹鼠，一旦藏身地被发现，它就会发出戒惧的嚎叫，然后又蹦又跳地沿着树丛逃跑。蝙蝠藤的果实对间异兽来说并不是适合的食物。这种树莓生长迅速，很快在一棵大树上长满，通过更高的位置获取更多的阳光。尽管数量多，但它们的种子是有毒的。这种神经性毒素足以使一只哺乳动物瘫痪，但它对鸟类的作用不明显，树莓便可以依靠鸟类对毒素的抗性，利用鸟类帮它们传播种子。这些生活在疏林地区的鸟类在地面筑巢，它们形似鹌鹑或是鸸鹋。对于在树上筑巢的鸟来说，森林火灾绝对是一场浩劫。可能在当时鸟类的所有科一级类群中，只有在地面上筑巢的鸟才幸免于难。鸟类的骨骼脆弱，意味着它们的化石记录稀少，但已知古近纪最早的鸟类符合上述推论。它们都是在岩石上筑巢的海鸟，生活在大西洋西岸，遍布阿巴拉契亚地区西部内陆海道的各个岛屿。

为什么树栖的间异兽、原地狱犬兽之类的动物，或是其他最早的有胎盘类动物能幸存下来，而其他很多动物却灭绝了？没有人能确定其原因。这些动物的一些生存方式可能有助于它们幸存下来。体型越小的动物用以维持生存的食物就越少，而像蕨类植物一样采取"鸟枪"策略，即快速繁殖并产生大量后代，就更有可能在一个难以预测的环境中延续生命。生育时间早有助于增强适应性，种群中每个个体在生育之前都不需要存活太久，整个种群在一定时间内就可以更替多个世代。地下的温度变化幅度比地面要小，在地下筑巢的动物可以免受陨石撞击产生的高热、冲击波以及粉尘造成的寒冷。这一点是很多动物幸存下来的重要因素，几乎毋庸置疑。20世纪60年代，核武器试验在美国内华达州的沙漠中如火如荼地进行着，当地囊鼠的巢穴中最深的距地面也只有50多厘米，这个深度就足以使它们在原子弹的爆炸下幸存下来，并继续繁衍生息。

水生生活可能是另一个生存保障。龟类、蝾螈及其他两栖动物的存活状况相对较好，但仍有一些水生动物（如鳄类和一些海龟）完全灭绝，或仅余寥寥无几的成员。今天鳄鱼的繁盛程度远远低于白垩纪时期的鳄类。与现代的半水生、靠伏击猎食的鳄鱼大不相同，白垩纪时期的鳄类包括生活在坦桑尼亚的像猫一样灵巧的猫鳄，长着鳍状的四肢和鲨鱼一样的尾部、完全海生的滨鳄类，还有狮鼻鳄，这是生活在马达加斯加的一种长着钉状牙齿、穴居的植食动物，体型仅有鬣蜥大小。这些鳄类尽管有生存方式上的优势，但仍然没能幸免。生存方式是很重要的，即便是陨石撞击这种大规模毁灭性灾难，对生活方式不同的各种动物所造成的影响也不尽相同。

有时候，数量多、分布广便意味着足以生存。在大灭绝之前，海尔克里克地区的河流是至少 12 种蝾螈的栖息地。但其中只有 4 种幸存下来，这 4 种蝾螈的数量占大灭绝之前所有蝾螈数量的 95%。庞大的数量令它们更容易抵抗种群衰退。海尔克里克的河水保护着它们明胶状的卵带，而如今该地区仅剩下一种蝾螈。在含氧量低的淡水中生活着底栖鱼类，如弓鳍鱼，它们长着鳃，但可以直接呼吸空气。犁头鳐是生活在这里的主要鱼类，它们将自己埋在泥沙中，以双壳类为食，过着慢节奏的生活。淡水龟趴在浮木上，让自己竖着漂在水面上。在不远的地方，被称作"鳄龙"的猎食蜥蜴和形似短吻鳄的大型鳄类正潜伏在河中，它们几乎完全浸没在水中，对鱼类发动突袭。生活在白垩纪最晚期的鳄类中，全世界范围内那些对生活水域盐度适应性强的类群都幸存下来，它们都生活在世界各地盐度不断变化的水域周围，即咸水和淡水的交界处。广泛的适应性再一次使这些动物幸存下来。

成片的浮萍漂在水面，像一张毯子，覆盖其上的是圆形垫子一般的葛赫叶，在水面上缓慢飘摆，逐渐开始发芽开花。豆娘晃动着悬停在水面之上，河水倒映着它展开的翅膀。半个身子隐藏在树丛中的是一种纯植食的动物。这是曙光褶兽，另一种采取胎盘生育策略的哺乳动物，它的妊娠期长，胎儿在体内发育至完全的程度，体型有猎狐犬大小。它闲荡着走出一块软泥地，啃食着露出地面的一块姜根。它的尾巴很长,身子贴近地面,脖子以下的部分与一只小型的棕色獾不无相似之处,矮胖的身体呈半蹲的姿势。但它的头顶比獾更加圆隆,下颌比真尖齿兽更厚——这使它擅长咀嚼食物。因此,褶齿兽科是适应植食生活的动物。曙光褶兽的成员体型不断增大,并发展出圆突的牙齿,以嚼碎丛林地下深处可口的树根,从某种程度上来说就像一头野猪。它的面部覆盖着浓密的髭须,能探知埋在地下的食物。

恐龙灭亡之后,像曙光褶兽这样新兴的大型有胎盘类哺乳动物成了最大的陆地动物。曙光褶兽如今发了大财,可以尽情享用植物,而不必再与三角龙或肿头龙抢夺食物。姜的刺激性味道本应令动物不敢下嘴,但曙光褶兽毫不在乎,非吃不可,就像一些毛虫一样。在不远处,有一种月桂树的叶子上胡乱地分布着一条条白线,乍看上去像蜗牛爬过留下的痕迹,但这些线位于叶子内部。这是一些细小的孔道,表明很小的毛虫在叶子里钻洞,吃里面的组织。很薄的树叶表皮就像一扇透明的窗户,里面发生的一切都能看得清清楚楚,毛虫来回扭动着头,小而滚圆的身体蠕动着。这是一种细蛾类的毛虫,会吐丝,以在叶子中钻洞为生。幼小的毛虫在叶子表面孵化,第四次蜕皮后钻入叶子内。它们一直在叶子里生活,直到准备化蛹,就吐丝将自己缠绕起来变成蛹,然后以袖珍飞蛾的姿态破蛹而出。

昆虫很少能保存为化石,因为它们太小,很容易被风吹走,只能保存在很细的沉积物中。在海尔克里克,河道和沼泽都不具备保存昆虫化石的条件,但在地下深处的缺氧环境中,带着很多信息的树叶沉入泥潭底部,被保存下来。那些微小的食叶昆虫的活动痕迹,包括虫洞、叶脉间被昆虫挖出的孔道、被吮吸汁液的甲虫刺破的损伤,都保留了下来。没有哪一种植物能免受虫害,来自苏铁、银杏、松柏、蕨类的数千片树叶，葛赫叶漂在水面上的垫状叶片都遭到损害。一种半圆形的独特咬痕随处可见，这是海尔克里克的蝴蝶从地质灾难中幸存下来的唯一证据。但在大灭绝中死去的昆虫要比脊椎动物多。尽管昆虫的数量很多，却已经不复往昔的繁盛。众多的生态型是它们赖以生存的途径，而生态型的数量也已经下降。当毛虫所寄居的植物灭绝后，没有了食物的毛虫也随之灭绝。发展特化的昆虫中有85%灭绝，特化程度低的种类存活下来。吃姜的毛虫因为不挑食而活了下来，细蛾之所以能存活，仅仅是因为月桂树存活了下来。

生态系统就像一场复杂的游戏，每个玩家和其他某些玩家保持着联系，但并不是所有玩家之间都有联系。整个系统不仅仅是食物的网络，更是竞争关系、栖息地、日照和背光、物种之间内部作用等众多联系组成的网络。大灭绝沿着这个网络爆发，破坏了各个因素间的联系，系统的完整性面临崩溃的危机。某一处联系被切断，整个系统就会遭受干扰，发生重塑，但仍然存在。另一处联系遭受破坏，整个系统仍然保持延续。很长一段时期之后，生态系统随着物种对新环境的适应而修复，达到一个新的平衡，建立起新的联系。如果足够多的联系在同一时间遭到破坏，网络将会崩溃，整个系统灰飞烟灭，原先的世界将会所剩无几。

因此，在大灭绝事件之后，随着新物种的出现，转机出现了，网络开始进行自我修复。曙光褶兽和真尖齿兽的确切起源尚不完全明确。它们没有明确的白垩纪时期的祖先类型，因此这迫使我们产生这样的怀疑：可能是这些动物演化出来的速率过快，导致无法从化石记录中识别，也可能是相关的化石记录并没有保留下来，或许已经出现了与这些动物相近的、向杂食性生态发展的过渡类型，但在漫长的地质历史中，这些化石记录因环境的动荡而未能留存下来。

这些动物会不会在白垩纪的某个适宜环境中，进行着不为我们所知的演化，悄然地进行着分异，在一个适当的契机下以非常独特的性质在地理和生态两个方面崛起和扩张呢？

以上关于这些身世成谜的动物的问题没有答案，可以肯定的是，其中一些问题难以解答。就好像它们在死后途经"忘却之河"，关于祖先的记忆在渡河的过程中被抹除了。

海尔克里克的哺乳动物，以及全世界最早的古近纪哺乳动物，总是带着一种近乎神话的色彩。真尖齿兽当中一个生活在河边的种的名字，最初来源于诸神的黄昏。这是挪威神话中出现的启示录，即三个在命运纺车上编织的丑陋老妇所预言的世界末日，这三个老妇不断地织布再不断地拆布，相应地将世界连结在一起再将世界分解。

其他一些动物的名字来自更晚一些的神话，另一种最早的古近纪哺乳动物被命名为安多米尔埃兰代尔兽。在托尔金的阿尔达神话中，埃兰代尔是航海家，预示好运将至的启明星，埃兰代尔的形象参考了盎格鲁-撒克逊古诗，诗中用这一形象来描写施洗约翰，他在基督教中是上帝的象征。经过分类学上的修订，安多米尔种目前被认为应归于曙光褶兽，是曙光褶兽的近亲或后代。曙光褶兽这一名称也来源于辛达尔精灵语，意为曙光宝石。这个名称的含义是该属预示了哺乳动物的黎明。早古新世的褶齿兽科和熊犬科也许留下了后代并延续至今，也可能没有，但它们的确是哺乳动物时代的生态先驱。在它们的引领下，其他类群相继出现。回看过往，这些动物很容易被看作哺乳动物后来发展的预兆，这一发展过程在蝙蝠和鲸、犰狳和象这些奇特的动物身上达到顶峰，接近生理结构的极限。

世界需要征服，损坏的生态网络需要修复，尽管"恐龙"甚至到了今天依然随处可见（鸟类的物种数量仍是哺乳动物的 2 倍），哺乳动物基本登上了食物链的顶端。在哺乳动物的整个历史当中，古近纪的哺乳动物在物种多样性和形态分异度上开始达到新的高度。对我们而言，褶齿兽科和熊犬科是这个新的哺乳动物群体的一部分。

在希克苏鲁伯陨石撞击发生的时代，所有的灵长类、鼯猴、树鼩、兔形类和啮齿类都还没有分化出来。这些动物可以向前追溯到同一个共同祖先，它们也可能是从两个或三个种中产生的。我们的祖先也在这些原始的动物当中，基因编码中所包含的实质内容表明它们就是灵长类。这些原始的类群演化出了曾经出现过的最大的陆生哺乳动物巨犀，体重可达17吨，是现代犀牛的近亲。同时也产生了一些不断小型化的类群，并发展出了飞行能力，其后代之一便是世界上最小的哺乳动物之一黄蜂蝠。哺乳动物多种多样的外形特征使它们得以迅速扩张，探索着各种可能生存的区域，最终发展出了千奇百怪的类群，就像我们今天看到的这样。这简直就像圣经式的预言：你的子孙将遍布地球的每一个角落。

然而，展望太长远的未来颇有些目的论的意味。海尔克里克的世界无法对虚无缥缈的未来——也就是我们所说的现代——怀有憧憬。这里的很多物种没有在家族延续中获得成功。原地狱犬兽所在的白垩兽科向新的生态位发展，并繁衍生息，继续生存3000万年之后，它们不得不接受灭绝的命运，已知最晚近的白垩兽类是生活在欧洲早渐新世的一些形似水獭的半水生类群。同样，包括间异兽在内的多瘤齿兽类在古新世时期北美的绝对优势类群，到了晚始新世仅剩下生活在北极地区的一个属——外脊兽属，该属的灭亡宣告了已存在1.2亿年的多瘤齿兽类已经永远消失。灭绝是生物发展历程中不可避免的一部分，但大灭绝事件以及已有生态格局的快速颠覆并不经常发生。古新世时期，所有哺乳动物（包括多瘤齿兽、白垩兽、褶齿兽等）在生物多样性被飞来横祸和气候剧变所破坏的满目疮痍的地球上开疆拓土。经过数百万年之后，大自然的运行才能完全恢复正常。

自然环境已经开始恢复。即便是陨石撞击发生的地区，生物也开始正常生活，高生产力的生态系统逐渐建立。今天的科罗拉多地区在古近纪是一眼望去景象完全不变的海岸，在这片地区的南端有一个叫作卡拉尔布拉夫斯的化石地点，这里记录着古新世全球生态恢复的详细过程。大灭绝之后最早的生物群落是以蕨类为主的丛林，就像在海尔克里克所见的一样，一些劫后余生的生物构成了这一群落的主要部分。在大灭绝之后的 10 万年内，哺乳动物种的数量增加了一倍。在大灭绝后的 30 万年内，具有专门生活方式的特化类型开始出现，在古近纪，除了这些新兴的适应力更强的动物，除蕨类和棕榈外的新型植物也成为生态系统的重要组成部分。最早的胡桃科和最早的豆荚很快出现，其营养丰富的种子为植食哺乳动物提供了高蛋白的食物，这些动物最近的祖先基本都以昆虫为食。温暖的天气将会回归，伴随而来的是从北极绵延至南极的森林再一次出现，为生命带来惊喜。

即便在北欧神话中诸神的黄昏之下，希望依旧存在。即便世界被炎魔苏尔特尔焚烧，大多数神祇都已逝去，世界仍然没有完全毁灭。在世界之树的下面，大量的灰烬将残存的世界连结起来，光明依旧存在。名为利布的女子和名为里普特拉西尔的男子从某个地下避难所中走出来，作为仅存的人类，他们的名字分别意为生命和生命体。一个拥有新神祇和新世界的新时代开始了。死亡之后，便是新生；旧种灭绝之后，便是新种形成。在拉腊米迪亚的沼泽地中，蜘蛛悬空结出一张新网。曙光褶兽懒洋洋地嚼着一朵新鲜的花。春天到来了。

第 7 章
信 号

中国辽宁义县

早白垩世，距今 1.25 亿年前

在这个世界上，

只有花朵才能装点我们，只有歌声才能让我们转悲为喜。

———

内萨瓦尔科约特尔[1]

藏于冰雪之内的东西，一旦解冻便会显现。

———

瑞典谚语

1　内萨瓦尔科约特尔（Nezahualcoyōtl），15 世纪墨西哥诗人。*

迷人山丽蛉

在中国东北地区的辽宁，活火山附近分布着一些湖泊，随着夜色的褪去，湖畔的水面上泛起金色的涟漪。一条窄长的沙滩环绕在宽阔的湖水边上，沙滩上一只早起的翼龙慢慢地低下头，镜子般的湖面倒映着它那秃鹫一般的颈部毛发。一张长满针状牙齿的嘴伸向澄清的湖水并浸没其中，在镜子般的水面上掀起了波纹。翼龙紧密交错的牙齿将小虾从经过一夜低温的冰凉湖水中过滤出来，气温逐渐上升，随着朝霞的出现，蟋蟀的鸣叫声渐渐停止，沉睡的丛林变成了欢闹的集市。

这是早白垩世春季一个晴朗的早晨，这只奇特的翼龙属于梳颌翼龙科，是一类如乌鸦般大小的飞行爬行动物，其牙齿异常致密，非常容易保存为化石。这只翼龙一大早便来到湖边，打算赶个早集。像所有的梳颌翼龙一样，北票翼龙用自己像梳子一样交错的牙齿在水中滤食，和今天的火烈鸟用喙、须鲸用鲸须滤食非常相似。北票翼龙用四肢趴在水边，两翼完全收拢，这样可以避免张开的双翼妨碍捕食，还可以防止过多的热量通过很薄的翼膜散失。和鸟类相比，翼龙的头部相对很大，吻部很长，与身体不成比例，很不自然地长在长长的脖子上。因此，翼龙粗看上去不像是自然界的飞行生物。它们擅长游泳，大部分食物也确实是从水中获取，但它们身体的重心太靠前，无法像野鸭一样在水面上自在滑翔。与野鸭不同的是，翼龙滑行时身体前倾，吻部没入水中，双翼分别有三分之一的部分放松下垂。它们双翼的余下三分之二则紧紧贴在身体上，支撑飞行翼膜的第四指伸向后方，像一对滑雪杖。翼膜从前指上下垂至脚踝，覆盖在长蹼的脚上。

树丛中的"噼啪"作响以及树枝在动物皮肤上刮擦的声音表明，一群泰坦龙正在林中走动。四合屯湖周围长满了针叶林，上千棵古老的松柏笔直地耸立在齐膝高的灌木丛中，在漫天飞雪的季节仍然一片翠绿。一群恐龙迈着沉重的脚步前行，踩坏或撞倒沿途的植物和树木，在森林中开辟出一片空地，蕨类、细木贼和其他新植物可以在空地上茂盛生长。白垩纪时期的这一派景象在远古时期的地球上极具代表性，这是非鸟恐龙的鼎盛时期。恐龙确实是这一时期最大的动物——眼前这些蜥脚类恐龙是东北巨龙，是地球上曾出现过的最大的陆地动物。当它们扬起那厚实健壮的长脖子，总高度可达17米，成年个体的体重能达到数吨。泰坦龙群过着游牧生活，寻找新鲜的食物以维持它们庞大身体的需求，在季节转变时则迁徙到另一个地区。

泰坦龙宽大的脚掌踩在地上，身后坚硬的地面上留下一串新月形的脚印。它们在行走时脖子向前平伸，很少竖起脖子在高耸的树上觅食。它们不会用后肢直立起来，这和人们以往所想象的不同，由于脊椎柔软，它们无法在两条前肢全部离开地面的情况下使身体保持平稳。因此，它们在行走时一次只迈出一只脚。如果想提高速度，它们的步态会瞬间变为慢跑，先同时迈出前后左脚，再同时迈出前后右脚，身体摆动着前行。从前面看，它们非常像那些用指关节行走的动物（如大猩猩），实际上也确实如此。东北巨龙等泰坦龙类的前肢没有指节。翼龙的指节长而强壮，构成了它们的翅膀，而蜥脚类的指节几乎完全退化，仅留下残迹。因此，东北巨龙是用既没有爪子、也没有手指的关节在走路。

尽管蜥脚类恐龙是大型的植食动物，它们却并不仅仅是爬行类版的大象。如果一定要列举它们的共同之处，那就是所有大型植食动物都是大胃王——早白垩世一只30吨重的蜥脚类恐龙，每天要吃掉至少60公斤营养丰富的下层植物或更多的树冠层植物。然而，蜥脚类恐龙和大象有着众多的不同点，通常是由生理特性决定的。与大象相比，蜥脚类恐龙有相对轻得多的骨骼，它们的脊椎骨遍布空腔，这样能使它们的体型长得非常大。还有一些外形奇特的蜥脚类恐龙，比很多哺乳动物更令人印象深刻。生活在南美的叉龙的脖子背面耸立着一排发达的棘刺，这种鬃毛一般的角质突起能起到展示和抵御敌害的作用。还有一些蜥脚类恐龙，如萨尔塔龙布满鳞片的皮肤内部包着甲片。但恐龙不像哺乳动物那样有多种多样绚丽的色彩，很多蜥脚类恐龙身上长有单调的斑点和条纹图案，作为同类之间互相识别的标记。

四合屯湖就像一家喧闹的客商旅店，白天的热火朝天到了夜里依然不减。湖水中生活着丰富的动物，龟类、翼龙、水生蜥蜴、弓鳍鱼、七鳃鳗、蜗牛以及甲壳类相互推挤，争夺着生活空间。在地形起伏的山地环境，湖泊是陆地动物的主要饮用水源。在冰雪消退的针叶林中，一群泰坦龙正在远去，它们身后留下一具20吨重的同伴的尸体，巨大而破烂，像一棵倒在地上的树。冰冷的尸体在地上摊开着，发出难闻的气味，上面到处是啃咬、抓挠和撕裂的痕迹，周围还散落着破损的羽毛和一颗脱落的牙齿，这是某种狮子大小的两足行走的兽脚类猎食者留下的。兽脚类是恐龙中的一个类群，包括暴龙类、驰龙类（如伶盗龙），当然也包括鸟类。

天刚放亮，鸟类和昆虫开始叫起来，打破了清晨的宁静，第一个宣告了黑夜已过，白昼来临。真正的鸣禽直至始新世才会在澳大利亚出现，因此在白垩纪的这场曙光交响曲当中，听不到鸟类婉转悠扬、抑扬顿挫的歌喉。鸣叫的昆虫自三叠纪开始在全世界已随处可见，蟋蟀是第一类开始将翅鞘相互摩擦发出鸣叫的昆虫。有几类昆虫将坚硬的外壳发展成乐器，用粗糙的"锉刀"和光滑的"拨片"相互摩擦，发出尖锐的响声，就像小孩一边跑一边拖着一条棍子滑过一道铁轨所发出的刺耳响声。到了侏罗纪，昆虫的上述功能在很多门类中已独立产生，并发展完善；已知当时的某种螽斯已经不再发出嘈杂的刺耳叫声，而是纯净悦耳的鸣叫。蟋蟀和螽斯，蝗虫与甲虫，各自鸣叫的方式都略有不同。在白垩纪，蟋蟀高调门的"吱吱"叫声与长角甲虫低缓的叫声交织在一起。空中回荡着此起彼伏的叫声，洋溢着热闹的氛围，昆虫都迫不及待地求偶，展示着自身的交配能力和直冲天空的跳跃能力——在一个竞争激烈的生态系统中，这是确保求偶成功的不二法门。随着白天的来临，昆虫们不断发出鸣叫，无论叫声是否洪亮、清晰，但求声音被其他所有昆虫听到，或令同类领会叫声的含义。

　　一个月之前，清晨的地面上还覆盖着白雪，但由于火山地热的缘故，湖水从来不会冻结。现在，春天到来的迹象随处可见。整个地区都从冬眠中醒来，经过一段时期慵懒的生活，似乎所有的动物和植物之间需要彼此重新认识，见了面有说不完的话。高大的针叶树之间夹杂着矮树和灌木：苏铁向四周伸展的树冠令下层的树林更加茂盛；长满苔藓的银杏开始发芽，新叶生机勃勃地萌发出来，形似小号；紫衫长出暗红色的球果；麻黄和摩门茶的近亲、低矮而枝叶茂密的买麻藤交错排布，像脚手架一般。所有这些植物都是裸子植物，意思是"种子裸露的植物"，因为它们的种子直接裸露地长在形态特化的叶子上。到了白垩纪，这类植物已经统治地球上的陆地环境长达 1.8 亿年。这些裸子植物产生种子的树叶往往发展为色彩艳丽的球果，黄色和粉红色的球果与暗淡的针叶形成鲜明对比，以吸引甲虫、蝎蛉和草蛉。

针叶林中，一棵老树在水畔艰难地生长着，树皮剥落后露出条状的红色破口，黄色的树脂渗了出来。老树向水面倾斜着，已经摇摇欲坠，垂下来的枝条在风中轻轻敲击着水面。在树荫下的水面上，一株植物细小的茎上长着又长又尖的球果，一簇簇黄色的丝状结构如同刷子一般，紧密地排列并向上生长着。下面的一束束嫩绿色叶子迎风摆动，新鲜的茎向水面方向生长着，末端较圆，与上方的枝条类似，只是略显纤弱。

这株其貌不扬的植物代表了植物有性生殖的一次革命，永远地改变了地球上生态系统的面貌。这株水生植物是地球上最早的开花植物之一。这些形似百合的花朵在水面上绽放，在一株茎上同时具有雄性和雌性生殖器官，即雌雄同体，和大部分裸子植物都不相同。黄色的毛丝是雄蕊，上面覆盖着花粉。雄蕊上方的心皮卷合而成雌蕊，在雌蕊中，种子在长度仅几厘米的豆荚状囊中发育。早期的花朵还没有发育完全，没有花瓣。我们很难想象没有花瓣的花朵，但现代植物中有很多这样的例子，从色彩艳丽的澳大利亚天花菜，以及银莲科的大部分成员，到草本植物不起眼的花，皆是如此。上文提到的水生植物叫作古果，生长于水下30厘米处，它的叶子有细小的气囊，可以令其纤细的茎漂浮在水面上。只有花朵一直保持在水面之上，以保证传粉。在四合屯湖周边地区，有好几种植物都发展出了这种新奇的生殖方式，开花植物起源于淡水生活的假说尽管无法证实，但想来合情合理。在古果及其近亲在四合屯湖中生长开来不久之后，最早的水百合和角苔已遍布世界各地——在葡萄牙和西班牙皆有分布。一旦种子植物发展出更肥美、营养更丰富的机体，这些植物就将和脊椎动物一同扩张。大约四分之一的被子植物已经开始利用多瘤齿兽、爬行动物可能还有鸟类来传播种子了。

　　一些小鸟站在松柏长着针叶的枝头鸣叫，另一些鸟则在树枝之间随意来回滑翔着。这些鸟长着松鸦一般引人注目的羽冠，颈部和张开的翅膀上长着斑驳的黑点，其中最具艺术性的特征便是其原本短小的尾部伸出两条非常长的尾羽，令人惊奇。这些鸟飞在天上，如同小孩放的风筝一般。这就是圣贤孔子鸟，它们的两条长尾羽只起到装饰作用。展示是第一要务——雄鸟体型普遍较大，要展现自己的身强力壮，靠跳舞来吸引眼球，而雌鸟则没有装饰性的羽毛。孔子鸟的羽毛超乎寻常的薄，也非常轻——与大多数具有柱状中轴或"羽轴"的羽毛不同，孔子鸟丝带状的羽毛的横截面呈半圆形，高度伸展而轻薄，厚度与蛛丝相仿。这些羽毛每片宽1厘米，长20多厘米，厚度可薄至3微米，比雾气中一粒液滴的粒径还小。清晨的阳光照射在这些羽毛上，轻薄的组织令光线发红，使孔子鸟的身形如同烟气的尾流一样若隐若现。因此，这些羽毛的第二个作用便是迷惑捕食者，以逃脱捕杀。中华美羽龙是一类大型的驰龙类——这是一种日常捕捉小型鸟类为食的鸵鸟大小的兽脚类恐龙。孔子鸟轻薄的羽毛容易脱落，当中华美羽龙用自己有力的颌部咬住孔子鸟时，孔子鸟会脱掉羽毛以逃离危险。然而，并不只有猎食者会咬掉孔子鸟的羽毛。一棵针叶树木树干的破损处流出树脂，一根羽毛粘在上面——这是一只笨拙的孔子鸟落在树上时，将华丽的羽衣粘在了树脂上。

　　像北票翼龙这样的梳颌翼龙专门过滤水中的生物为食，和火烈鸟很像。相比之下，孔子鸟就是机会主义者，有时候可以看到它们捕捉亮银色的狼鳍鱼。这是一种不起眼的小鱼，外形和它的名字很不相称，长着闪亮的椭圆形鳞片。青蛙警惕着在空中盘旋的捕食者，在针叶树半露出地面的树根的庇护下发出求偶的叫声，展示自己的歌喉。向潜在的配偶展示自己的才能，就是向捕食者暴露自己的位置，在大部分情况下，动物都希望能隐蔽起来。然而在交配季节，青蛙求偶只有鸣唱一条途径，它们要冒着被捕食者发现的危险，并可能付出在余生中一直东躲西藏的代价。空气中弥漫着春天的气息，到处是青蛙的鸣唱和孔子鸟的舞蹈，湖畔是一个令人意想不到的才艺展示舞台。

沾满露水的蕨类被一条巨大的腿扫得"沙沙"作响。翼龙惊恐地起飞，身体趴低，然后用翅膀点地，像撑杆跳一般腾空而起。它们低低地掠过湖面再向上爬升，身上的鬃毛因恐惧而颤抖着。这条腿属于一只成年的羽王龙，这是一种大约和亚洲象一样高，体长 8 米的动物。它属于暴龙类，其晚期近亲霸王龙更为知名。羽王龙是两足行走的猎食动物，靠尾巴和身体的上下摆动保持平衡。前肢短而细小，有三根手指。和生活在距今大约 6000 万年前白垩纪末期的温暖的海尔克里克的霸王龙不同，羽王龙是真正的北方动物，适应易县地区温暖的夏天和寒冷的冬天。这里的积雪在整个冬天都不会融化——这片森林周边的火山的山顶一连几个月都覆盖着白雪——即便是大型恐龙，也需要披覆着羽毛来御寒。褐色和白色相间的外表，在光照下能起到伪装作用，这种斑点图案可以掩盖身体的轮廓，即便是体型最大的猎食者也能借此迷惑猎物。大型恐龙并不是非常聒噪的动物，它们的发声器官比鸟类简单得多，因此无法像那些飞来飞去的鸟儿们一样发出"叽叽喳喳"的叫声。体型较大的动物通常不会发出婉转的鸣唱，多数情况下会发出"嘶嘶"的叫声、振翅声和颌部咬合的"嘎嘎"声。鳄鱼和现今的大型鸟类（如鸵鸟和鹤鸵）在闭上嘴时会发出低沉的"咕咕"声，羽王龙也是一样，它通过喉结下垂发出低沉的"咕咕"声。然而，现代的鳄鱼和鸟类发声时使用的是不同的器官——分别为喉咙和鸣管，说明不同类群的鸣叫功能是各自独立演化的。白垩纪时恐龙的确切发声方式还未可知，但从未发现过非鸟恐龙的鸣管。不过至少，恐龙对外形展示的偏好一直持续至今——还没有任何一类脊椎动物有着像鸟类一样丰富、精致和生机勃发的色彩和外形。事实上，鸟类和蜥蜴具有人类无法看到的色彩，它们身上的图案在紫外光照射下会发出荧光。如果说这可能是远古时期遗留下来的特性，那么非鸟初龙类（包括翼龙和恐龙）身上的花纹在人类可见光的照射下则无法显现。羽王龙有着现在看来十分时尚的造型，头上长着一对引人注目的羽冠，分别位于两只眼睛上方，这种相对于黑色眼球的突兀的色彩变化可以迷惑猎物，使他们难以辨别羽王龙的确切位置。其他一些恐龙也会利用色彩隐藏自己。那些遭到猎杀的动物，如尾巴带翎毛的鹦鹉嘴龙，长着鹰钩般的喙，颈上长有皮褶，是三角龙的早期亲属，但体型只有狗那么大，需要在其所生存的危机四伏的丛林中躲避敌害。鹦鹉嘴龙有着黑色的背部和白色的腹部，表明它生活在一个光线完全从上方散射下来的环境中，森林中的阴影冲淡了它们的色彩，消除了颜色的对比，因此它们十分不显眼，几乎不会被其他动物发现。然而，如果特别留心观察，它们白色的后肢内侧明显的黑色横条纹会暴露它们的位置。这些条纹的功能之一是用于伪装，就像霍加狓的条纹那样，另一个可能的附加作用是防止昆虫叮咬，就像斑马的条纹一样，可以令飞行中的昆虫无法轻易在近处判断自身与想要叮咬的动物皮肤之间的准确距离。鹦鹉嘴龙的大腿内侧是薄弱部位，这里的皮肤薄、没有鳞片覆盖，当炎热的夏天来临时，森林中就会遍布吸血的马蝇、蚋和蠓。

羽王龙没有在森林中捕食。相反，它蹚着水几步走进湖中，接着一个猛子扎进湖水深处，眼睛一直警觉地观察着四周，随后抬起头，把嘴里的东西咽了下去。这个动作反复多次，直到太阳已经完全升到地平线之上。在一天当中，一直有动物从树丛中钻出，也一直有动物进入森林中央平静的长着水草的湖中。背甲平坦、长颈长尾的鄂尔多斯龟在湖面上绕圈游动着，一只小翼龙在水面附近如乌云压顶般的蠓群中发出"嘶嘶"的叫声，想要把它们统统赶走。附近的一只闪亮而色彩艳丽的蜻蜓一边飞行，一边捕食黄蜂和马蝇。远处的一群趴在植物上的血红色的蜗牛，如同低洼地上长着的一片树莓。在半空中，麻雀大小的始反鸟在银杏的树枝间搜寻着昆虫，莫干翼龙慵懒地拍打着 7 米长的翅膀掠过天空。

从地上的落叶一直到树冠之上的天空中遍布着各种动物。无脊椎动物在整个冬天基本一直处于休眠状态，现在都完全苏醒了。倾倒的树木上爬满了蜚蠊，它们在朽烂的树干或树皮上隐蔽性好的缝隙中产卵。一个皮革质地的深棕色囊状结构填塞在树干上的裂缝中，形似一个很长的豆荚，间隔排列的一个个鼓包中是多达 60~70 粒蜚蠊的卵。这种卵囊对卵能起到保护作用，但在白垩纪时期的辽宁地区，蜚蠊有一个特殊的天敌。一只小型的腹姬蜂从空中"嗡嗡"叫着飞了过来，它的腰部很细，在快速飞行时身体好像分为两个部分，后一部分被前一部分拖拽着前行。白垩腹姬蜂是一种寄生蜂类，在其他虫子的体内产卵，卵在孵化的过程中杀死宿主。白垩腹姬蜂专门搜寻蜚蠊的卵囊，然后用注射器一般的产卵管将自己的卵注入蜚蠊的每一粒卵当中。本应供养蜚蠊生长的营养成分转而滋养数量更多的腹姬蜂的生长。这种寄生关系出奇稳定，腹姬蜂和姬蜂——四合屯湖地区另一类已知的寄生蜂类——在接下来的上亿年里一直扮演着相同的生态角色。马蝇和蠓也是如此，它们一直是吸血昆虫，唯一的变化是更换宿主——马蝇在7000多万年以后变为以吸食马血为生。

白垩纪时期的植物和脊椎动物与我们今天所熟知的类型有着本质上的差异，昆虫和其他小型动物则与现代类型比较相似。蜚蠊和细腰蜂都有着艳丽的色彩，黑黄相间或黑红相间，这是一种警戒色，向敌人表明它们很危险，或是有毒，或者仅仅是不好吃。想要被其他动物看到的动物都会带有这样的色彩，以此表明自己不适合作为食物，当它们不慎被鸟类叼在嘴里时，鸟类看到这类色彩之后也会将它们吐出来。黑黄相间的色彩具有很高的对比度，在绿色的树叶之中非常醒目，即便没有色觉的动物也能看得一清二楚，对警戒色没有概念的动物也会被震慑住。这种现象会一直延续下去，白垩纪的鸟类会警惕一只色彩艳丽的蜂类，现代的鸟类在捕食中也会注意同样的问题。上亿年以来，昆虫始终用警戒色作为同样的图像语言。

即便是大型兽脚类恐龙，其鳞片上覆盖的羽毛也同样具有丰富而醒目的色彩。北票龙是一类极其另类的恐龙，形似地懒。北票龙属于镰刀龙类，完全成熟的个体体型比鸵鸟稍小。镰刀龙类最大的特点是长长的前肢前段长有镰刀状的爪子。北票龙是年代最早的镰刀龙类，后期类群的前爪都极度发达，其中镰刀龙属的前爪长达半米。事实上，它们并不用前爪作为武器，而是通常用来抓握植物，适应和大地懒以及大猩猩相同的取食方式，即用发达的前肢获取食物后放入口中。北票龙披着浓密的羽毛，好似全身挂满缨穗。它的身体上覆盖着蓬松的白色短羽毛,头部和颈部则布满一丛丛又厚又硬的棕色长羽毛,每根长达数英寸,就像豪猪的刺。

一只北票龙经过一棵表面光亮、布满绿色苔藓的苏铁树,它靠在树上,将身体一侧在粗糙的树皮上来回蹭着,将一些凌乱的老化羽毛从它遍布全身的柔顺蓬松的羽毛中去除掉。和蜥蜴以及其他恐龙不同,手盗龙类(包括鸟类)不会大面积蜕皮,这和羽毛的影响有关。相反,它们会像哺乳动物一样,每次只脱落零碎的皮肤组织,它们的皮肤组织不断生长并以皮屑的形式脱落。辽宁地区冬天寒冷但夏天温暖,数量过多的羽毛会成为累赘。

这只兽脚类恐龙突然开始摇晃树干,惊动了苏铁上的一群丽蛉,它们一下子从树上飞走了,这些丽蛉的翅膀酷似小片的苏铁树叶,落在苏铁树上不动时根本不会被发现。昆虫也会使用外形上的伪装,经常将自己装扮成所生活的植物的一部分。最杰出的伪装隐藏大师是竹节虫。一棵正在生长的苏铁幼苗的基部爬满了早期的竹节虫,它们细长的身体上长着黑色条纹,翅膀形似叶脉。竹节虫类的所有成员在侏罗纪便开始模仿茎和叶柄,到了白垩纪则开始模仿树叶和花朵。它们生活在四合屯的裸子植物群中,藏身于众目睽睽之下。

然而,伪装并不是昆虫所能选择的唯一道路。白垩纪时期的丽蛉和蝴蝶一样常见,体型一样大,色彩也一样丰富。在一些情况下,如果没有专业的眼光,也不知道蝴蝶在白垩纪尚未出现在地球上,就会无法区分一只活的白垩纪时期的丽蛉和一只 21 世纪的蝴蝶。特别是丽蛉长着比寻常的蛉更宽大的翅膀,而且山丽蛉的一些成员发展出和蝴蝶一样的恐吓捕食者的结构——翅膀上长出眼睛状的斑点。这些黑色的圆点平时隐藏在鲜艳的颜色之下,当山丽蛉受到惊吓时就会显现出来,令即将发动攻击的捕食者迟疑下来,再三考虑要不要继续下手。普遍的观点认为，眼睛状的斑点以及相似的图案是在模仿捕食者的天敌，例如，一只蝴蝶翅膀上的斑点可能是模仿老鹰的眼睛，用以吓退捕捉它的鸣禽。或许，存在时间很短的山丽蛉是最后一批模仿非鸟恐龙那怒目而视的眼睛的昆虫之一。

夏天到来了，丽蛉在湖面上翩翩起舞，上下翻飞，好似不受束缚一般永远逗留在空中，在水面和藏在水中的鱼的上方尽情嬉戏。现在，附着在树叶下方的丽蛉卵开始孵化了，每只幼虫都长着带锯齿的刀状结构，帮助它们锯开卵囊后从卵中爬出。已孵化的丽蛉开始发育出一种蛉类中罕见的伪装形式，并且难以被识破。和单纯模仿身处环境的方式不同，丽蛉当中的几个门类发展出了类似于人们俗称"碎屑虫"的昆虫的生活方式，即收集生活环境中的各种杂物——蕨类孢子、沙粒、其他昆虫蜕下的皮等，并将这些东西堆在自己背上。这些杂物会像一件外套一样将幼虫包裹起来，令它们看上去与森林中地面上随处可见的完全无害的堆积物没有明显的区别。

在远离茂盛的植被和交错丛生的真菌和苔藓的地方，空气凉爽，树冠稀疏。一种喜好开阔环境，双足行走的小型恐龙中华龙鸟偷偷从平地上溜过，头和尾部都保持低平。它每一次向前走出几米，时不时地停下来，尾巴本能地上下摆动。它看上去像是无声电影中经典的囚犯形象，尾部长有赤褐色和白色相间的条纹，眼睛周围长着强盗面罩一般的斑纹。这些斑纹能起到混淆动物外形轮廓的作用，使猎物分辨不出兽脚类捕食者发达而醒目的尾巴和眼睛的具体位置。黑色的背部和白色的腹部可以弱化其身形的立体感，令其能够更好地在开阔环境中隐藏行踪，从而可以对其他动物发动突然袭击。一株晃动的原麻黄类灌木引起了这只恐龙的兴趣。灌木丛中，一只沙鼠大小的长毛动物张和兽正蜷缩在枝杈的庇护之中。张和兽侧身对着恐龙，发出警告的尖叫声——它并非看上去那样毫无还手之力。它的脚跟处有一个尖锐的凸起，那是一根角质的刺，如果能精准地踢在敌人身上，这根刺可以释放一定量的毒素，足以击伤但无法杀死中华龙鸟。兽亚纲（即有袋类和有胎盘类哺乳动物）已经不再具有这个结构，但雄性鸭嘴兽和针鼹仍然能释放毒素，而且可能包括张和兽在内的所有非兽亚纲哺乳动物都具有毒刺。张和兽已经暴露了行踪，它立即摆出积极的迎战姿势，而且牢笼一般的灌木枝条对它来说也是一层防护。这次中华龙鸟没有第一时间发动突袭，它意识到自己已经失去了机会，于是转身离开了这只已做好防御措施的哺乳动物，消失在了灌木丛中，继续搜寻其他的小型哺乳动物。

阳光普照的开阔地对于中华龙鸟来说是最轻松自在的环境，可供藏身和庇护的场所也并不少，在宽阔的地面上还能快速跑起来。再往北便是陆家屯地区的茂密森林，这里的林地恐龙之间存在更加激烈的竞争——这里有其他身体灵活的猎食兽脚类恐龙，如大眼睛的伤齿龙，而且到了夜间还会出现危险的猎食哺乳动物，如獾大小的肉食性哺乳动物爬兽，这是白垩纪时期全世界最大的哺乳动物，以捕杀恐龙幼崽为食。

尽管有些哺乳动物白天并不睡觉，但直到太阳落入四合屯湖的水面之下，这些动物才起来活动。夜间活动并不是动物常见的生活方式，而且在白垩纪，哺乳动物是少数夜间活动的脊椎动物之一。其他动物很少真正在夜间活动，可能只有一些小型的猎食恐龙如此。变温动物——如蜥蜴和两栖类这些依靠外界热源维持自身体温的动物——会在夜间睡觉，身体变冷，停止活动。哺乳动物及其亲属则不同。甚至早在二叠纪时期，哺乳动物的猎食性远亲异齿龙可能已经是夜间活动的能手了，而且从那时起，哺乳动物已经变成了在黑暗中生活的行家，这种能力可能独立发展出了许多次。它们的眼睛变大，高度适应微弱的光线，对各种亮度光线的感知能力强于对颜色的识别能力。在远古时期，四足动物的色觉为四色模式，即眼睛里含有四种感知颜色的色素。今天大部分的四足类仍然有这些组织，而大部分哺乳动物已经变成了色盲。

当动物的生活方式改为夜行，它们便不再需要分别颜色，只需要集中力量感知哪怕很微弱的光，因此眼睛中感知颜色的色素便因不使用而衰退，甚至完全消失。包括有袋类的后兽类具有三色色觉模式，少了一种色素，包括有胎盘类的真兽类则减少为两种色素。即便在今天，几乎所有的有胎盘哺乳动物都是双色模式——具有感知红色和蓝色的细胞。有胎盘哺乳动物中有两个白天活动的类群，可以通过颜色判断水果是否成熟——旧大陆灵长类（包括人类）和吼猴中的一个种通过复制出感知红色的色素，再加以调整，产生出一种感知绿色的色素。控制感知红色和感知绿色色素生成的 DNA 序列十分相似，事实上二者相邻排列在 X 染色体上，这意味着这些基因在复制时出错的可能性很高，遂导致红绿色盲。男性中有 8% 的人是缺少感知红色或绿色色素的双感色模式，这个比例比其他旧大陆灵长类高得多。相比可以感知部分紫外光的鸟类，我们哺乳动物全都是色盲。我们今天的生理特性、贫弱的色觉，是我们依赖嗅觉、放弃视觉，以及我们的祖先在夜间行动的直接结果。

对那些自身无法产生热量的动物来说，想要提升活力就必须晒太阳。一只形似壁虎的小型蜥蜴柳树蜥从一条窄窄的石缝中蹿出来，宽阔的身体平摊在被太阳晒热的岩石上，吸收着阳光的热量。它的背部是白色的伪装色，腹部是黑色的，而且乍一看长满了棘刺，但这完全是虚张声势。任何胆子足够大的猎食者上前咬一口，便会知道这些棘刺只是视觉上的骗术，温度升高会令这只蜥蜴的皮肤变色，中间颜色变深，两侧颜色变浅，形成一排棘刺的错觉，令捕食者踌躇不前，使蜥蜴有足够的时间逃离险境。

一连串高高堆放的腐烂植物，表明蜥脚类恐龙正在此处养育幼崽。幼年的东北巨龙和它们完全成熟的亲代相比非常娇小，正在孵化中的恐龙蛋的形状和大小都与一个甜瓜相仿，一窝的数量不超过40枚。早期的恐龙像龟类一样产软壳蛋，但随着时间的推移，一些类群独立发展出坚硬的富含钙质的蛋壳。在一群高17米的巨大的成年蜥脚类恐龙当中，鸭子大小的幼龙很容易被踩死。而且一个恐龙群不能在同一个地方停留太长时间，因为被它们吃掉的植被需要时间来恢复生长。因此，成年恐龙过着游牧的生活，它们产下蛋后，用巨大的后肢将沙土堆在蛋的四周筑成巢，再将植物覆盖在巢上——植物在腐烂过程中会产生热量，为恐龙蛋保温。这些巢容易受其他动物（尤其是蛇）破坏，但所有巢中放置着的数量巨大的蛋表明，又会有一大群恐龙来到世上。恐龙的幼崽在破壳而出之后就显得很成熟，它们结伴在平原上漫步，等长得足够大时，就会加入成年恐龙的队伍中过起游牧生活。这一地区的蜥蜴也是如此。在河流注入湖泊的河口地区，一块巨大的布满苔藓的石头上趴着一群湿漉漉的绿色的鳄蜥。其中没有成年个体，从破壳开始计算，最大的只有两三岁，最小的只有一岁。由于体型不占优势，这些小型爬行动物聚在一起，靠群体的数量优势生存。一群蜥蜴中有越多的个体放哨，提早发现危险来临的几率就越大，所有蜥蜴就能成功逃入石缝当中。直到成年之后，这些蜥蜴最好的生存方式依然是群居。

并不是所有的亲代都不照看幼崽。一个圆形堡垒一样的土巢中散落着一枚枚蓝色的椭圆形的蛋，如同一枚土制的戒指上镶嵌着一颗颗青蓝色的宝石。在巢的附近，一只灰黑色的火鸡大小的尾羽龙守在这里，前肢上色彩斑斓的羽毛闪着耀眼的光芒，它不断地点头弯腰，像在跳着事先编排好的舞蹈，一束黑白相间的圆扇状的羽毛随着它的尾端不断扬起。这只雄性尾羽龙一边守卫着它颜色鲜艳的蛋，一边等待着另一只雌性恐龙的出现，和它一同跳起充满仪式性的求爱之舞。放在这里的蛋都已经受精，这些蛋的母亲将它们围成一圈半埋在土里，更尖的一端朝下。尾羽龙的巢是共享的，一只雄龙看守多只雌龙的蛋。每一枚蛋的颜色均不相同，使每一个母亲都易于辨认，也为父亲提供更多的信息。每一头雌龙都能产生原紫质和胆红素组成的复杂色素，由此可以得知，产出鲜艳蓝绿色的蛋的必然是身体健康，能够吃饱吃好的雌龙，父亲便可以指望这些蛋能够生出同样健康的幼崽。窃蛋龙的父母都尽心看守自己的巢，但产出色彩艳丽的蛋的现代鸟类中，则主要是父亲负担更多的看护责任。这是性选择过程发生在交配之后的少数案例之一。尾羽龙一旦产下蛋，父亲就会坐在环状巢的中央，蹲下身子，用翅膀盖住蛋来保温，直到完成孵化。

温带森林、湖泊以及灌丛生态系统共同构成了生命的繁荣都市，这里汇集着从食物链顶端至底端的各类生物。昆虫和鸟类为各种植物（包括新出现的被子植物在内）传粉。其他植物如买麻藤类的原麻黄，则使其身体的一部分——花梗——脱落掉入水中，随水流传播。有规律的降雨、温暖的夏季和寒冷的冬季维持着生命的极度繁荣，令人叹为观止。

这种繁荣由较高的初级生产力所维持，该地区的火山规律喷发，产生的营养丰富的火山灰不断加入土壤中，使这里的土地越来越肥沃。但这片北方大陆的生物资源同样面临着灭亡的危机。四合屯湖是一个火口湖，是由一个低平、塌陷的破火山口积水形成的湖泊，这座火山处于休眠状态。火山的规模很大，湖泊也很深，面积大约 20 平方千米。理论上讲，火山仍有喷发的可能，一旦喷发，碎屑云将扑面而来，更可怕的是大量气体也会喷涌而出，包括一氧化碳、氯化氢和二氧化硫。这些都是有毒气体，并且会散布到空气之中，这些气体顺着山坡向下弥漫，在地势低洼地区聚积。任何困在这些无色气体云中的动物都会窒息死亡，大部分水生动物也不例外。

这些被毒死的动物遗体被水冲入湖中，沉入湖底，接着被飘进湖水中的火山灰掩埋起来。成群的动物被埋葬在这种细粉砂的陵墓之中，极其完好地保存了下来。

这些湖泊的沉积速率很低——细粉砂在湖水中漂散、下沉，每过 2~5 年才能堆积 1 毫米的厚度。由于四合屯湖湖底的生物遗体几乎没有腐烂，细火山灰保存着这些生物完整的组织器官，令人不可思议。其中大到硬骨、软骨、羽毛和毛发，小到以亚细胞形式保存的单个黑色素体，这就是形成上述器官颜色的重要组成部分。黑色素体具有独特的形态，包含红黑色素和黑色素，通过对黑色素体的分析可以推断相应生物体的颜色。同样保存下来的还有鸣叫器官、五光十色的羽毛，以及其他产生生物信号（包含警告、伪装和性展示信号）的组织和器官，这些组织器官在其主人死亡之后的漫长时期中仍然栩栩如生。

对大部分化石记录而言，有几类信息是难以保存下来的。从化石中无法推断动物的行为，物种之间的相互关系也很难通过化石来重建。在中国东北的四合屯湖以及其他易县组化石地点，生命的光辉与繁荣，生物的喧嚣、丰富多彩与争斗冲突，都从金黄色的粉砂岩幔帐之中生动地显现出来。白垩纪四合屯的生态系统是一个不朽的传说，将久远的历史极其清晰地呈现出来。在这个小世界当中，所有细节都完整地保存下来，即便是一段短暂的鸣叫、一阵惊恐的振翅，都以实体的形式保留至今。当孔子鸟和丽蛉、第一朵绽放的花和挤在一起的蜥蜴幼崽的化石出现在岩层中时，它们仿佛只是在休息，一旦机会来临，鸟儿会再次歌唱，花儿会再次盛开。

第 8 章
创 建

德国施瓦本

侏罗纪，距今 1.55 亿年前

你不必去远方寻找海，远古时期海的遗迹无处不在。

——

蕾切尔 · 卡逊 |《我们周围的海洋》

海风中潮起潮落，我的孤舟在漫长的漂流中又何去何从？

——

樋口一叶 |《恋心》

明氏喙嘴龙

放眼望去，一阵阵海浪纵情起伏，将晶莹的水珠抛向天空。温暖的海水映照着天空，生出模糊的倒影，几千米之外的海岸线若隐若现。在四周，一个个小小的白色身影从空中俯冲而下，落入海中时溅起巨大的水花。水花落定一段时间后，一颗闪着光泽的毛茸茸的脑袋和一张长满针状牙齿的角质喙浮出水面。这种动物钻出水面后，嘴里往往空无一物，但随着一次又一次下潜，它总有一次会叼着小鱼出现在水面。喙嘴龙是真正的海生翼龙，其中一些相互关系密切的种都在侏罗纪欧洲的热带地区的海湾和海岸崖壁繁盛发展。这片海是喙嘴龙古老的家园，是它和它的后代演化发展数百万年的地方。喙嘴龙压低身子浮在水面上，头部左右摇摆，甩动嘴里的鱼，直到鱼尾的挣扎变弱。它仰起头轻轻一用力，将整条鱼吞了下去，喉咙上鼓出一个包。通过伸展又长又硬的手指，打开湿淋淋的翅膀，直接从水面腾空而起是十分费力的。因此喙嘴龙等待着时机，当它恰好处在海浪最高点时，才拍动翅膀，轻松地就达到了一定的高度，为下一次俯冲做好了准备。在海面之下，另一只已经冲入水里的喙嘴龙用长着蹼的双脚划水前行，追逐着鱼群，受惊的鱼群四散奔逃，失去了群体的优势后任人宰割。捕食鱼群的不仅仅是那些喙嘴龙，还有在海水深处游弋的动物。

　　如果没有其他动物的逼迫，鱼群不会自己游上海面从而暴露在危险之中。来自海水深处的捕食者驱赶着鱼群，令它们惊恐地胡乱挤作一团，在死亡气息的笼罩下，失去了反抗的能力。鱼龙的速度很快，只见一道黑影闪过之后，它便游得无影无踪了。和喙嘴龙相同，鱼龙是由陆生转变为适应海洋生活的动物，但和喙嘴龙不同的是，鱼龙完全生活在波涛滚滚的海面之下。当海平面升高时，海洋的面积会扩大，大陆边缘地区会被淹没，世界上很多四足行走的动物借着这样的契机放弃了陆地生活，投向了海洋的怀抱。现代已经罕有完全水生的四足动物。只有鲸、海牛（及其近亲儒艮）以及海蛇终生生活在海中。其他所有海生四足动物，包括海鸟、海豹、咸水鳄、北极熊、海鬣蜥、海獭甚至海龟，都需要返回陆地进行繁殖。

中生代时期，完全在海洋中生活的爬行动物比现代多得多。形似鱼的鱼龙和长脖子的蛇颈龙是其中最著名的，当然还有其他类群。地龙在热带岛屿之间的开阔水域闲游，也会溜进潟湖和海湾。这是一种体表光滑的鳄类，体型和虎鲸相当。这些鳄类生活在广阔的海水中，外形已经变得和人们所知的鳄鱼大不相同——四肢变成鳍状，致密的骨质甲片消失，甚至发展出垂直的尾鳍，看上去像鲨鱼的背鳍。腹躯龙是另一类海洋爬行动物，其关系最近的现代近亲是新西兰的喙头蜥，但腹躯龙形似海蛇，长着长长的、盘曲的身体，尾部呈扁平的扇状，短小的四肢与流线型的侧面体型很不相称。上龙以猎食其他多种海洋爬行动物为生，它是蛇颈龙的短颈大头版本，似乎从不挑食，吃一切活动的东西。欧洲海洋中共生的海生爬行动物适应于不同的食物，一些类群专门捕食带有硬壳的生物，另一些类群专门捕食大型猎物，还有一些类群则捕食游速快的鱼和鱿鱼一类的猎物。尽管有如此丰富的类群，侏罗纪的海生爬行动物仍处于恢复时期。它们之前遭受了谜一般的三叠纪／侏罗纪大灭绝的严重影响，这次灭绝事件的原因仍在激烈的争论当中。比较公认的观点认为，是气候的剧变导致了这次大灭绝事件，当时涌出地表的熔岩中释放出气体，如同冒泡的易拉罐碳酸饮料，逸出的二氧化硫和二氧化碳改变了气候。在海水酸化之后不久，大量的海洋生物走向灭亡，其中包括不少海生爬行动物，它们在侏罗纪仍处于长达1亿年的功能性变异恢复期的中期。

在地球上所有存在记录的已灭亡的世界当中，侏罗纪欧洲海洋和岛屿中的记录所描绘的翼龙和海生爬行动物的世界，是最早被人们重建的远古世界之一。第一篇关于翼龙化石的描述报道写于1784年，将翼龙描绘成一种游泳的动物，用组成两翼的手指划水，充当长桨的作用。由于当时的科研团体尚未认识到大灭绝是真实存在的事件，便认为翼龙是一种现存的生物，只不过生活在未被发现的偏远环境中。后来翼龙又被认为是生活在深海的现代生物，当时的人们也坚信这一点。人们的观念直到19世纪才发生转变，得益于英国古生物学家玛丽·安宁（Mary Anning）在多塞特郡沿海悬崖周边发现的大量灭绝海洋生物化石，生物灭绝事件的存在由此被证实了。鱼龙和蛇颈龙与现代的海洋生物如此不同，而且前者的大量发现给了科学家们很好的机会，令他们见识到了一个和现代完全不同的、数量和种类都极其丰富的远古动物群。持续缓慢沉降了4000万年的沙子和粉砂堆积在这些奇特生物的遗体上，将它们埋葬在海底。这些生物的化石在海岸线向南退却之后重见天日，在安宁那家白色墙壁的莱姆化石商店的里间中得到了妥善修复。这些生物的后代之一鱼龙，在侏罗纪时期会在受到惊吓而放弃反抗的鱼群中来回穿梭和捕食。无数条鱼组成的镜子般亮闪闪的平面，在面对攻击时不断地弯曲和翻转，它们的队形已经被破坏，不断各自变换着方向，它们已经完全乱作一团，有自卫意识的个体寥寥无几，只能寄希望于捕食者吃饱后离开。再加上来自海面上的喙嘴龙的攻击，鱼类的恶劣处境只会变得更加严重。在上下两面夹击下，它们最终逃脱不了灭亡的命运。

侏罗纪的欧洲是一片遍布岛屿的海洋。各个岛屿之间是温暖的浅海，最大的岛与今天的牙买加面积相仿，被淹没的大陆边缘有相当一部分位于很深的海沟中。距离最近的大陆规模的陆块是如今欧亚大陆的西海岸地区，当时尚未被海水淹没。在侏罗纪，全世界气候处于完全的温室状态，两极地区也呈现温带气候。海平面大幅上升，海洋面积增加，为海洋动物提供了更多的栖息地，形成了一系列遍布世界各地的物种丰富的海洋生物群落。

侏罗纪欧洲海域极其丰富的生物便是上述气候环境产生的结果，这一地区成了一处海陆枢纽。位于亚洲和阿巴拉契亚之间的大陆边缘分布着条带状的很浅的内海，海面上有一串彼此相距不远的岛屿。这些岛屿的四周是白色的沙滩，沙子很细，波澜不惊的咸水潟湖散落在沙滩之间，岛屿的外围则是珊瑚礁。若不是由潮水涨落形成的潮泥滩的阻挡，岛上茂盛的针叶林几乎要长到海里。有些岛屿很平坦，如中央山脉，原先的山峰经过上亿年已经被夷平。另外一些岛屿因板块运动和生物造礁作用还在不断隆升。向南是温暖湿润的特提斯洋，它将欧洲和非洲分隔开，孤立大陆亚德里亚（Adria）便位于其中。特提斯洋向东沿亚洲南缘延伸，形成最宽阔处，一条陡峭深邃的海沟连接着今天的希腊和中国西藏，并继续延伸，将世界分为北方的劳亚大陆（Laurasia）和南方的冈瓦纳大陆（Gondwana）。北方的海洋逐渐变窄为流经波罗的大陆（Baltica）的两条海道，之后汇入寒冷少雨的古北海。西方的一块大陆从冈瓦纳大陆中分离出来，在将来会形成北美洲，一条海峡逐渐形成并不断变宽，这片海域在当时仅仅是特提斯洋的一个分支，但日后将变得足够广阔并拥有自己的名字——大西洋。侏罗纪欧洲的一些陆地沿海地区的海水深度比今天大陆架区域的海水要深，从海底至海面的深度可达1000米左右。然而大部分海域的水深只有100米左右，形成了极其繁荣的海洋动物群。

欧洲位于"原大西洋"海峡、特提斯洋和连通古北海的维京海峡三处海域的交汇处，是深海洋流的咽喉要道。正如今天给欧洲北部带来温暖的湾流一样，侏罗纪的洋流也起着反馈系统的作用，使世界各地原本相差悬殊的温度维持着相对均衡。在距今1500多万年前，这些海域比今天的海洋要温暖得多。波罗的大陆周围又窄又浅的海道就像连通特提斯洋和古北海的走廊，经过频繁的构造运动之后，这些海道被隆升的裂谷隔断，形成现今的北海。由于从南至北输送温暖洋流的通道被切断，古北海被隔离开来，逐渐变冷，直至封冻，令中侏罗世的地球在一段时间内处于冰室状态。之后随着大陆的再一次分离，洋流又再次流通。在距今1.5亿年前的晚侏罗世，欧洲的陆地像一座长满茂密植物的温室，海洋则是温暖和寒冷洋流旋转着交汇的地方。热带和极地的空气在古北海海域混合在一起，造就了欧洲北部的风暴天气。

带壳的浮游生物和其他无脊椎动物不断地生长和死亡，它们碳酸钙质的外壳在海底堆积。随着海平面的下降以及特提斯洋海沟的不断发育将非洲拉向欧洲，富含钙质的海底隆升，形成跨越瑞士和德国的侏罗山那高耸的石灰岩山体。这里将成为多瑙河和莱茵河这两条欧洲大河的源头，河道穿过由构造运动抬升起来的古海洋海底。大部分地质时期的名称都和地名有关，最典型的例子就是，侏罗纪得名于德国南部和瑞士境内的侏罗山。在奥地利的蒂罗尔州，一根金色顶部的桩子插在山上，由地质学家钉在一个特定的位置上，这就是三叠纪和侏罗纪界线的标准位置。欧洲的阿尔卑斯山地区被称为这一时期的"金钉子"，当时位于此处的古海域便是对侏罗纪有时代标志意义的水上乐园。

喧闹的海面之下不远处却是一派宁静的世界，一片类似晶体的结构在幽暗的海水深处闪着微弱的光泽。晶莹剔透如雪花般的小块高高地堆积起来，可达到数十米，从近处看，每一小块都好似玻璃细丝编织的华丽白网。这些小块一个摞着一个，一些瘤状的部分如同融化的蜡烛，堆叠得像是一座祭坛，在向各个方向飘动的蓝黑色烟雾中若隐若现。尽管堆叠成这样复杂的结构，这些小块却是一种在前代的骨骼上不断生长的动物。它们是侏罗纪时期的造礁动物玻璃海绵。至少从组织结构的层面上来说，海绵是动物中最简单的一个门类。海绵仅由两层组织构成，其中一层是带有毛发状结构的细胞，这种结构叫作"鞭毛"，通过大幅摆动将水吸入海绵的中央，从这些水中过滤出残渣作为食物。海绵顶部有一个有排放作用的小洞，称为"出水孔"，水会从这里排出体外，整套系统运作起来就像一台喷气式发动机，并且能侦测到孔道中的阻塞物。组成这一套管状系统的是骨针，通常是一种微小的结构，由钙质、硅质或一种特殊的蛋白海绵质组成。骨针形状各异，有的外形非常普通，并不出众，有的则呈飞镖、长矛、爪钩或铁蒺藜等奇特形状。每一个细胞都是半独立的，海绵单体使个体和群体的界限变得模糊。如果将一个海绵单体放入搅拌机里搅拌，它将会重组为一个不同的形状，但仍是具有功能的海绵，一个具有活性的生物。

玻璃海绵则更进了一步。构成其支撑性组织的细胞融合在一起，彼此之间形成一条开放通道，可以使细胞内部的液体（即细胞质）在单个细胞之间流动。事实上，玻璃海绵已经非常接近一种单细胞生物，玻璃海绵所形成的"合胞体"已经使其生理功能无法与一个高度复杂的单个细胞相区分。这种连通意味着玻璃海绵可以很容易地在整个躯体中发送电信号，使其可以对刺激以及躯体中过滤水的速率产生快速高效的反应——这对一种缺少神经系统的生物来说是非凡的创举。玻璃海绵的奇特之处还不止于此。它们的骨骼由硅质构成，但四射和六射的骨针[1]构成的庞大的支撑网络将动物体固定在海底。有些种类具有星形的放射状硅酸盐晶体，单个晶体便可长达3米。一些造礁种类可以将骨针组成坚固的脚手架一般的结构，其强度足以支撑数十年不倒。事实上，这些融合的骨骼正是玻璃海绵死后的遗骸，聚集在一起的遗骸为它们的后代提供了绝佳的立足扎根的平台。它们是一群杰出的建筑师。由于海绵依靠简单的滤水系统清理海中其他生物的遗骸残渣为食，它们不需要离海面太近，和饥肠辘辘的藻类构成共生关系的珊瑚也是如此。

晚侏罗世地球的气温与气候学家关于21世纪末气温的乐观推测值相近，比前工业时期的气温水平高大约2摄氏度。当时林地很常见，两极没有冰，赤道附近也有大片的沙漠，但最高的山地地区可以见到冰川。珊瑚礁在整个欧洲群岛海域零星分布，而在世界上其

---

1 描述骨针形态常用"轴""射"两词，"轴"指骨针树木，大骨针一般可分为单轴针、双轴针、三轴针及四轴针四种。"射"指骨针自中心向外放射的方向，即尖端的方向。单轴针可分为单轴单射针和双射单轴针；双轴针常为四射；三轴针有三射、四射、五射和六射；四轴针一般为四射和八射。（引自何心一、徐桂荣等编，《古生物学教程》，北京：地质出版社，1993年）*

他陡峭的陆架地区更加常见。牡蛎造礁更加罕见，它们潜藏在欧洲的一隅，新的壳体附着在先代留下的壳体之上，代代堆叠形成生物礁。然而在这个时代，海绵造礁占据着优势，它们拿骨针构成的骨骼对高温和酸性海水有更强的抵抗力。

玻璃海绵又称"六射海绵"，它需要洁净的水。海绵以在海水中滤食为生，全身遍布微小的"孔"。重 1 公斤的海绵在一天之内可以抽取 2400 升水——比常用的电动淋浴器在相同时间内抽的水还多——并滤取水中大部分的微生物作为食物。含有泥沙的水也会从这些孔中流入，因此大部分的海绵可以关闭这些孔来避免水管被堵塞。然而玻璃海绵却不能。

由于玻璃海绵对水中的颗粒十分敏感，它们需要生活在净水中，远离河流入海口附近浑浊的水。珊瑚生长在风暴天气笼罩下的浅海中，这里的海水比较凉，海绵在幽暗的深海中茁壮生长，可以高达数十米，同时向四面八方绵延数千米。每一座盘曲虬结、雄伟如山的海绵礁，都是由最初那一团呈对称环形的微小海绵群体经过数千年的生长而形成的。最初的这一团群体是海绵礁的奠基者，它们的骨针遗留下来，深陷入松软的海底，被沉积物掩埋，再也看不到了。但这些骨针保持着硬度，成为比海底更为坚实的基础，供新的海绵群体生长。有时候海绵礁笔直生长，形成城堡状；在偶然情况下，海绵会斜向生长 20 米以上，形成一座悬崖绝壁。随着每一处群体的生长，它们彼此连接在一起，形成一座海绵礁的城市。这些高耸的"生物礁"中生活着非常丰富的物种，大约 40 种海绵在这里共生，这一地区的海底将抬升形成瑞士和德国的边界。

生物礁的生长速度很快。一处生物礁在 100 年的时间里向上生长的高度可达 7 米，并以其既有的外形和内部构造在海底扩张。特提斯洋中欧洲群岛周边的海水跟随盛行洋流由东向西流经大西洋海峡。每一道生物礁背向洋流的一面都是澄清的静水，如同它们投下的一道影子。生物礁在这片海域更容易定居、生长并发展壮大，因此它们排成了很长的一列，每一片耸立的生物礁都如同防风林一般，对海底洋流起到阻挡作用。生物礁在生长的过程中形成了裂缝和洞穴，为其他生物提供了繁盛发展的空间，不断地有一群群的生物在这里定居，这个过程就像一座城市的发展。海绵搜集营养物质的效率极高，这些养分最终用来供养其他生物，这一切造就了特提斯洋北缘庞大而繁盛的生态系统。海绵礁东至现今的波兰，西至现今的美国俄克拉荷马州，在当时的海底绵延长达7000千米。这些硅质结构是世界上曾经出现过的最庞大的生物结构，长度是大堡礁的3倍。

在形如祭坛的海绵礁的上方，曲线凹凸、表面闪着油漆光泽的盘曲壳体上下漂动，或以一定的速度游动着。触手从每一个螺旋状的壳体中羞涩地伸出。菊石可能是最著名的无脊椎动物化石，是中生代海洋的标志性生物。菊石的大部分早期类型都很小，直径仅有数毫米至数厘米，但确实也有一些可以长到很大。到了晚白垩世，塞彭拉德副轴菊石中的一些个体是已知最大的菊石，壳的直径可达3.5米左右，它们在随后的希克苏鲁伯陨石撞击中灭亡。然而在大部分的演化历程中，菊石并不是身披甲胄的海妖，而是一群分布广泛、种类繁多的带壳头足类动物（头足类是软体动物的一个门类，包括章鱼、乌贼和鹦鹉螺）。

菊石的壳是奇妙的艺术品。随着动物体的生长，壳口处不断有新的住室形成，最终形成一具坚固的、具有凹凸曲线的堡垒般的碳酸钙壳体，是动物体直接从海水中获取钙离子和碳酸根离子并分泌出来而形成的。[1] 这具庇护所一般的壳体的内壁很光滑。各个房室之间呈一定角度相接合，不同种之间房室大小及生长中的尺寸变化也各不相同，但这些有着千奇百怪外壳的种类都遵循着同一种简单的生长规律。在一个平面上紧密盘曲的壳体，即经典的"蛇纹石"形壳体是最常见的，但也有一些像蜗牛壳一样的螺旋状壳体。在白垩纪还有一些门类具有伸直的独特壳体，它们是从早期祖先类型中分离出的一支。最为奇特的是一种2米长的回形针状的壳体，令人不可思议，从壳口缓缓伸出的触须摆动着，像是在抗议外界对其特立独行的相貌的批判。菊石内部精美的细节形态也可以观察到。软体分泌的物质形成房室，在不断生长的房室中，壳体的细微结构展现无遗。新长出的房室通过一种弯曲的缝合线与之前的房室相连接，这种具有分隔和接合作用的复杂结构，在珍珠般光彩照人的壳体上赫然排布着。

排成队列的一大群菊石从水中掠过，引发了海绵礁上的生物持续数秒的骚动。菊石像所有头足类一样，除了出生之后很短的一段时期之外都无法听到声音，但它们具有感受压力的器官，这是一系列充满液体、长有纤毛的囊状器官，称为"平衡囊"，受到压力后会

---

1 头足类壳体最初形成的部分为原壳，随着生物体的增长和迁移，软体周缘部分分泌的壁称"壳壁"，而后缘部分分泌横向隔壁来支持软体。由于生物体继续迁移，外壳壁不断增长，而软体后部便与原来隔壁分离，达一定距离后，生物体前移暂时停止，又产生了新的隔壁。这样隔壁把壳体分为许多房室，最前方具壳口的房室最大，为软体居住之处，称"住室"，其余各室充以气体和液体，用以调节身体比重，控制沉浮，称"气室"，所有气室称为"闭锥"。（引自何心一、徐桂荣等编，《古生物学教程》，北京：地质出版社，1993 年）*

发生形变，可以探测到低频声波引起的颗粒震动。此时，菊石的平衡囊感受到了跨大洋传播的震荡波。在大陆的交界处，板块相互挤压产生构造运动；挤压的力量释放时引发了一场海底地震，令海底世界天翻地覆。震动将海底的白色沉积物都掀了起来，如同腾起一片烟雾。海绵礁的底部笼罩在这些漂扬的沉积物中，好似烟雾缭绕的幻境。虽然震中位于数千米以外，但此地仍然能感受到强烈的震动。直到今天，欧洲的各海域中仍然回荡着这种震动，在海底向陆地强烈隆升挤压之前，大部分的震动都是我们感觉不到的。海底地震令海面腾起了高耸的巨浪，不断冲击着各个热带岛屿，造成了巨大的破坏。海啸在越深的水中行进得越快，在并不是非常深的欧洲石灰岩陆架区域速度则相对较慢。

　　海面上，喙嘴龙振动着由细长的柱状手指支撑的翅膀，正腾空而起。从天空中俯瞰，欧洲的各个岛屿在海上落日的余晖中渐渐笼罩在幽暗的丛林之下。中央高地是一块面积与海地岛大致相当的古代高地，此时是一座岛屿，其模糊的轮廓显现在落日下，在西方的地平线附近若隐若现，周边的水域在经过了一整天的炎热蒸腾后恢复了平静。这片布满岛屿的海域和今天的加勒比海一样热闹非凡、生机勃勃，各种生物在岛上的雨林中和海水与陆地之间炎热的沙滩上繁盛发展。在位于现今侏罗山地区的一个小岛的滩涂上，一个形似梁龙的蜥脚类恐龙族群在布满红树林根系的凹凸不平的地面上迈着沉重的步伐行进。对蜥脚类恐龙这种高大壮硕的动物来说，走过一片沙滩要比穿越一片森林容易。在沙滩上，它们互相之间也更容易清楚彼此的位置。一群形色匆匆的兽脚类恐龙出现了，一边往前走，一边时不时警觉地回头张望。它们属于斑龙类，是侏罗纪时期最大的肉食类恐龙。斑龙类得名于其中一类成员斑龙属，是恐龙的三个定义门类之一，1842年被用于定义恐龙类。它们是第一批发展为大型捕食者的恐龙。尽管斑龙比后来的霸王龙更加纤细，吻部也更长，但二者具有本质上相同的体貌：前肢退缩至很小，靠两条健壮的后肢走路。斑龙是沙滩清道夫，以退潮后留在岸边的动物尸体为食，包括鲨鱼、蛇颈龙、鳄鱼以及一些大型鱼类。然而，当一群正在迁徙的蜥脚类恐龙经过此地时，龙群中年幼或体弱的成员对斑龙来说就成了一顿诱人的美餐。

猎食恐龙异特龙的一些近亲以及长着镰刀状爪的小型驰龙类在瑞士地区的小岛上出现，剑龙在伦敦、荷兰布拉邦和伊比利亚地区黑暗的森林中徘徊。但这些地区的海岸附近没有喙嘴龙飞过。大部分翼龙都从此地以北数千米的地方起飞。它们如海鸥般在空中翱翔，只有当它们的高空航行接近尾声，需要准备降落时才拍动翅膀。它们的目的地是一个叫努斯普林根的小岛，一块海岸野生动物的乐土。

在努斯普林根，空气中弥漫着海盐和石头的气味。海绵礁随着构造运动抬升，形成一个水深而清澈的潟湖，四周的海浪不断拍打着湖边，这一带是阿尔卑斯山脉在隆升过程中最早露出海面的地区之一。一座小岛的东缘有两条河流汇入潟湖中，小岛上是茂密的森林，树木的种类十分丰富，包括苏铁、高耸的尖状树冠的南洋杉类树木贝壳杉、瓦勒迈松以及猴谜树。这里如同一个干燥的引火盒，夏季气候和现在的地中海地区相似，偶尔会发生高温引起的火灾。沙滩的高处密密麻麻散落着沾有树脂的坚硬球果，是从南洋杉的枝头掉落的，和球果混在一起的还有贝壳的碎片，其中一些细小得像沙子一样。潮水退却之后，嵌着贝壳的洁白沙滩变得黑乎乎的，这是由于上面布满了一堆堆盘绕交错的散发着碘味的海藻，这些海藻在一段时间之后会变成令人意想不到的浅蓝色。即便是在满潮的时候，海藻群也不会扩张到很远的海面上，海藻从海岸线向外扩散，下端快速伸至100多米深的无光区。在海底，海水不流动会导致缺氧，然而潟湖却往往是众多生物的静水天堂。海底地震打破了这种宁静，地震波撼动着环礁的外围，将海绵礁露出海面的部分震得崩塌滑落，活体海绵也落入海底。这是一次不太强烈的地震，然而即便是地震所产生海浪前进方向的背面，海水仍旧剧烈翻腾，将软体动物、腕足动物和其他滨海生物抛到海滩上。海底突发式抬升，日后形成德国施瓦本地区的侏罗山脉。最终努斯普林根的宁静被彻底打破，这座小岛在自身变为欧洲一部分的过程中，将不断经历构造变化的震动。

喙嘴龙降落之后，长尾巴并不会阻碍它们的行动。它们小心地将翅膀收起，抬起前半身，用前肢的手指走路。努斯普林根的面积只够一个小规模的翼龙种群在此生存，然而除了喙嘴龙，至少还有另外两个种在这一地区生活，令人不可思议。早期翼龙的基本形态和习性都和喙嘴龙相似，但到了侏罗纪末期，翼龙类当中产生了新的类群，彻底取代了那些早期类型。这些闪亮登场的新兴类群包括翼手龙属和鹅喙翼龙属，它们是晚期翼龙的代表类群。翼手龙的造型十分前卫，长着非常短的尾部和长长的腕部，很多类型都长有华丽的头冠。

几只鹅喙翼龙迫不及待地冲向被海浪冲上岸的动物残骸，为了一只外形奇特的甲壳类争抢起来。它们用长长的前肢支撑着身体站立起来，晃着头发出愤怒的叫声，谁也不退让一步。鹅喙翼龙是生活在努斯普林根的三种翼龙之中最特殊的一类。它属于梳颌翼龙类，但并没有长着该门类标志性的成排的针状牙齿，它的上下颌只有前端及后面很短一部分长有数得清的若干枚牙齿。这些短粗的牙齿之后的颌部显现出了一种得意微笑的样子。因为上下颌骨并没有合拢在一起，而是形成弧形的空隙，像一把坚果钳。如果没有硬的板状结构遮挡住这个奇怪的孔洞，鹅喙翼龙的嘴看上去就像一把火钳。如果有哪只倒霉的猎物被夹在这把钳子的缝隙中，鹅喙翼龙便会趾高气昂地叼住自己的战利品，颌骨连同上面的角质鞘一同用力，将猎物碾得粉身碎骨。

幼年的鹅喙翼龙不会远离海绵礁地带，它们太小，无法独立捕鱼。像很多脊椎动物一样，翼龙不会在后代身上投入过多精力。这意味着翼龙至少有一部分种，在出壳之后便具备能够独立飞行的翅膀和脊椎。幼年翼龙有个非正式的称呼叫"振翅仔"。振翅仔长着短脸和很小的牙齿，必须寻找自己能吃的食物。它们一直在地面上生活，可以敏捷地捕捉昆虫，直到长得足够大，才能和它们的亲属一起到捕鱼的水域冒险。届时，它们成熟的面部会长得很长，用来嚼碎甲虫的小巧的颌部长成了长满尖牙的捕鱼机器。独特的尾翼亦可用来当作判别年龄的标志，人们认为这可以帮助翼龙在飞行中保持平衡。尾翼的形状出生之后为椭圆形，之后相继会变成菱形和风筝形，最后变成倒三角形。翼龙从新生幼崽至完全成熟的时间比鸟类要长，鸟类在出生后一年之内便发育至成年，然后突然减慢或停止生长。喙嘴龙的生长缓慢而连续，从幼体到成体是一个逐渐的转变。因此，它们至少要经过三年才能长到成体的大小，在此期间它们几乎一直具备飞行能力，这种生长模式更类似它们的"爬虫"近亲。

天光渐暗，最后一群捕鱼的翼龙返回小岛。一只喙嘴龙不假思索地突然向潟湖俯冲下去，可能希望这最后一网可以捞到一条藏在水面附近的近鱿。忽然，它停止了继续俯冲并吃力地想飞回空中，

163

仿佛意识到了自己的错误。但为时已晚，一阵水花腾起之后，水中现出一片巨大的黑影。绝望的喙嘴龙徒劳地用翅膀尖拍打着海水，最终海面上又恢复了平静。即便对成年翼龙来说，离开岛屿也是很危险的。在努斯普林根和索伦霍芬的潟湖中生活着庞大的带着厚重甲壳的剑鼻鱼，它们潜伏着，尖状的吻部也藏在水下，时刻准备着弹动尾部奋力跃出水面，咬住掠过水面的翼龙的翅膀，将其拖进海中。

因此，喙嘴龙群待在陆地上，紧靠在树上要安全得多。而它们也有着在地面上活动的出色能力，可以随心所欲地站直身体或是在沙滩上来回走动，就像翼手龙一样。即便在此地生活的昼行动物都进入梦乡的时候，地面上还可以找到喙嘴龙的踪迹。它们的足迹一直沿潮汐线分布。喙嘴龙前指向外张开、后足带蹼的脚印和翼手龙的截然不同，翼手龙在走路时前肢相对并拢。此处是翼龙轻快地着陆时留下的印记，它们在降落时后肢先着地，接着身体向上跳起，一纵一落之后停在原地，爪子插进了沙子之中。不远处是一条马蹄蟹的甲壳拖过的痕迹，和现代马蹄蟹的外貌几乎没有区别，可能还有从翼龙嘴里吐出来扔掉的箭石类外壳的印痕。

从喙嘴龙的嘴下逃过一劫的近鞘，还要考虑自己的吃饭问题。尽管近鞘是喜好安静的章鱼的亲属，它们却是活跃的捕食者。一只近鞘以很快的速度游上前去，抓住了一只小菊石，并用长满吸盘的触手缠住它。近鞘的尖嘴戳破菊石的外壳，在壳的表面留下小洞，从破洞中将菊石的软体从长着珠母层般内壁的壳里吸出来。近鞘将菊石的软体吸入肚子里等待消化，但这样一来这个捕食者就面临着一个问题：菊石的头部具有坚硬的骨化的上下颌。事实上蛸亚纲和人类不同，它们的胃液是碱性的，从化学成分上来讲无法消化骨骼。

最简单的办法就是将软体吃进肚子之后，再立刻将里面的硬质部分吐出去，任何吐出去的生物体硬质都会沉入海底，变成坚硬的粘液包裹的团块。这些呕出物的化石有一个特殊的名字——"反刍石"。这类化石可以被看作"遗迹化石"，是生物的行为所产生的化石，这类化石还包括巢穴、足迹和粪便化石，其概念与实体化石相对应。菊石粪便是蠕虫般的丝状物质，在海底静置一段时间后会盘曲起来，由此形成的化石是构成侏罗山的石灰岩中最常见的化石。

在潟湖的入口附近，一条浮木在海浪中漂浮，它缓慢地摇摆着，像是一条不知该往何处划的小船。这条浮木是从树干粗厚的南洋杉上剥落的，厚厚的树皮可以保护树干不受海水的腐蚀。随着潮起潮落，一些闪着光泽的茎状物出现了，如女妖美杜莎色彩斑斓的蛇发在水中飘摆，时不时露出水面，随后又卷曲着沉入水中。潜藏在水面之下质地如羽毛的茎的末端形成伞状，不断地卷起又展开，同时来回摆动，卷住食物送入手帕状的口中。这些触手属于一类叫海百合的动物，属于海百合科，是棘皮动物（海星和海胆的亲属），它们在水中游过时被动地取食浮游生物和漂浮在水中的残渣。大约有 15 只海百合附着在了浮木上，被浮木拖着的海百合就像航天飞机落地时张开的降落伞，这样它们就可以花费最少的力气逆水流而行。海百合的茎是由坚硬的钙质环组成，每一条茎支撑着布满羽枝的冠部，清除着海洋中的残渣杂物。

像海面礁一样，浮木在一片相对贫瘠的海洋中也能成为供多种多样生物生活的岛屿。浮木漂动的速度最多只有一两节[1]，对生物来

1　1 节约合 1.852 千米 / 小时。*

说爬上去搭顺风船是很容易的。和海百合一同享有这些世间天堂般的浮木的，是各种各样的软体动物以及一些水性更好的动物。在这些附着在浮木上的生物的旅行中，一些小型鱼类跟了上来，将这里作为能轻易获取食物资源之处，浮木上的贝类和海星滤食水中的养料供自身生长，生长起来之后又被鱼类吃掉。即便是完全与外界隔绝的大洋中心，一条浮木只要能一直存在，便可供一个生物群落繁盛生长。

随着浮木漂流的海百合及其周围的其他觅食者存活了相当长的时间，其中一些已经活了 20 年，海百合在漫长的岁月中已经长得非常大。一些海百合的冠部直径达 1 米，茎可长达 20 米，大约相当于一头成年长须鲸的体长。生活在现代的随浮木漂流的生物群落的存活时间最长只有 6 年，最大的棘皮动物也不是随浮木漂流的海百合，而是直径大约只有 1 米的海星。最终，浮木会因不断有新的生物附着而超重下沉，或者因在水中浸泡时间太久而解体。牡蛎的存在可以使浮木生态系统的生存时期延长，它们可以堵住树皮的缝隙，防止海水过快地渗透进木头的内部结构。即便缝隙没有被封住，大型的浮木也可以持续存在很多年，而有成年海百合附着的浮木是足以存在十几年的。有一部分原因是侏罗纪的海洋中没有蛀食木头的生物。船蛆在航海时代是水手们的噩梦，但最早的船蛆直到白垩纪才出现。蛀木生物的出现使浮木生态系统再也无法长期存在，与侏罗纪时期奇特的浮木生物景观类似的景象今后也不会再出现，木头已经不能像曾经那样远航了。

尽管海百合属的分布范围有从欧洲到日本那么远，但南洋杉上掉落的浮木可能有更加固定的来源，也许是从东方的岛屿或是亚洲的西海岸漂过来的。欧洲群岛西部岛屿如同植物园，是丰富多样的树木的家园，相邻的树木都是截然不同的类群。东部面积较大的陆块上分布着广阔的森林，树木种类以南洋杉为主，是海洋中大部分浮木的来源。岛上不同的生物群落之间高度相似，也包含来自东部森林地区的不同物种。一条看不见的界线将这些生物区系分隔开，大片的海域阻碍了生物的迁徙，维持了生物区系之间的差异。自然选择规律的共同发现者、英国生物学家阿尔弗雷德·拉塞尔·华莱士（Alfred Russel Wallace）描述了这种无形阻隔作用在现代世界中的最佳例子。华莱士在印尼群岛考察期间注意到，所有东部岛屿（包括婆罗洲和巴厘岛）的物种都是明显的澳洲类型，与西部岛屿典型的亚洲生物不同。这种差异反映了最末次冰期中岛屿间的连通情况；婆罗洲、苏门答腊岛、爪哇岛和巴厘岛全部和亚洲连接在一起，巴布亚岛和其他东部岛屿则与澳大利亚连接在一起。这条"华莱士线"是将地理变迁和生态一同划分的无形分界线之一，分隔出了不同的生物地理区系。许多其他的现代特殊地貌也起到了分界线的作用，包括喜马拉雅山脉和北非沙漠。侏罗纪时期的欧洲群岛与今天广阔的印尼群岛非常相似。

海洋造就了一个分久必合、合久必分的世界。在海洋与天空之间，翼龙捕食着猎物，同时也是其他动物捕猎的目标。环绕大陆的世界性洋流开始分道扬镳。在以大灭绝为标志的全球性剧变后，生态多样性会逐渐恢复。侏罗纪以生活于其间的恐龙、蛇颈龙和鱼类而闻名于世。这一时期的远古生物最先被人们认识，最早用来定义"恐龙"的三个属禽龙、斑龙和林龙在这一时期的地球上漫步。但如果没有一个稳定的生态基础，它们不可能存活。欧洲群岛各个岛屿上生物的繁盛始于海底的抬升。

海绵和珊瑚开始崛起，不断地在先代的遗骸上生长，形成了丰富多样的生物礁和岛屿。生物从四面八方来到这些浮出水面的荒芜岛屿上，并在此扎根。树木依靠阳光和早先生物礁骨骼遗留下来的矿物质生长。这些树木死后落入水中，被海百合与牡蛎占据，乘着洋流环游世界。在生态系统中，没有什么是完全孤立的。无论何时何地，生命永远相辅相成。

第 9 章
偶　然

吉尔吉斯斯坦马迪根

三叠纪，距今 2.25 亿年前

我居山，勿人识。白云中，常寂寂。

———

唐代诗僧寒山 |《三字诗》

所有这些潜藏多年的秘密就这样被我们一下子发现了，

难道不令人震惊吗？！

———

奥维尔·莱特 1908 年致乔治·斯普拉特的信

奇异沙氏龙

拜拉树的树荫之下十分凉爽，树叶大体呈倒三角形，在午后的阳光下闪着缎面般的冷光泽，山谷的两侧是长满树林的陡峭山坡。树冠之下隐藏着种种线索，由此便可以找出一些被森林覆盖而看不到的东西。从远处看，密林之间出现的空隙说明这里是一个湖的边缘，一道颜色较深、参差不齐的植被轮廓则是一条流经山谷的狭窄河流的标记。苔藓顺着地面生长，在厚厚的黑色土壤上铺开了一块柔软而散发出芳香的地毯。对现代人来说，这片森林寂静得出奇，令人不安。这里没有鸟的叫声，因为此时鸟类还没有出现。这里只有风声、水声以及昆虫在空中的振翅声。在现代人看来，这片森林幽深而又陌生。在现代世界中，即便是最茂密和动植物种类最丰富的森林中，也可以看到数千年前人类活动的痕迹，然而三叠纪的这些树林是完全的原始森林，地表上每一寸都长满了地衣、蕨类和苔藓，树木从其已倒塌并腐烂的祖先那粗厚的树干残骸之间生长出来。

年复一年的落叶形成的腐殖质不断积累，造就了肥沃的土壤，但生长在土壤中的植物却各不相同。三叠纪时期的植物是不开花的。中亚地区的森林由不同的植物构成，包括银杏类、种子蕨类、苏铁类以及大片长着深色叶子的针叶植物苏铁杉。苏铁杉是落叶阔叶树木，张开的大幅枝条覆盖着地面，是这一地区的优势植被，其他树

171

木很难长得很高。苏铁杉构成了单一的植物景观，这类森林不久之前从今天中国境内扩散出来，在整个欧亚大陆东部的温带地区随处可见。在三叠纪的吉尔吉斯斯坦，这些针叶植物遍布马迪根地区低矮山地的各个山坡，构成了高低起伏的森林。

在现代，长有宽阔的具叶脉的叶片（而不是长着针状叶）的裸子植物是非常稀少的。这类裸子植物（例如贝壳杉、罗汉松和竹柏）现如今仍然繁盛，并和被子植物伴生在一起，这多少有些令人意外，但在三叠纪的马迪根，这样的裸子植物的数量仅次于小型种子蕨类。苏铁杉稀疏的树冠能够透射阳光，使其他下层植物也能得以生存，在阿尔卑斯生物区有一片立足之地。

树木向崎岖的山谷中倾斜，这是这片盆地中平行排布的众多山谷中的一条，这些分布于山脊群之间的峡谷，从起伏较缓的谷底至完全无法通行的裂隙应有尽有。湍急的溪流注入水塘，过量的水溢出时偶尔会形成瀑布，水从高处倾泻而下，汇成河流，在流经洪积平原的漫长行程之后，最终汇入闪着油亮光泽的贾伊利奥乔湖。贾伊利奥乔湖尽管面积只有5平方千米，却是这一带难得的平坦区域，周围是高出湖面数百米的长满森林的山坡。在雾天，贾伊利奥乔湖从远处仍清晰可见，令人精神舒爽。这里距离海岸尚有600千米之遥，高低起伏的地平线有一部分被云遮挡起来。偶尔能看到几座山峰显现在半空中，山腰都被雾气遮住了，白色的水汽一部分隐藏在森林中看不见的低洼处，一部分沿着地势较平的湖畔迅速漫延。这里的空气并不太潮湿，全年规律性地降雨，夏天温暖，冬天会降雪，对于一个稳定而物种丰富的生态系统的发展来说是一种理想气候。在远离断断续续出现的崖壁的地区，树木茂盛，大量生物的残骸在地上随处可见。身体长而薄的长扁甲虫在腐殖质上爬过，专门取食软化腐烂的木头和腐蚀木头的真菌。这里的昆虫种类实在是异乎寻常的丰富：三叠纪时期全世界已知的昆虫有106个科，其中96个科、共500多个种在马迪根均有发现，包括已知地球历史上最早的象鼻虫和蝼蛄。这里的很多植物都有预防昆虫蛀食的强有力的手段——有人认为苏铁之所以发展出毛发状的叶子，就是为了应付昆虫的啃食。然而昆虫的种类和数量如此之多，总会出现能够破解植物防御手段的类型。

这一地区到处散落着鹅卵石大小的石灰岩块，从山上的石灰岩体中裂解出来并被流水冲下山坡，是当地曾经出现过的远古海洋的遗存。每几块石块中就会出现贝壳化石——从其卷曲度和外形可看出是早已灭绝的石炭纪海洋生物，比当时的三叠纪还要早1亿多年。这片遍布着高低起伏山脊的山地是在深海中形成的，这个过程发生于距今2亿多年之前，而地球如今的复杂结构是在漫长的远古历史中逐渐形成的。深色、松脆、易裂解的页岩一层层堆叠着，每层都像纸一样薄，沿着山谷的陡峭山坡形成碎屑堆，这些页岩是由静置在海底的软泥形成的。又厚又白的石灰岩层的表面因风化而变得粗糙，是曾经生活在泥盆纪和石炭纪的土耳其海中的海洋生物的大量微小壳体紧密压实而形成的。土耳其海是当时一片大的古海洋向西延伸所形成，这片古海洋后来将发展为太平洋。一道火山玄武岩的陆架表明这里曾发生构造运动，海底如同被传送带拉动一般俯冲到另一处板块的底部，而这一地区在经过自二叠纪初期以来的隆升后，浮出海面的海底已经被剥蚀夷平。山间溪谷中的古老岩石经过几次偶发的洪水冲刷散落至各处，上面迅速长满了喜好水汽弥漫环境的植物——深深掩藏在看不到的角落中的柔软苔藓、闪着光泽的扁平的地钱以及吊垂着卷曲茎条的蕨类。

一条黑影从图画一般的景色中掠过，动作迅速、灵动而又精准，几乎是一闪而过。初龙类动物奇异沙氏龙在马迪根几乎是独一无二的。当它趴在一棵矗立着的树干上不动时很难被发现，看上去只是众多棕绿色树皮中的一块，但当它完全以滑翔动作在晴朗的天空中现形时，看上去就像一个时间静止的画面，留存的时间比我们所看到的任何残留影像都要长。

沙氏龙的四肢大幅张开，后肢和尾部之间各连接着一片紧绷的皮质薄膜，后肢和前肢之间各连接着一片面积稍小的皮膜。沙氏龙的三角形翼膜在飞行中起到令人意想不到的作用，使之能够做出灵活的滑翔动作。这种三角翼应用于各种飞机的设计中，包括现役的喷气式战斗机和协和式客机。与现代滑翔动物的身体结构相比，沙氏龙拥有领先的技术。它需要以较大的角度进行滑翔，胸部俯冲入气流之中，从而获得升力，同时通过膝关节微小的活动来改变主三角翼的形状，从而非常精确地调整飞行方向。

在一段时间的滑行后，沙氏龙冲向一棵树干。它趴在树上，四肢抱紧树干，膝关节弯曲着，就像一个孩子抱紧自己的父母。它趴在树上的体态远远不及在空中飞翔的优雅身姿，此时它的翼膜折叠起来，四肢大大张开着，像一把散了架的帆布折叠椅。在飞行中起重要作用的膝关节看上去像是随时准备做出蛙跳动作，它的身体牢牢趴在树上，但两条后肢一直都是一副要跳起的样子。这种动物的腹部略微凹陷，因此可以在滚圆的树木枝干上抱得更紧。

174

沙氏龙是非常独特的动物[1]，但在三叠纪时期，很多亲缘关系彼此很远的动物都做过飞向天空的尝试。全世界的数种爬行动物利用带有活动关节的极长肋骨构成的滑翔翼结构飞行。在那个只有昆虫才具备真正飞行能力的时代，这些滑翔动物走在了脊椎动物革命性演化的前列。不久之后，更多的初龙类动物开始向天空进发——包括最早的翼龙，以及随后的恐龙的三个门类。哺乳动物最终以蝙蝠为代表，在晚古新世或早始新世飞上蓝天，距此时还有 1.7 亿年。

　　事实上，三叠纪时期不但没有鸟类和开花植物，哺乳动物也要到三叠纪即将结束时才逐渐开始出现。各种各样的哺乳动物，从人类到鸭嘴兽、袋熊或海牛等所有动物的祖先，只要你能想到的，都在这个时期陆续出现。它们是生命起源以来首次出现的哺乳动物，仅包含一个或几个种，在全世界均有分布。隐王兽是一类早期哺乳动物（或至少是非常接近哺乳动物的类群），生活在三叠纪的马迪根，但其分布范围远至现今的美国得克萨斯州。一名研究三叠纪的博物学家可能不会对隐王兽有过多关注，学者也许会注意到它内耳中独特的骨质结构，但很可能将它当作一种独特的小型尖齿龙类。从某种角度来说，尖齿龙是爬行动物向哺乳动物演化阶梯中的一级。因此，它们与哺乳动物有一些相似的特征，我们认为这些特征在现代是哺乳动物所特有的。三叠纪末期迎来了一次灾难性的大灭绝，尖齿龙类在劫后繁盛发展起来，和哺乳动物在古新世的发展状况

---

1 目前已知的沙氏龙科动物只有两个种，它们都利用后肢进行滑翔。其中一个便是吉尔吉斯斯坦马迪根的奇异沙氏龙，另一个种是飞翔奥济梅克龙，发现于波兰的三叠纪地层，是一种体型稍大，同样有着细长四肢和轻巧骨骼的动物。

非常相似。

马迪根本地的尖齿龙类是马迪龙，尽管其解剖结构相当保守，但很多特征还是与哺乳动物相似。它具有将呼吸道和消化道分隔开的硬腭。它的牙齿分化为具切割作用的门齿、具穿刺作用的犬齿以及具研磨作用的前臼齿和臼齿，与绝大部分其他脊椎动物那标志性的形状整齐划一的牙齿大不相同。毛发覆盖着的皮肤之下具有分泌油脂的腺体。它是一种卵生动物，但可能并不像鸭嘴兽或针鼹那样会用乳汁哺育自己的新生幼崽——乳腺似乎在尖齿龙类演化的晚期才发展出来，在马迪龙的时期并没有出现，乳汁最初的作用可能是防止薄壳的卵缺水死亡。

在滑翔的沙氏龙和具有独特生理结构的尖齿龙类所生活的时期，全世界的很多动物都在进行身体结构发展变化的尝试。如果问一群古脊椎动物学家：哪个地质时期的动物最奇特？大家几乎会不约而同为三叠纪投票。尖齿兽类所发展出的一些特征在当时是革命性的，其中一些在人类身体上都有所保留，三叠纪的奇特之处在于当时生活着一批非常特殊的类群，它们具有很多没能延续至今的独特特征。这些类群中最为典型的代表就是初龙类及其亲属（沙氏龙便是其中之一）。在现代，初龙类包含两个支系，鸟类属于其中一个支系，鳄鱼属于另一个支系。在远古时期，除去最具代表性的恐龙，余下的类群也是极其繁盛的。初龙类还包括翼龙，在三叠纪时期，一些类群突破了所属门类解剖结构和生理特征的极限，逐渐在自己生活的生态环境中占据优势。

在相当于现今欧洲的地区生活着一类叫作长颈龙类的半水生动物。长颈龙科有很多体型巨大的成员，身长可达5~6米，该科成员均生活在水畔。它们挥动着占身体全长一半（即长度可达3米）的颈部来捕食鱿鱼和鱼类，这样便可以令它们用来捕食的不起眼的较小头部远离巨大而醒目的身体，以免惊动猎物。在浑浊的浅水中，它们身体向前发力，如同一只巨大的青蛙向前跳起，颈部带动头部迅速横扫出去，对快速游动的猎物发动突袭。与蛇颈龙和鱼龙不同，长颈龙似乎可以在陆地上运动，它们具有强壮的盆骨，表明它们的身体可以承受较大的重量，从而可以在地面上正常行走，而不会像一条行走的钓鱼竿一般在地上拖行。

沙氏龙并不是在这些丛林中生活的唯一样貌奇特的三叠纪爬行动物。这里随处可见生物活动的痕迹，一片杂乱的脚印显示某种动物从水中爬上岸，一路走到种子蕨的丛林中。树干上的苔藓被抓挠过的痕迹表明镰龙曾来过这里，这是马迪根地区演化出的另一种奇特动物。这类松鼠大小的动物生活在丛林的上层地带，是一种会爬树的爬行动物，起源于马迪根地区。布氏吉尔吉斯龙是镰龙类中已知最早的种，镰龙类在之后的时期将遍布整个北半球。吉尔吉斯龙并不是外形优美的动物，它们长着鬣蜥一样布满褶皱的表皮和下垂并不时摆动的喉囊。在很多方面，镰龙相当于三叠纪时期的避役（俗称变色龙）。吉尔吉斯龙三角形的面部短而小巧，嘴里长着一排细小的牙齿，在捕猎时用来咬住昆虫。镰龙的体型完全谈不上出众，其体型较大的种和猫一样大，适应于树栖生活。镰龙具有抓取功能的前后肢长着对握的趾，使它们能牢牢地抓住树枝。在一些情况下，它们长而扁平的尾部可用于缠绕物体，起到第五肢的作用，最后一节尾椎发展为爪状，有助于它们在树丛中活动时更加有效地抓握住光滑的树皮。镰龙类得名于其中一类成员镰龙属，镰龙属的前肢长有硕大的大拇指，和其他手指加起来一样大，据推测可用来刮开树皮，寻找藏在树皮下面的猎物。

随着河水的不断漫涨,水面漫过布满砾石的两岸,石灰岩鹅卵石都消失不见了,形成了泥地河岸。溢出的河水逐渐在已经很潮湿的地面上积为水塘。在这一带,泥土和植物开始沉入泥潭,在下沉过程中变得越来越潮湿并不断压实,形成松散的煤块。河水沿途溶解着石灰岩,水中的矿物质增加,氧气减少。经过漫长旅程的缺氧的河水最终慢慢汇入目的地湖泊中。在湖水之下,蠕虫在淤泥中钻孔,制造出四通八达的复杂巢穴,将这个阳光的热量勉强能射入的地方作为家园。

这个在高空中看来澄清的湖泊,在岸边是看不到的。在岸边的沼泽中,木贼类的新芦木属生长在向地下延伸较浅的黏土中,形成一道2米高的围墙。粗厚多刺的茎秆像竹子一样分节,节的连接处长出叶子。在木贼丛的外层,水逐渐变得很深,水分子之间的拉伸力形成水的表面张力,即便水面漂浮着厚毯子一般的青柠色鹿角苔,这种张力也很难被破坏。水面上倒映着一片森林,这片森林为生活在这片大陆上的数百种昆虫提供了孵化幼虫的乐土,这里还有大片三叠蜉(最早的蜉蝣)的卵带。湖水拍打着岸边,地面上长满了厚厚的苔藓,这里也是动物们的觅食场所。数以千计像虾一样的动物聚集在一起,如同一朵云,这些动物属于哈萨克节虫类,头部长着厚重的甲片,形状像一个切开的苹果,在头部甲片的前端长着像中国龙一样轻轻摆动的长须,用以感知周围的变化。它们游泳时将腿收在腹部下方,身体不断拱起,姿势十分笨拙,乍看上去像一只蝌蚪,而它们也确实是现代一种叫蝌蚪虾的动物的亲属。当河面上漂下食物残渣,或有虫卵掉在平静的水面上时,这些哈萨克节虫会在水中翩翩起舞,成为三叠纪中亚地区一道独特的风景。

在河水流量完全充足的春季,丰富的食物足够供养河中生活的动物。但当食物短缺时，哈萨克节虫会因食物和其他动物发生竞争，竞争者不仅包括善于游泳的其他节肢动物，还包括一些静止的动物。一些乍看上去像是表面覆盖着某种藻类黏液的石块，实际上是一类群体动物，叫作苔藓虫，属于苔藓动物。整个群体固着在湖底，其中每个个体都是一模一样的，都是雌雄同体，即既是雄性也是雌性。它们的骨骼是不含矿物质的，这一点不像珊瑚或玻璃海绵等其他动物群体。苔藓虫的骨骼由胶冻状的蛋白构成，因此整个群体的质地松软而有弹性。马迪根盛行大陆型气候，冬天会变得很冷，环境也会变得很恶劣。尽管正值盛夏之际，苔藓虫也要未雨绸缪，提前为越冬做准备。它们会产生一种特殊的几丁质包裹的细胞束，叫作休眠芽，将休眠芽分泌出来并附着在其他地方。这些休眠芽是苔藓虫能对抗严寒的保证。如果湖水冻结或是水位大幅降低，苔藓虫的群体将会死亡，但休眠芽会存活下来，一旦条件改善便立刻萌发。淡水湖各个特定区域内生活的微生物，对维持包含从植物到顶级猎食者的整个生态系统的多样性具有至关重要的作用。

　　水面翻起的波浪表明一只动物正从这里游过，这是贾伊利奥乔湖中已知最大的动物（和水獭一样长），而且是其他时代遗留下来的幸存者。马迪根地区被群山包围隔绝，这意味着这里的很多动物（包括所有脊椎动物）为本地特有，在世界上其他地方都没有发现过。马迪根的其他所有动物在世界其他地区都能找到亲缘关系比较近的类群，但唯独马迪根螈属的所有成员的血统都没有延续下去。今天全世界的四足脊椎动物可分为两类：一类是仍在水中繁殖的两栖动物，是四足动物中的原始类型；另一类是羊膜卵动物，胚胎由一系列膜包覆，在带壳的卵或子宫里发育。两栖类和羊膜卵类与马迪根螈的亲缘关系都很远，马迪根螈属于迟滞鳄类，意为"度过漫长时间的鳄鱼"。迟滞鳄类长有紧密连接的背甲，生活方式很像现代的鳄鱼，他们在亚洲的水域中生活了3000万年，但此时迟滞鳄类已经无法再"迟滞"下去了。和鳄鱼相同的生活方式是一种成功的方式，但迟滞鳄类也将要被其他动物所取代，取代它的是一种巨大的两栖动物乳齿螈，这是一种6米长的形似蝾螈的动物，长着几乎完全呈三角形的扁平头部。它的头实在是太扁了，以至于两颗最大的、像锥子一般尖锐的柱状牙齿要穿过其上颌，并容纳于上颌前端的两个特殊的孔洞中。植龙类是三叠纪初龙类的另一个类群，外形酷似现代的鳄鱼，若不是植龙的鼻孔剧烈退缩至距离吻端很远的位置，就很容易令人将它们混为一谈。

马迪根螈适应于特殊的水生环境。它们身上彼此紧密连接的骨板形成了一套骨质的身体支架，这些甲片的活动性比它们祖先的甲片要强，因此马迪根螈的脊柱可以大幅弯曲。有这副甲胄增加的重量，它们可以沉到水下很深的地方，形似短吻鳄的短小头部很少露出水面。漂在水中的水草和它们凹凸不平的粗糙体表融为一体，只有见到它们凸出的小眼睛和鼻孔，才会令人注意到它们的存在。在二叠纪末期的大灭绝来临时，迟滞鳄类的发展才刚刚开始，就被扑灭在萌芽之中。那些幸存下来的成员也仅仅是勉强维持着延续，直至三叠纪时期，马迪根螈一直被认为是迟滞鳄类最后的成员。此时，一只马迪根螈悄悄地躲进了鹿角苔中。

靠近湖底的深水区太过遥远，不会受到生活在水面附近的动物的关注，这里除了空棘鱼和肺鱼还有鲨鱼，它们竟然生活在如此远离海洋的内陆山区中，实在是令人惊奇。如果在水面上等，可能一条鲨鱼都看不到，但它们两端尖的、如同细长柠檬的螺旋形卵囊偶尔会被水冲到岸边。在这样一座内陆腹地的高山上找到鲨鱼卵囊，如同在大洋底部找到了北山羊的遗骨。在贾伊利奥乔湖的鲨鱼被发现之前，已知的卵生鲨鱼都生活在各个深不可测的海洋地区。马迪根地区有两类卵生鲨鱼，数量最多的是一种丘齿鲨鱼。这种鲨鱼一般被称为"弓鲛"，每片鳍的前缘长有非常长的弯曲的鳍条，马迪根的弓鲛是体型较小的鲨鱼，与大白鲨相比更像是狗鱼。

在很长一段时间里，人们对弓鲛的繁殖方式一无所知，只能参考其他一些人们比较了解但又与之差别很大的鲨鱼的情况进行推测。贾伊利奥乔湖发现的卵囊彻底改变了这一困境。这片中亚地区的山区湖泊中的弓鲛至少有一个种会在特定地点聚集和交配，并将该地点作为养育幼鱼的场所。在浅水区域高耸的木贼茎秆之间，幼鲨孵化出来并开始了它们漫长的一生。随着它们逐渐长大，它们会离开岸边，到水更深的区域生活。在这之后它们到底又会去哪，是完全不确定的。很多弓鲛是终身生活在淡水中，另一些则生活在海水中。贾伊利奥乔湖离海太远了，对于弓鲛在这里出现的最简单的解释就是：在远离湖面的极深水域的某处有一条暗河流入，成年的弓鲛随着河水连同水中的沉积物一同流入湖中。其他可能性稍小的解释还有：这种生活在湖水中的奇特弓鲛——费尔干纳矛鲨像红鲑鱼一样，会从海洋中洄游至内陆安全地区交配和繁殖。

根据目前的发现可以明确肯定的是，沿贾伊利奥乔湖畔最常见的动物可能就是黑色的飞虫。马迪根除了有包括镰龙、沙氏龙、鱼类和蝌蚪虾在内的大量食虫动物，还生活着数量和种类都十分丰富的真正的双翼昆虫，它们行动灵活自如，如同杂技演员。此时它们刚刚发展起来，这是一群会从半路突然冲出来的调皮的动物，这要得益于它们灵敏的运动系统。自古以来，昆虫都长有 4 片翅膀，包括蝴蝶、甲虫、蟋蟀、蜜蜂在内的几乎所有类群都严格遵循这条规律。真正的双翼昆虫（如果蝇、马蝇和蚊子）却打破了这种约束，并发展出了全新的结构。它们的第二对翅膀（即后翅）不再用于产生升力，而是变为一对棒状结构，叫作平衡杆，呈水平方向与身体连接，在飞行过程中会猛烈震动。一旦昆虫转变飞行的方向，这个方向和平衡杆的连接结构形成了一个角度，这种转向会令平衡杆的基部产生弯曲，起到陀螺仪的作用。昆虫身上与飞行相关的肌肉感知到这种变化后，会自动调整和校正自身的位置。从更加实际的方面来说，这意味着双翼昆虫可以做出远比其他昆虫更加大胆和华丽的飞行动作，并且能够快速逃离危险，无论是三叠纪的沙氏龙的血盆大口，还是现代的迎面飞来的一张报纸都能轻松躲过，同时自身不会完全失控。

在陆地上，最常见的昆虫是生活在落叶堆中的蜚蠊，但令昆虫学家做梦都想见到的必然是巨翅虫类——这是一类神秘的昆虫，人们认为它们与蝗虫有亲缘关系。它们一动不动地待在蕨类的叶子中间，将自己很好地隐藏起来。巨翅虫类起源于二叠纪的俄罗斯，它们在世界其他地区分布较少，但马迪根地区生活着多个属。它们的动作和外形很像螳螂，但体型远远超过今天的螳螂或蝗虫。现今翼展最大的昆虫是帝王蝶，也叫白女巫蛾，翼展可达 28 厘米。巨翅虫类则更加巨大，其中的超巨翅虫属单独一片翅膀便长达 25 厘米。超巨翅虫用四条腿站立，无法像蝗虫一样跳跃。它的一对前肢向上举起，上面长着锋利的刺，用于捕获那些倒霉的猎物。它们像现代的蝗虫一样可以鸣叫。它们的翅膀上遍布锉状和拨片状结构，相互摩擦可以产生如男中音般低沉的蛙鸣声。

超巨翅虫的体型甚至比生活在这片丛林中的一些四足动物都要大，包括生活在树上的可能是贾伊利奥乔湖周边地区最奇特的动物。

这种动物叫作非凡长鳞龙，又是一种怪异的形似蜥蜴的爬行动物，可能和初龙类有亲缘关系。这种独特而小巧的动物（体长很少能达到 15 厘米）长有具抓握功能的四肢，擅长爬树。正如其名字的字面和引申义所示，它最大的特点是其异常硕大的鳞片，状如冰球棍，在它的背部竖直排列着，形成一道脊。这些高耸的突起物沿着它的脊椎排布，数量不少于 6 根，每一根的高度都与长鳞龙的身长相当。这些结构的确切功能我们还不得而知，但人们通常认为它们能起到展示或伪装的功能。这些鳞片太薄，从力学方面不会产生实际的效用。然而，迄今为止这类动物只有一个个体的记录，标本受保存状态所限无法提供更多有价值的信息。当生活在森林的奇特动物被发现并报道后，只有后续的发现才可能解决首次发现所引发的问题，相关的研究一直如此。

马迪根地区的森林和湖泊对探索神秘莫测的"深时"过程具有重要的启示作用。形态功能难以解释的长鳞龙，与现代亲属生活方式截然不同的沙氏龙和矛鲨，仅在马迪根地区生活的马迪龙属和马迪根螈属及其最后的成员，这些动物的出现提醒我们，那些曾经生活在地球上的生物还有太多我们尚未了解的问题。马迪根只是孤立的地点，其提供的信息无法和其他地点进行对比。我们无法说出这个生物群落有多么特殊，沙氏龙的翅膀能够带着它飞多远，或是在其他的内陆地区有什么样的本地物种快乐地生活着。

马迪根和费尔干纳盆地作为一个整体，共同讲述了一个关于一系列偶然事件的故事。四足动物的身体存在一个基本的构架，在此基础之上会产生多种多样的变化，但每一种变化都建立于相应类群祖先状态的局限之内。演化是在一定的限制之内产生适应，并在不断地发展中突破限制的过程。从首次出现于三叠纪的将后翅发展为平衡杆的双翅昆虫，到将皮肤扩展为滑翔翼的沙氏龙及其近亲，对原始结构的重新应用改变了这些动物在其所处环境中的行动方式。实际上，一些标新立异的发展模式却为生命演化过程的研究提出了新的难题。三叠纪是一个变化和尝试的时代，是出现在地球上的、以现代的眼光来看一切皆有可能发生的时代。

这也要部分归功于二叠纪和三叠纪之交发生的大灭绝事件的影响，这是地球上发生过的最严重的灭绝事件，95%的生物惨遭灭亡。在灭绝事件之后，新种形成的速率加快，灭绝在短时间内反而成了更加可贵的有利因素。到了马迪根地区出现的时期，早三叠纪破败不堪的生态环境已经完全恢复，生物再一次繁荣昌盛。到了侏罗纪初期，中生代余下时期的代表生物都相继向其以后所处的优势生态地位发展，随心所欲地进行演化尝试的时代结束了。

在整个二叠纪和三叠纪时期，马迪根周边地区是典型的中纬度山脉，山体缓慢隆升同时不断受到剥蚀，令山顶保持近乎稳定的高度。不久之后，山的高度开始下降，到了渐新世（也就是将近2亿年之后），这片山地再次变成一片海域。令人不可思议的是，现代的马迪根地区隐没于土耳其山脉的北麓，是三叠纪时期形貌的重现。现今位于北部的库尔干－塔什和南部的托合塔－博兹地区的山脉的地形和古生代海底有一部分相同，山脉交汇于巨大的费尔干纳峡谷，构成了吉尔吉斯斯坦、乌兹别克斯坦和塔吉克斯坦的边界。该地区的现代植物群构成了半干旱草原，布满草本植物，因此历史上生活在这一地区的是游牧民。

生物是无法从其生活的时代分离出来的。每一个生命都是生物演化的产物，受到其祖先生活的影响。这种影响可能体现在解剖方面，比如脊椎动物在使用四肢进行不同活动时受到的限制；或者体现在地理分布方面，如生活在辽阔的更新世猛犸象草原上的动物的迁徙。在三叠纪初期，所有大陆都是连接在一起的，组成了一块名为"联合古陆"（Pangaea）的超级大陆。这种陆生生物群之间有效阻隔的缺失意味着，在二叠纪、三叠纪之交大灭绝的余波平息，氧气重新回到深海，大规模山火熄灭之后，数量众多的幸存物种可以相对容易地在全世界扩散，不久之后在各个地区形成了组分相同的本地动物群。相比之下，白垩纪末期的大灭绝发生之后，被海洋阻隔的大陆令全球不同地区的动物群组分有了明显差异。

古生物世界的偶然事件也会深入保留下来的地质记录中。作为一个内陆生态系统，马迪根能保留如此详细的地质记录是极其幸运的。内陆生态系统中的沉积物通常不容易保存。风、降雨以及植物根系深入的共同作用使岩石不断风化，无法保存下来。地球上陆生生物的历史通常由水系来保存，包括河流、海岸、三角洲和河口。湖泊较少保存生活于其中的生物的化石记录，因而被戏称为"偏执狂"——这种保存方式使较长时间尺度的分析无法进行，因为只有一些孤立的特殊情况下的化石记录才会被大量保存。在这种情况下形成的陆相沉积物经常会缺失大量的细节。马迪根的化石记录保存情况出奇的好，这一地区的地球生态历史的保存情况比大部分海相地点都更清晰。贾伊利奥乔湖周边洪积平原上生活的大群昆虫的化石记录极其丰富，一名在该地区进行研究工作的专家称，这里的一些岩层"真的是铺满了细小的、经常难以看清的虫翅"，迄今为止人们已在这里采集了 2 万多件昆虫标本。我们的研究受到化石保存情况的限制，然而马迪根瞬间打破了这种限制，让我们清楚地看到了以前从未知晓的东西。

今天存在的事物只可能从以往存在的事物中演变而来。对三叠纪而言，以往的生态环境遭到了严重的破坏。几乎所有生物都在走向灭亡的局面在所难免，而演化的推动力却善于在偶然中寻求突破，寻找到以往演化的盲点，令幸存的生物产生新的发展，造就新的蓬勃生机。灭绝和成种往往是相伴随而来，三叠纪的奇特生物生活在一个崭新的时代，在这个时代中，生态位的选择权对发展出全新体态类型的幸存生物完全开放，如用令人难以置信的长脖子突袭猎物的长颈龙、盘曲着尾部带着爪子的镰龙、在空中翻跟头的双翅昆虫。在高耸于湖面之上的一处山坡上，一只沙氏龙从一棵树的树干上起飞。它的脚一蹬，纵身一跃，朝着未知的前路进发了。

第 10 章
季 节

尼日尔

莫拉迪

二叠纪，距今 2.53 亿年前

雨如泪下。

———

玛丽·亨特·奥斯汀 |《小雨之地》

水不断涨起来，直到漫过我们的双脚，
之后我们便站在了齐踝深的天空中。

———

蕾切尔·米德 |《艾尔湖》

阿科坎瘤头龙

风向已经转变。北风吹过一片零星散布着沙丘的沙地，将地上的沙子吹出一道道隆起，同时将尖锐的硅化物沙粒猛烈而迅速地扬到空中。视野所及之处都是沙子，很难看到其他东西。在整片盐滩地上，不存在能够躲避这持续而猛烈的红色刺骨寒风的场所，令旅行者毫无喘息之机。一只雌性丽齿兽正在地上艰难地行走着，它每迈出一步之前，都要扭动着将埋在沙子中的脚拔出来。在不断吹来的沙子中迈步前行令它筋疲力尽，但这里的沙暴天气十分频繁，想必它不是第一次面临这样的困境。它厚厚的皮肤上留下岁月斑驳的痕迹，这些坚硬的疤痕诚然起不到真正的保护作用，但能在一定程度上抵御风沙。雨季很快就会到来，北风的再次出现就是一种预兆，但在沙暴天气停止之前，唯一能做的就只有一边艰难地生活，一边等待雨季。这只雌性丽齿兽的颌部肿胀，走路也一瘸一拐。它之前在捕食一头瘤头龙时，被激烈反抗的猎物打断了一条腿，从此之后它的身体便无法恢复如初。它的腿伤现已痊愈，流经断裂处的血液促进有活性的骨组织快速生长，让断裂的骨头重新长到一起——这是代谢旺盛的温血动物更具优势的生理过程。然而，新长出的骨组织在愈合处形成瘤状，从外部将断骨接合在一起，这样一来骨头的强度就大不如前了。

　　丽齿兽类是黄沙弥漫的莫拉迪地区的顶级猎食者，对于这样凶猛的动物来说，骨折是偶然发生的严重外伤，但并不稀奇。相比之下，它肿胀的颌部更加稀奇。它长而锋利的左犬齿有松动的迹象，可能是有新的牙齿在这个位置生长所致。丽齿兽的牙齿和哺乳动物不同，后者是异型齿——牙齿分为门齿、犬齿和颊齿。除此之外，丽齿兽的牙齿终生不断替换，和现代的爬行动物更加类似。丽齿兽是身手矫健的猎食者，需要上下各一对强有力的犬齿用于捕食。为了确保犬齿始终能上下咬合，同一侧的上下犬齿同时替换，左右两侧交替替换。然而，这只雌性丽齿兽的右侧上下犬齿都处于半替换状态，因此左侧牙齿的松动表明出现了其他情况。这属于一种比较异常的发育，是细胞分裂发生错误所致。在它的颌骨之内存在一个牙瘤，是一个癌性肿瘤，压迫了犬齿的齿根。牙瘤由许多细小的牙齿构成，牙齿在生长时会缓慢侵蚀附近的齿根。当它张嘴时，抬起的颌部会不舒服。沙暴即将结束。

风沙渐渐变得稀薄，一道闪电照亮了阿伊尔山的山顶，吸引了这只丽齿兽的注意。它的头扭向山顶的方向，狷犬一般短粗的吻部在风沙中向前探出，仔细观察着动静。它跟跄走过的地面是一处干涸湖泊的湖底，直径80多米，各个方向的地貌都相同——一片白色的黏土，遍布其上的凸起的石膏结晶排成不规则的形状。每一年，这片区域都会变成很深的淡水湖。而每一年，这个湖也都会彻底干涸，坚硬泥地上的平缓波痕说明这里曾经是水环境。即便东部山区中流出的河水汇入这个湖中，也不会有水从湖中流出。一部分水渗入土壤之中，但绝大部分的水分都在干燥炎热的空气中化为水蒸气。这样的沙漠湖沼是一条绝路的终点，只有入口没有出口，是广阔大陆中的一处绝望之地。

除了大陆沿岸的一些岛屿，全世界几乎所有陆地都连在一起，形成一个超级大陆——联合古陆。北极附近和南极各有一片大陆，由位于二者之间的大陆连接在一起，将寒带和温带地区、茂密的森林地区以及位于赤道附近的大陆中心的广大红色沙漠全部连接起来。依靠海洋产生的水环流是云和雨的来源，当超大陆[1]的大部分地区都远离海洋，这些地区会在降雨量极少的情况下成为干旱中心。而内陆地区一旦成为干旱中心，就会发展成为面积大得惊人的沙漠地带。联合古陆大致呈 C 形，像一只巨大的杯子，朝东的开口跨越赤道，逐步形成早期的特提斯洋。这片海域的东方是由常年多雨的热带气候岛屿组成的庞大群岛——这一系列陆块是阻挡泛大洋进一步扩张的屏障，后来将形成中国南部和东南亚地区。"泛大洋"是覆盖着地球其他部分的巨大海洋，面积比现在的太平洋和大西洋加在一起还要大，覆盖着地球表面的大半。特提斯海湾地区南北方有庞大的陆块，东西方有岛链屏障，宛然是现代加勒比海的扩大加深版。现如今生活在加勒比海地区的人都深知，这样的地形盛行风暴天气。

在北半球的夏季到来时，联合古陆的北部温度升高，而南部处于冬季，温度较低。在大陆中部地区，海水具有很好的保温作用，全年的气温大致相同。由于东方群岛的阻隔，特提斯海的洋流不强，这片海域发展为一个温暖的水池，海水表面温度 32 摄氏度，海水随着季节的变化向南或向北流动。温暖且洋流不强的海域所在的地区气压会比较低，世界上其他地区的较冷空气会流向这一地区，特提斯海上空的水蒸气得到了新鲜的补充，水分充盈的空气从联合古陆

1　拥有一个以上陆核的大陆。*

处于冬季的一侧向处于夏季的一侧的海岸流动。据估计，这些湿润空气所到之处的降雨量在 8 月份的高峰期可以达到每天每平方米 8 升。联合古陆是超级季风盛行的大陆。

莫拉迪坐落于联合古陆南部，恰好位于赤道周边林木茂盛的热带地区，处于主要降雨带之中。该地区构成了南方沙漠带的最北缘，而南方沙漠带是一个完全干旱的世界。莫拉迪位于降雨带和沙漠带的交界处，距离最近的海域大约 2000 千米，同时拥有极端的暴雨和干旱天气。这片处于沙漠和多雨的热带区域之间的内陆地区，一年之中以温暖的极端干旱天气为主，在较短时期内又会出现大量降雨。当南半球正对太阳时，阿伊尔高原东部的山地地区处于强降雨的笼罩之下，原本处于干旱环境的蒂姆·梅尔索伊盆地瞬间变为另一种景象。这里的生物一改之前的低落萎靡状态，焕发着新的生机，它们告别了因干裂而形成歪斜的扇状泥块的土地，逐渐转身投入了四通八达、纵横交错的水系的怀抱。

除了干涸的沙漠湖沼平坦的白色湖底，这片区域逐渐变成一片遍布黄土的红褐色平原。平原上散布着一丛丛小型的针叶灌木，那是生在一起的伏脂杉类。它们遭受了风沙的猛烈吹打，长长的缎带般的叶子以及布满尖刺的短小嫩枝（短小的萌芽结构，之后会生长为新的枝条）被吹得七零八落，低垂着半埋在厚厚的沙子中。这些伏脂杉类植物沿着蒂姆·梅尔索伊地区分叉的河道呈一丛丛地散落分布，为莫拉迪的动物提供藏身和遮阳场所。

丽齿兽类是迄今为止发现的二叠纪后期体型最大的捕食者，最大的一类为鲁氏兽亚科，发现于联合古陆中相当于现今非洲的部分。鲁氏兽亚科的一些成员如恐丽齿兽属，其头部尺寸可超过北极熊，身体也相当庞大。它长着强壮的脊背、短粗的尾巴、一对长长的犬齿以及厚厚的像谢利可汗[1]一样的下颌轮廓，带有一种令人胆寒的威慑力。整体来看，一只在沙漠中行走的丽齿兽像是大猫和巨蜥的混合体。它们爪子的抓握能力比大部分动物都要强，可以用来制服激烈挣扎的大型猎物，就像一只大猫一样，但它们身上光滑而无毛发，站立时略微呈匍匐姿势。作为生活在沙漠中的猎食动物，莫拉迪的鲁氏兽亚科面临的一个棘手问题是如何获取水。一些背阴处的凉爽的水塘在一年之中都可以看到，水塘中生活着小群的肺鱼，它们必要时可以在空气中呼吸，还有淡水双壳类的古米台蚌属，它们附着在其他动物的身上，饱食食物残渣后离去。丽齿兽类在夏季固然会在这些水池中补充饮用水，但它们很可能就像其他大型沙漠猎食动物一样，主要的水分从猎物的肉和血液中获取。

在莫拉迪所有的被捕食对象中，体型最大的是一种外形异常蠢钝的动物——阿科坎瘤头龙。一小群阿科坎瘤头龙聚在两条干涸河道之间的树丛附近。这片河岸上有一条被瘤头龙趟出来的平顺道路，原先的软泥被它们沉重的脚步不断踩实，变成了坚硬凸起的路面。它们不长毛发的健壮身体像野牛一样大，长着短粗的尾巴和铁锹一样的脚。"瘤头龙"这个名字来源于它们头上瘤状的骨质突出物——吻部前端长有两三个，头部两侧后上方还有一个尺寸更大的，每只眼睛上方还各长有一个。更加厚重的甲片沿着背部向后延伸，脊状的骨质突起（由皮肤骨化形成）在面临丽齿兽的攻击时能起到一定的保护作用。庞大的体型是这类动物的主要优势，而所有的巨颊龙类在出生后都会迅速发育至成年体型。和莫拉迪的其他大型四足动

1　电影《奇幻森林》中的反派角色，是一只孟加拉虎。*

物相比，瘤头龙确实显得与众不同。这里大部分的四足动物都像蜥蜴一样匍匐着，而瘤头龙呈站立姿势，四肢位于身体下方。它是最早一批行走时四肢呈直立状态的四足动物。

对生活在这样一种环境中的大型动物来说，站立行走是一项重要的适应性改变。为了寻找到足以维持生存的水和食物，植食性动物需要在各处可利用的资源之间快速移动。如果它们的体重负荷于四肢之上而不是四肢之间，行走的能力就会降低。在开阔的干旱环境中，动物的活动范围通常较大，各处食物和饮水资源经常相距很远。因此，这些动物向着站立姿势比其近亲更加笔直的方向发展，同时体型增大，令单位体重所消耗的能量更小，能量的使用也就更加充分。瘤头龙是第一类采取站立姿势行走的动物，但并不是站立行走的四足动物都是它的后代。恐龙发展出了直立的后肢，主要用后肢行走，而前肢呈匍匐姿势。大型哺乳动物的四肢均呈直立姿势，哺乳动物和瘤头龙有亲缘关系，但比较远。二者都属于"羊膜卵动物"，这个命名是为了将它们与产无壳卵的两栖动物相区别。然而，在羊膜卵动物的早期演化中，哺乳动物和爬行动物早已分道扬镳，发展成为截然不同的支系。

在二叠纪，羊膜卵动物开始统治陆地。相对干旱或至少季节变化极其分明的气候，是这个时代新出现的特征。在石炭纪，一些两栖动物类群已经发展出对产卵非常有利的身体结构。两栖动物是生活在水中的鱼类的后代，它们的卵和祖先一样含有盐分，基本化学组分和海水相同。涉及发育和 DNA 复制的蛋白质适应于在水环境中产生活性，一旦脱水便会失活。尽管两栖类可以离开水，但在生命的初期必须持续处于水中才能维持存活。这些鱼类的后代中首次解决了上述问题的类群被称为"羊膜卵动物"，它们发展出一系列的膜将卵包裹起来，形成封闭结构：一层是起到物理保护作用的壳；羊膜囊和绒膜囊是两层保护性囊，胚胎在最内部发育；最后还有尿囊，其作用相当于胚胎的肺，将通过透气的卵壳进入的氧气传递给胚胎，以供其持续呼吸，此外还起到排泄系统的作用，将胚胎呼吸产生的废物排出去。即便在完全干燥的环境中，这些保护性的膜仍可以维持卵内胚胎发育所需要的化学反应。

在石炭纪末至二叠纪初的3000多万年里，地球的气候从相当湿润转变为极端干旱。直至全世界都基本处于干旱环境时，羊膜卵动物成了这个世界上重要的动物类群。在一段时间的完全干旱中具有额外的生存机会的特性，使得羊膜卵动物开辟了新的生态位，形成了内陆地区新的动物群。它们已经脱离了必须要在淡水中产卵的限制，因此可以在之前的动物无法生存的沙漠和联合古陆的高地上定居。像昆虫、真菌和植物所经历的发展过程一样，这些生物都有各自抵抗干旱环境的手段，会分别产生种子、孢子或是卵，最终脊椎动物也走上了这条途径。现代非羊膜卵四足动物只有蛙类、蝾螈以及眼睛退化的穴居的蚓螈，这些动物属于所谓的"滑体两栖类"。包括人类在内的其他所有四足动物尽管外形千变万化，但均属于羊膜卵动物。羊膜是我们所熟知的容纳"羊水"的器官，在孕妇劳动时有可能破裂。羊水是我们每个人在胚胎时期由自身产生的，如同一个微小的海洋，保护着发育中的胚胎。绒膜和尿囊紧密结合在一起，形成我们所熟知的胎盘。我们身上仍然带着我们祖先生活的残余痕迹。动物的细胞无法突破最基本化学成分的限制，但动物的身体会独辟蹊径，产生意想不到的发育模式，使我们的祖先能够登上陆地。

莫拉迪的动物中和我们人类亲缘关系最近的是丽齿兽类，它们产软壳蛋，瘤头龙也一样。然而可能和想象中不同的是，这里也生活着一些生命力强的两栖类。一只基本外形和体型与大型短吻鳄大致相同的动物，正在河道正中央布满砾石的河底游荡着。它的小眼睛从头上鼓出来，样子比短吻鳄更蠢笨，突起的鼻孔像两个小小的火山锥，鼻孔没有长在吻短上，而是长在上颌中部，下颌上两枚长长的獠牙分别穿过上颌的两个孔洞，十分奇特。尼日尔螈是一种离椎两栖类，相比羊膜卵动物，其亲缘关系和现代两栖类更近，但其体型远远大于普遍小型的现代两栖类。即便是现今生活在中国和日本一些河流中的巨大的大鲵，体长也只能长到 6 英尺，比尼日尔螈还要短 2 英尺以上。尼日尔螈和莫拉迪的其他巨型离椎两栖动物（如其近亲撒哈拉扁头螈）可能仍然需要在水中繁殖，但它们会有相当多的时间在陆地上生活。

在莫拉迪湿润的沙漠生态系统中生活得最舒服的动物，可能就是最早发现于该地区的莫拉迪龙。其名称意为"莫拉迪的蜥蜴"，但它并不是真正的蜥蜴，而是属于大鼻龙类，是另一类早期的羊膜卵动物，没有现生亲属存活。包括莫拉迪龙等大鼻龙在内的早期羊膜卵动物，在食性上最重要的改变是适应于取食高纤维植物。植物纤维主要由一种叫作纤维素的碳水化合物构成，这种大分子只能通过一种酶分解消化，而脊椎动物无法产生这种酶。例如人类完全无法消化纤维素，因此我们从植物性食物中获取的是其他碳水化合物，如淀粉和糖类。如此一来，我们吃的植物性食物就主要是果实和种子（包括谷物和坚果）以及块状根茎（如马铃薯和萝卜）。我们也会吃叶和茎秆，如菠菜、卷心菜或芹菜，但这是为了获取能量以外的营养物质，包括维生素、矿物质以及无法消化的膳食纤维。当一种营养物质无法利用时，最好的办法就是和一类能够利用这种物质的微生物共生，就像珊瑚与藻类共生以利用光能一样。取食高纤维素食物的动物也需要这样的共生关系：瘤头龙和其他巨颊龙类的水桶般的胃里遍布微生物，食物在胃里发酵。其他动物如体型较小的大鼻龙类（包括莫拉迪龙），会用多达12排的牙齿将植物磨碎，加快后续的发酵进程。这种新的生活方式在其他地区开启了演化的契机。在这种发展模式下，早三叠纪的其他一些下孔类会在体内保存一些虫卵。据目前所知，这种特殊的寄生虫只能在植食性动物的肠道内存活，帮助宿主消化植物。

原本干枯的河床上因热气蒸腾而扭曲的树影，现在变成了映在河水中的树木的倒影，沙子中冒出泡沫。几天前，季风席卷了阿伊尔山，从此之后这片盆地开始出现降雨。雨水汇集成的河水的前锋现在终于到了，将原有河道中沉积下来的盐分以及干枯河床中散落的细棱状树叶冲向干涸的湖泊。河道中的河水已经涨满，令人几乎无法想象这条河流还会有断流的时候，河水所到之处，河床被瞬间淹没，只能看到河底黑乎乎的一片，之后便是无尽的河水滚滚而来。汹涌的河水流入湖中，在平坦的湖底形成分叉的水流，一株长在湖底中央的树如同白画布上的一笔黑色，渐渐成了地势最低点的标志。随着分叉的水流不断变粗并汇集到一起，这个沙漠湖沼一度光秃秃的黏土湖底泛起了水波。湖底的盐晶溶解在水里，地上的裂纹在水的浸泡下消失。随着水流的减缓，来自山地的泥土在水底沉淀下来，湖泊的盐度降低，湖水也更清澈。往年形成的河岸有的断断续续，有的参差不齐，还有的比较平整，都是在河水的瞬间冲刷下形成的。生长在湖边的喜干旱植物被水淹没，这些纤弱植被的毛发般的细丝露在水面上。

在太阳的照射下，水面就是一面映照天空的最好的镜子，原先的湖底地区现在只能看到一片蓝天的倒影。毫无疑问，河水的上游位于几百英里外的山地，在那里，暴雨将树叶打落，发出震耳欲聋轰鸣的洪水将树根拔起。在下游的沙漠中，沙暴过后一切恢复了宁静。一只小型的楔形头部的莫拉迪龙扭动着向前爬去，较短的身体迫使它在迈步时要将短小的四肢甩出去，四肢最大幅度地摆动以迈出更大的步子，它的脚在湿泥中翻转着。它爬进水里，随后在水面上漂浮着，用垂到水中的四肢划水，向前游去。它的尾部沿长轴的中间部分出现了一个断面，断面后方的尾部更细、更小，像是一截树墩上长出一根幼嫩的枝条。幼年大鼻龙类像现代的鬣蜥一样，被捕食者抓到时会断尾逃生，之后断掉的尾部会重新长出。

河水在两个月中不断上涨，盐碱平原已经完全被淹没。瘤头龙晃荡着走到湖边洗泥水浴，沉重的身体深深陷进潮湿的泥地之中。针叶植物的主根深深地插进泥土，不断地汲取着地下水，长得翠绿而又茂盛。与此同时，在黑漆漆的水塘里，软体动物吸附在其他动物身上，随时准备着从壳里探出头来觅食。形似蜥蜴的小型爬行动物到处乱跑。在漫涨的河水流经的地方，以及丰盈的湖水之畔，生活在莫拉迪的动物们贪婪地埋头喝着水。

河流的上游聚积着植物碎屑，随着河水向下游流动，有些碎屑挂在了岸边，还有一些被偶尔出现的激流冲到较浅的沼泽中。和长年缓慢而安稳地在莫拉迪地区生长的植物不同，上游地区处于更加茂密的森林环境，不断有大量植物碎屑被冲到水中。同样被冲入水中的还有瘤头龙和莫拉迪龙的骸骨，这些动物在河岸沙地上死亡之后尸体腐烂，骸骨被冲入水中，上面的尖突结构被奔流的河水磨圆。在干旱的陆地地区，尸体腐烂缓慢。动物死后可能要过上 5 年或 10 年的时间，尸体才会变成骸骨。届时，整具骨架分解为一块块单块的骨骼，而皮肤脱水成为紧绷的片状，在风中被沙子埋葬。风沙在这些骨骼上留下刻划的痕迹，骨骼表面的化学成分已经被替代，形成了一件矿物质外衣。当蜿蜒的河水再度泛滥的时候，尚未石化的骨骼会被冲入水流之中，在另一处河岸上被重新埋葬。生物形成化石的过程是非常曲折的。

然而，有的化石的形成过程却非常简单。在河水蜿蜒曲折的流淌下，笔直的河岸和河弯处都遭受着冲刷剥蚀，但也会有一些洞穴在河水的冲刷下保存下来。莫拉迪就有这样一个被洪水淹没后得以保存的洞穴，四只可怜的幼年莫拉迪龙躺在洞里，它们当时可能是为了躲避炎炎夏日而在洞穴中睡觉，还没有醒来便被洪水淹死，尸体还保持着惬意的盘曲姿势依偎在一起。河水还在上涨，试图在河流中饮水的动物面临着新的危险。一些轻飘飘的杂物卡在了河弯处，可能是一些骨头。河水很宽很深，足以浮起大型的漂流物，甚至包括从阿伊尔山上冲下来的巨大浮木。在一处河弯位置，一根 25 米长的浮木被卡住了，这几乎是一整棵倒塌的大树，越来越多漂浮的树木碎屑卡在这根浮木上，造成了河道的堵塞，形成一处天然的水坝。这根浮木沿河漂流了上百千米，脆弱的树枝都被水冲掉了，留下一棵巨大的树干。这根浮木的横切面上几乎看不到年轮，这棵树在倒塌之前是在终年的季风气候下持续生长的，显示了全年不断的连续降雨。此时，这根浮木阻挡着水流，在雨季中减缓河水流动的速度，在水流逐渐减少直至断流之后，浮木成了一些小型动物的遮阳之处。

阻挡河水的浮木对一个河流地区的生态有着重要的影响。当洪水以很快的速度流过一根挡路的浮木时，以湍流形式流动的水需要克服不规则形状障碍物的阻挡，从而损失大量的动能。浮木之上和之下的水流会减慢速度。在这种情况下，横在水中的木头可以减缓河水的流速，减小下游河水的破坏力。上游河水也会改道而流入洪积平原，形成一个个短期存在的水塘，这可能是莫拉迪地区终年有两栖动物生活的原因之一。在这样的生态环境中，流动方向平缓、速度慢的河流中的浮木障碍物对生态没有显著影响，但在宽阔的水系中，浮木障碍物的体积和规模以及对环境的影响都大大增加。历史时期内最大规模的浮木障碍物，在现今美国路易斯安那州喀多文化[1]的盛行地区持续存在了近千年之久。这堆浮木被称作"大木筏"，曾一度在河水中绵延超过 150 英里。这些浮木像毯子一般覆盖着河面，不断有木头腐烂分解，同时也不断有新的木头落入河中，成为当地民间传说与文化当中的重要元素，形成具有丰富营养成分的河水，为庄稼送来了利于其生长的淤泥。若不是后来为了通航而将这些浮木清除掉，它们今天还会漂浮在当地的河水中。这些浮木被清除之后，下游地区立刻洪水泛滥，需要修建水坝，继而改变了这一地区整体的水系流通。

莫拉迪地区的生态系统即便在二叠纪时期也是独特的。它令人不禁想象出一个奇妙的远古时代，在这个时代中全世界的面貌都是一样的。但地球从未变成过一个完全的雪球、沙球或是布满森林的绿球。地球上的环境一直是丰富多样的，分成诸多环境区系。全世界生物的分布取决于自身发展历程和环境耐受性两方面的总和。莫拉迪地区极端炎热干旱，因此生活在这里的生物和生活在二叠纪时期其他已知生态系统（如南非的卡鲁地区或欧洲东部）的生物不同。据推测，上述地区属于温带气候，冬天凉爽，夏天温暖，这里的生物选择了完全不同的生活方式。包括丽齿兽在内的兽孔类在全世界

1　密西西比文化的一个分支，属于新石器时代。*

均有分布，且种类极其丰富，对生态环境有很强的指示意义。例如，外表像猴子的苏氏兽是独特的俄罗斯兽孔类的成员，是第一类长有对握手指的动物，也是第一类树栖的脊椎动物。莫拉迪和其他地区最大的不同可能是缺乏舌羊齿属植物，这是一类长有奇特的舌状叶子的种子蕨类。舌羊齿森林遍布联合古陆南部，是二齿兽类最喜欢吃的植物。在舌羊齿缺乏的地区，其他植食性动物（如巨颊龙类和大鼻龙类）繁盛发展起来。

极端的季节变化对任何生物群落来说都是一项挑战。更新世伊皮克普克的马在冬季停止生长，瘤头龙也采取了相同的方式，每逢旱季便停止生长。它的肢骨上有明显的生长线，每一条线记录着一次生长中止，也记录着一次成功熬过旱季。尽管生活艰难，在旱季中苦苦支撑的动物们往往都是种类丰富的类群。在今天的纳米比亚，一条河流经一个个数百米高的耸立沙丘。随着地势的降低，河流在一处布满盐碱的黏土浅洼地汇集，形成一个沙漠湖沼，叫作索苏斯盐沼，是现代少有的与莫拉迪湿润沙漠环境相似的例子。雨水每过几年才会在纳米比沙漠的沙丘中流过，因此索苏斯盐沼大部分时间都处于干涸状态。尽管如此，这里有充足的地下水，骆驼刺可以将其长达 60 米的主根深入沙土之中汲取地下水，即使地下水盐度很高，骆驼刺在一年当中也不会改变汲水的速率。这些树木又为繁盛的蜥蜴和哺乳动物群提供了乐土。在离索苏斯盐沼不远的地方，另一处沙漠湖沼展示了水资源枯竭之后的景象。处死湖是纳米比亚主要的旅游景点，这是一个奇怪的地方，终年是万里无云的蓝天，地上是铁锈色的沙丘、苍白的黏土以及了无生气的石墨色的干枯骆驼刺。几百年前，当地的沙丘移动到河道上，阻断了河流。从那之后，凋零的树木像被太阳晒黑的尖状纪念碑一样，环境因过于干旱而恶化，整个生态系统走向末路。若是没有一年一度的洪水、阿伊尔山的降雨、季风气候以及特定的大陆地貌，莫拉迪也会变成一片真正的沙漠。

然而，即便是规律性的降雨也无法抵御即将到来的变化。莫拉迪的岩层记录在距今 2.52 亿年前戛然而止，形成了长达 1500 万年的时代间断。关于这一断层时期的记录也并非完全消失。炎热的联合古陆大风吹起，而位于地球最北端的北极地区即将送来一阵烈焰冲击。西伯利亚火山快要喷发了。待其喷发时，将会有 400 万立方千米的熔岩涌出，足以填满今天的地中海，被熔岩淹没的地区的面积总和相当于今天的澳大利亚。这次喷发将新形成的煤层撕裂，将地球变成一根燃烧的蜡烛，含有有毒金属元素的煤灰沿着陆地漂浮扩散，将河水变成了死气沉沉的泥浆。氧气从滚烫的海水中逸出，微生物大量繁殖，产生有毒的硫化氢。刺鼻的硫化物在海水和天空中弥漫。地球上 95% 的生物灭绝，这次事件被称为"大灭亡"。

莫拉迪的天空变暗了，超级季风仍在毫不知情地继续吹着，然而它从阿伊尔山上带来的水已经无法饮用，里面含有砷、铬和钼。生命资源已枯竭殆尽，沙漠上的残骸遗骨在风暴中埋进了沙子里。

第 11 章
燃 料

美国伊利诺伊州

马宗克里克

石炭纪，3.09 亿年前

我望着髓木多分枝的叶片，透过芦木的茎秆欣赏着粉红的落日余晖。

————

E. 马里恩·德尔夫 – 史密斯

如果一片海洋里没有一只怪兽潜藏在暗处，将是什么样子？

————

维尔纳·赫尔佐格

鱗木

空气异常潮湿，阵阵热浪不断袭来。一片几乎无法踏足的长满植物的沼泽，在漆黑的死水中逐渐下沉。傲然直立的木贼和枝叶散开的蕨类你争我夺地向高处生长，以获得更多的阳光。空气沁人心脾，遍布世界各地的茂盛植物向大气输送着大量的氧气，当时大气的含氧量比今天高50%。在联合古陆西海岸，一条位于赤道附近的河流流经一片植被茂盛的沼泽，将一块三角形区域内的淤泥冲进一片广阔的陆缘浅海之中。这幅景象与现今美国伊利诺伊州格兰迪郡一望无际的玉米田大相径庭。在如今的伊利诺伊河途经单作[1]玉米田流向宽阔的密西西比河的地方，石炭纪时期一条不知名的河流在此汇入海洋，不断剥蚀着早期的阿勒格尼山脉，形成一片富饶的三角洲。

紧密排列在泥炭沼泽之畔的是一大片树丛，树与树之间最大的间隔仅有数米，高度基本整齐划一，均为10米左右。这些树的树干为鳄鱼皮般的绿色，一片片菱形的树皮像鱼鳞一般覆盖着树干表面。每片树皮以尖端与位于其上方或下方的树皮恰好相接，所有树皮形成了一个螺旋状的网格，从远处看如同一道道通向顶端幽暗树冠的螺旋楼梯。每棵树最下方大约5米高的部分是光秃秃的发亮的树皮，

1　在同一块田地上种植单一作物的种植方式。*

从树干中部至顶端，每块树皮上都长出了一片片细长的树叶，像一根根黑色的刷子毛，邻近的树叶紧密成丛，在树下的浅水塘上投下一片片树荫。较低处树皮上的树叶脱落下去，漂在水塘中树的倒影之上。这些树木遮挡阳光的效果不如今天的阔叶树林，但它们吸收阳光的效率却并不低。透过稀疏树冠的阳光仍然可以被利用，鳞木的每一块菱形树皮都持续进行着光合作用，整棵树的树皮都有可能将空气和阳光转化为新生的组织。

每天黄昏时分，阳光照射在这些树木洗瓶刷一般的树冠下方，绝大部分都通过地面反射得到利用。在没有树的较开阔地区，一个个深水塘对低角度照射的阳光具有很好的反射效果。石炭纪的伊利诺伊地区位于赤道附近，阴凉处之外的阳光白亮而刺眼。浸泡着腐烂鳞木树干和逐渐变黑的蕨类茎秆的水塘散发着臭气，水塘边缘的软泥地在倒塌树木的重压之下不断下沉。这一带还有一片鳞木丛林，但和之前那一片不同的是，这一片丛林中鳞木的树干并不是笔直的一根。这里的鳞木树干在顶端分为两支，每个分支又分为两个更小的分支，每个分支的末端都长着单独的树冠。树干因其生长的沼泽土壤的下陷而东倒西歪，但仍然生长至相同的高度，树冠层位于水面之上 30 米左右的高处，像是一座由带有细致纹理的歪斜柱子支撑着深绿色顶棚而建成的威尼斯水上市场。每一颗树都有少许倾斜，角度略有不同，倾斜之后的树木的树冠距离地面的高度却惊人一致。这一带没有树苗，也没有形似刷子的半成年树木，放眼望去全都是完全成年的树木，仿佛这片环境是由一位勤劳而又精于几何学的园丁所打理的。当然，树木的这种生长规律并非有意为之的结果，也并非不同地区的土壤质量和光照度所致——这些树木是同一个种，而且每一片丛林中的树木年龄完全相同。每一片树丛都是同一时间开始生长的，仅此而已。

紧密排布的树木生长得很茂盛，但这种状态只存在于良好的季节。鳞木可能是植物世界中结构发展的先驱，它们最早生长出硬质树皮，但内部还不是真正的木质结构。真正的木质，也就是我们想象中坚硬致密的树木组织，在这个时期还很少。这一时期唯一常见的主要木质植物是裸子植物。鳞木只有树干的中央部分具有少量的木质组织，内部主要由一种海绵组织构成，这是一种重量很轻的组织，在大部分草本植物中更容易找到。鳞木的树皮坚硬，这也是它们能长到如此高度的唯一原因，但它们的树干也不如木质树干坚固。这会影响树木的稳固，但只会影响地下的部分。

鳞木的树根被称为"根座"，这种树根为布满刻痕的多孔结构，生长时彼此相盘绕，邻近树木的根座在初生的土壤中会紧紧地互相缠绕在一起。根座在浅层土壤中绵延，为地面上的树木构成宽阔、坚实的地基。根座的质地非常致密，主根轴上伸出细小的根须，扩大了表面积，便于吸收水分——每平方米的地面之下有将近26000条根须。如果一棵树完全倒下，很容易毁坏邻近的树木，庞大的根座系统可以防止树木被大风刮倒，树木彼此之间牢牢地固定在一起。

这种浅层的根座系统正在改变世界。植物根部大幅扩展的主要目的是固定植物体和吸收水分、营养，但这种扩展的影响却远超植物本身的范畴。根是生态环境的改造者，仅仅通过改变土壤就可以影响整个环境，因此根的活动区域内的土层被称为"根圈"，意思是根的世界。根系的不断生长加速岩石的风化，毫不留情地令其变为沙土，并且能获取腐殖质。如果没有根，土壤无法形成，因为各种碎屑会或被风吹走，或被雨水冲走。如果没有根维持泥土的固结，当雨水汇为宽阔平坦的河流时，泥土就会逐渐被水冲走，形成笔直的河道和不断塌方的河岸。河流之所以会形成天然的蜿蜒水道，形成洪积平原和孤立的牛轭湖[1]，都是靠成千上万的植物的根系维持着土壤的稳固，不让河水冲走土壤，并迫使河水冲刷周围没有植物生长的土地以致改道。植物决定着河水的流向。根也许只会向地下生长，但它和树叶一样可以改变大气的成分。根不断在砂岩中生长，砂岩中富含钠、钙和钾等碱金属的硅酸盐，根获取到这些硅酸盐，在植物的共生微生物和真菌的协助下排入河水中。当这些溶解在水中的金属元素排入河中，河水的成分也随之改变，碱性增强，溶解在河水中的二氧化碳和金属元素发生反应，减缓河水碱性的增强。这种反应的持续发生，令空气中更多的二氧化碳溶解在水中。这种植物根系令含硅酸盐的土地风化，进而影响大气成分的作用，至今依然十分强烈。人们已经严肃地提出，竹子等高风化作用植物的推广种植，可作为碳捕集的手段。在地质时间尺度上，这种作用的影响无疑是巨大的。与 1.1 亿年前的泥盆纪初期相比，石炭纪时期地球大气中的二氧化碳含量已经降低了约 0.4%——这个数字比今天大气中的二氧化碳总量高 10 倍。这一切主要是由不断生长的植物根系所致。

不仅是天气发生了变化。马宗克里克的降水比以往增多，阿勒格尼山脉的隆起改变了风向，越来越多的雨水沿着陡峭的山坡倾泻下来。一条条河流产生着强烈的侵蚀作用，其中一条呈奶茶般棕色的河水流入马宗克里克地区的热带海域，河水中带着由上游沿岸冲下来的种子蕨和其他植物的残骸。海湾地区的潮水并不汹涌，每

1　平原地区的河流随着流水对河面的冲刷与侵蚀，河道愈来愈弯曲，最后河流自然截弯取直，原来弯曲的河道被废弃而形成湖泊，因形似牛轭，故名。*

天上涨两次，洪水则季节性地泛滥。马宗克里克是一处真正的沼泽——一部分地区始终被水淹没，另一部分则是露在空气中的潮湿地面，覆盖着腐烂的树枝和树叶。

洪水奔涌而过时，会将这片区域搅得天翻地覆。原先的水底会露出水面，而原先的地面会被水淹没。在水域的边缘，生态活动（即生物群落的一系列恢复过程）持续进行着。鳞木的根率先在软泥地和被水淹没的地面起作用，通过吸附河水中的淤泥来保持地表的稳固。鳞木笔直地生长，不会产生树荫，因此其他植物可以在其周围生长。不同种类的鳞木都具有一定程度的耐潮性，鳞木属本身喜欢在浸没一部分树干的水中生长，其他一些门类则喜欢在水塘或沼泽边缘的干地上生长。在鳞木树干周围生长的是高耸的芦木属，属于木贼类，通常利用被称作"块茎"的横向茎固着于缺氧的水塘中。为了克服缺氧的状况，木贼会将空气输送至块茎之内，以维持其内部正常运作，每分钟输送的空气可达 70 升。除了鳞木和木贼，这里还生长着真蕨类当中一些具有伞状外形的门类。形似树木的种子蕨和形似针叶植物的科达树，仅生长于马宗克里克周边地区的干旱山区和河流上游。

很多种子蕨和针叶植物生长在干燥的土壤中，洪水很少危及它们的生存。但即使降雨不断增加，火灾仍然无法避免。对生长在晚古生代森林中的这些植物来说，最主要、最严重的生存威胁便是火灾。在晚石炭纪，火灾并非频发，到了早二叠纪，火灾的发生频率才意外达到空前绝后的程度。引发起火的要素有三个：燃料、氧气和高温。以大量存在的第一个要素，即各种如树木般高大的植物（芦木属、鳞木以及形似针叶植物的科达树）为代表，这三大要素在石炭纪时期的丰富程度达到最高。之前从未有如此多的有机物质以植物的形式出现。这些植物也为大气输送了大量的氧气。当时大气中的氧含量达到惊人的 32%，相比之下，现代大气的氧含量只有 20%。在石炭纪的大部分时期，全球平均温度比现代高出 6 摄氏度。尽管气候在向变冷的趋势发展，位于赤道热带区域的马宗克里克仍然气候炎热。这里可能是一片潮湿的沼泽，然而一旦大气中的氧含量超过 23%，植物本身的潮湿就已经很难阻止起火。只有在现代，潮湿的木头才会无法点燃。

鳞木光秃秃的纤细树干可能是引发起火的最主要因素。尽管一些植物恰恰需要经历"野火烧不尽"之后达到"春风吹又生"，但大部分植物只能通过某些特性在野火的肆虐下求生，如迅速生长的能力或是仅在火灾来临时传播种子，以此来确保新生植物受到的损害减到最小程度。鳞木的生长速度快，在生长过程中，树干下部的细长叶子会落在地面上。如此便形成了大片的落叶层，具有很大的表面积，任何目睹过松枝燃烧的人都知道，细长油光的针状叶子烧起来有多快。这就意味着，当火烧起来时，会以较低温度和很快的速度席卷地面，迅速将这些落叶全部烧光，也就无法向高处蔓延至树冠的位置。生长在定期发生火灾地区的针叶植物的叶子，比生长在其他地方的烧起来要快得多。森林地面与树顶之间相隔过大，会给火势留有蔓延的空间，因此树不必长得过高。

种子蕨类植物畸羊齿匍匐在地面上，像一片皮革毯子一样，鳞木的根系互相盘曲交错着，数以千计的昆虫和蜈蚣在畸羊齿和鳞木的根系之间来回穿梭，在它们中间还夹杂着甲虫。马宗克里克是地球上已知最早的虫类栖息地。这里生活着丰富的节肢动物，包括蜻蜓、马陆、虾蟹和蜘蛛。这里还生活着一种鲜为人知的马蹄蟹类——真原穴鲎，它们长着圆形的身体，像一只长着腿的倒扣滤锅，随着潮水的退却出现在沙滩上。现代的马蹄蟹是一种行动迟缓，长着褐色甲壳的动物，在北美的东海岸和加勒比海沿岸以及整个南亚和东亚沿海地区都十分常见，每逢一年一度的交配产卵时节，它们就会在上述地区大量出现。在某种程度上，真原穴鲎具有一定的模仿技能，这在马蹄蟹类中是很少见的。它们身上的棘刺乍一看很像是石松类的叶子，附肢从外形上看适合抓握以及拖动枝条和树杈。根据这类马蹄蟹的外貌判断，它们可能是一种高度适应陆地生活的动物。但这只是一个巧合，是生活在马宗克里克的动物在漫长的时间中艰难求生的成果。

马宗克里克的生物体大部分保留于其他地区。即便在生物死后，其遗体仍可以进行一定距离的移动，被水冲入海中或洞穴中，或因食腐动物啃食和自身分解作用而被破坏。在马宗克里克，洪水冲刷掉了不断隆起的山脉上的泥土而变得污浊，陆地沉入海水之中，长满石松的沼泽中的动植物残骸浸泡在海水中。在死亡的气息中，陆地和海洋融为一体，犹如一部古生物的羊皮卷，关于海底的文字写于原先的沼泽篇章之上并将其覆盖。海平面的上涨令之前靠海的鳞木林被淹没，成为一片泽国，呈现出另一派生命景象。在这里，海蝎蜕去了从前的皮，水母在海中飘荡。生在于上游的针叶植物的树枝和淡水离椎类的脚蹼残片都淹没在水中，堆积在海湾的垃圾场当中。

总的来说，对于埋在沼泽之中的东西而言，最重要的就是浸泡在水下慢慢腐烂。根、叶子、枝杈，所有这一切逐渐从绿色植物变为泥炭，再从泥炭变成煤。石炭纪恰恰是以成煤而著称，而这一切都仅仅归因于一件事，那就是集体性的死亡。

最高的几株鳞木发生了震动，枝杈交错的树冠部分沙沙作响。一阵鞭炮般的爆裂声在丛林中回荡着，声音的源头似乎还不明了。

过了一会儿，爆裂声似乎会这样一直持续下去，但突然变得更加剧烈，如同火炮射击一般，一株鳞木的基部裂开了，断口处形如交叉在一起的手指，碎片在这株将死的树木的一侧四溅。树干像一根倾斜的柱子一般，连同树枝一起倒下，绿色的树皮发出最后的轰鸣声。由于没有空余的地面空间，这株倒下的鳞木只能砸在离它最近的另一株树上，而那株树已经因腐朽而呈褐色，两株树如同多米诺骨牌般一起倒下，泥炭沼泽中的黑水被砸得向空中溅起，巨大的声响回荡在海湾。两座树桩的断面上还残留着一些树皮，像带着锯齿的剑一样傲然指向天空。没有了树冠的覆盖，更强的阳光照射到这片土地上。倾斜的树干和过于稀疏、难以相互支撑的树冠是造成树木倒塌的原因，这一点逐渐明确，这些鳞木会因此而纷纷倒下。

成年的树木伸展着枝叶，像雨中撑起的一片伞，但这种景象很快就将不复存在。这里的每一株树都已经生长了数十年乃至上百年，但关乎它们生死存亡的那一刻即将到来。鳞木的球果恰好长在枝端生长的位置，因此一旦植物体要进行繁殖，它们就无法继续生长。每一天里，它们都要在继续生长还是停止生长来进行繁殖之间做出抉择，而且繁殖并不是一株植物能够独立进行的活动。为了最大程度增加繁殖的成功率，一片丛林中的所有鳞木要在同一时间做出选择，同时释放孢子，希望这些随风飘洒的孢子能够着生并产生下一代。除了那些生长更迅速、性成熟更早以及释放种子更多的植物，很少有植物能做到这一点。一旦鳞木释放了大量的孢子，它就完全没有继续生长的机会了。这时，成年的鳞木除了侵占下一代生长所需的阳光，再无其他任何用处。它们全体步入死亡，由于尚且保留完整结构的树皮的支撑，死去的树木还能够保持直立，当轻质多孔的树干腐烂之后，它们就会倒塌。随着阵阵巨响和四处纷飞的木屑，整整一个世代的鳞木相继断裂、倒塌，这个过程持续了数月之久。

　　生命往往构筑于边界地带，两片彼此不同的环境相交处的生物多样性最为丰富。河流的三角洲地带正是淡水和咸水环境的交界所在，两种环境对生物身体结构的要求相差甚远。有时候，一片持续保持较低盐度的水域充当着过渡环境的作用。在马宗克里克三角洲地区，河水流入深水海湾，淡水和咸水在远海地区仍然保持分层，令人惊奇。水的盐度越高，密度就越大，因此河流入海时会形成一条与咸水截然分离的宽阔淡水带，位于淡水下方的咸水带呈纵向楔形，向海岸方向逐渐变细，与向海岸方向抬升的海底相交于河口。所有的水体都不是均一的，即便没有物理形式的分隔，不同的温度和盐度也会令水体形成彼此分隔的区域。水体通常情况下是水平分层的，大西洋和太平洋在北极地区的交界区域的海水呈分层堆叠，仅有很低程度的混合。南极最长的河流奥尼克斯河流入内陆的万达湖，湖水分为具有不同盐度的三层。盐度的差异足以使不同水层之间形成极大的温度差异，万达湖底部水层常年保持在温暖的 23 摄氏度，表面水层则接近冰点。有时，水流的惯性可以形成垂直分隔的水层；在如今德国巴伐利亚州的帕绍，深蓝色的伊尔茨河、白色的因河以及褐色的多瑙河汇集在一起，三条河流沿相同方向流动，但不会混合在一起，从而形成了一段向下游流淌数千米的三色河水。

　　在马宗克里克河口的咸水带，生活着一类完全超乎人们想象的奇特生物。经验丰富的自然学家的拿手绝活就是靠观察鉴定物种，且往往是一眼就能看出关键的外部特征。当一名只专注于欧洲类群的鸟类学家首次面对北美的"知更鸟"、红衣凤头鸟和嘲鸫这些从未接触过的类群时，会感到毫无头绪，像是在海上随波漂流，而当他突然注意到这些鸟类身上有一种他熟悉的类似椋鸟的特征时，就会如释重负。因此在物种鉴定中，即便无法定出确切的俗名，一般来说还是有一些熟悉的特征可循。当你看到一只红衣凤头鸟时，你可能叫不出它的名字，但也会感觉眼熟，像是某种雀类。在某些情况下，潜意识中进行的分类在一定程度上能缓解陌生带来的不安。

古生物学家在研究未知的古代生物时，及时从思维的死胡同中脱身具有同样重要的意义。化石记录中包含大量我们似曾相识的生物，我们很容易将这些生物置于已有的生物系统树的庞大体系之内。此外，尽管这些生物具有一些与已知生物明显不同甚至可能非常奇妙的特性，这些特性在生命之树包罗万象的演化大框架内仍是可以解读的。甚至在一些极度繁盛的灭绝生物（如恐龙）的发现与研究过程中，通过将化石保存的结构与现代生物进行相似度对比，我们得出了如下结论：鸟类为恐龙类的一个支系，这也解释了鸟类为什么具有非常奇特的特征。但有时候，化石记录中的生物会呈现出一系列奇特的解剖特征，令人不可思议的自然选择作用使它们与现代生物明显不同，导致人们几乎无法将它们与现代生物相联系，例如生活在马宗克里克咸水河口的奇特动物。当看到这种奇特生物时，我们的第一反应是：这不是存在于自然界的生物，而是某种超自然力量形成的产物。在河口咸水带顶部的水波中，游动着一群白色的埃塞克斯水母，像一个个摆动的铃铛，蠕动的伞状体如同诡异飘摆的窗帘，一只奇怪的动物穿梭于水母之间，俗称"塔利怪物"（Tully Monster）。

不同于现代神秘传说中的尼斯湖水怪、大脚怪和卓柏卡布拉[1]等

1　传说中存在于美洲、吸食山羊血的怪物。*

怪物，塔利怪物是真实存在的，但除此之外我们对它所知甚少。这类动物的数量似乎并不稀少，它们的体型有鲱鱼大小，数量在当时十分可观，目前已发现上百件化石。塔利怪物的正式名称为"塔氏怪虫"，已知化石数量比著名的世界上第一只鸟始祖鸟的数量多30倍，其在当时的数量之丰富不言自明。它们长着形似鱼雷的分节的身体，后端长有两片摆动的尾鳍，看上去像是鱿鱼的尾部。前端长有一个可转动的细长结构，像吸尘器的管子，末端长有一个长满牙齿的小型爪状结构。这只动物的背部从头到尾长着一根坚硬的长条，长条上有两根水平伸出的杆，上面长着某种鳞茎状的器官，人们普遍认为这就是它的眼睛。总的来说，在长达5亿年的动物演化史上，再也没有出现过如此奇特的动物。和塔氏怪虫外貌最为接近的是长着5只眼睛的欧巴宾海蝎，生活在比塔氏怪虫早2.5亿年的寒武纪时期——这个时间跨度在化石记录中都算得上极大的，相当于侏罗纪时期欧洲的喙嘴龙类活到今天，在博登湖上尽情地捕鱼，或相当于尼斯湖水怪真的是存活至今的蛇颈龙。

关于塔氏怪虫的问题不在于它是否存在，而在于它究竟是什么。多年以来，古生物学家对其奇特的解剖结构的研究不断深入，得出了各种不同的结论，大体认为它是一种蠕虫，可能是一种纽虫，与包含蚯蚓在内的环节动物有亲缘关系，或者是一种线虫类——大部分线虫类体型微小，几乎遍布地球的任何一个角落，数量以千亿计。还有人认为它是像蜘蛛、螃蟹和潮虫一类的节肢动物，或者是像蜗牛一样的软体动物，甚至有人认为它是脊椎动物。它身体前端向前伸出的棒状结构末端的突起究竟是什么？是眼睛吗？是压力感受器吗？这些结构和繁殖有关吗？或者是用来在游泳时保持平衡的吗？对这种奇怪生物的探索引发了空前热烈的争论。

塔氏怪虫每个部位的结构，都可以在动物界的其他类群中找到相近的例子。今天的深海中生活着一种狡猾的黑龙鱼，成鱼形似鳗鱼，长着一张血盆大口，貌似难以作为塔氏怪虫的类比对象。但这种鱼具有一段时间的幼体形态，幼鱼体型很小，几乎通体透明，长圆形的眼睛长在一对棒状结构上，和塔氏怪虫前端的棒状器官不无相似之处。此外，长在棒状结构上的眼睛也常见于软体动物与甲壳动物——这是一种独立演化出数次的生态性适应特征。尽管塔氏怪虫的棒状眼部所含有的黑色素与脊椎动物相似，其中的某些成分与脊索动物（所有脊椎动物的祖先类型）相似，但它们缺乏脊椎动物的其他特征，除了形似听诊器的起抓握作用的长鼻结构内长着的"牙齿"，它们的身体不含其他硬体组织。有人主张塔氏怪虫是一种特殊的鱼类，对于这个观点，最肯定的态度也不过是"值得商榷"。对于所有超乎认知的奇特生物，单凭外貌是无法完全认清的。

　　令人惊叹的是，这样一种软体的生物竟然能够保存下来。内陆地区红色砂岩中的含铁矿物在河水中顺流而下，与二氧化碳发生强烈反应的同时，将动物残骸包裹成一个圆球状，随后埋藏于地下。残骸及其包覆物缓慢地产生成岩作用，在河水的冲刷下变成了坚硬菱铁矿构成的密不透风的时间胶囊。在不远处的泥炭沼泽中，新鲜的植物体在无氧环境下缓慢地转变为煤炭。

　　石炭纪时期植物形成环赤道煤层带的速率为何如此之快，没有人知道其中的确切原因。有人认为，当时树木的主要组成部分木质素是一种比较新的物质，微生物还无法轻易地消化木质素——当时的微生物还没来得及演化出消化木质素的能力，这些树木就变成了煤。还有人认为，是石炭纪时期特有的地貌促进了煤的产生，这是地球历史上仅有的一段气候炎热而又潮湿，全世界遍布盆地地貌的时期。无论是植物体发展出新型组织的速率超过微生物适应的速率，还是气候和地貌相结合的作用结果，像鳞木这样的植物演化先驱者大幅度地改变着大气的成分。地球的气候是呈螺旋状变化的，之后气温会下降，几乎朝着全球性冰期的方向发展，季节变化增强，气候更加干旱。最终，鳞木赖以生存的生态环境会遭到大规模的破坏。这将是鳞木的末日，与此同时，石炭纪的泥炭沼泽也会被二叠纪的干旱荒漠取代。通过对大气中的碳元素进行如此规模的吸收，鳞木开创了一个新的时代，一轮新的演化将持续3亿多年，而这个时代已没有鳞木的立足之地。马宗克里克石松沼泽因局部的海平面上升而被淹没，仅仅400万年之后，发生了"石炭纪雨林衰退事件"，不仅仅是某一个地区的树木遭到破坏，整个欧洲和美洲都发生了大陆规模的热带成煤森林的解体。这是两次最严重的植物大规模灭绝事件之一，另一次发生在二叠纪末期。最早的羊膜卵动物合弓纲和蜥形纲在二叠纪的干旱世界中抓住了机会，这些动物最早出现于石炭纪，得益于对干旱环境的适应，沿着干涸的河道扩张开来，成为生活在联合古陆上的极度繁盛的动物。

　　讽刺的是，联合古陆中央山脉遍布煤炭，该地区包括今天的美国伊利诺伊州和肯塔基州、英国的威尔士公国和西米德兰兹郡、德国的威斯特伐利亚，这些地区在18至19世纪最早的快速工业化进程中扮演着关键角色，导致在过去3.09亿年间储存在该地区地下的碳元素又重新排放回大气当中。今天地球上90%以上的煤炭都是在石炭纪时期形成的。煤炭在各个产地的储量都极其丰富，使其成为价格低廉的高能量燃料，是工业化建设和蒸汽机驱动力的首选，也是高质量钢铁冶炼中不可缺少的要素。鳞木是一种改变气候的传奇植物，而随着我们燃烧每1吨煤炭，鳞木的努力所换来的局面也随之倒退。对马宗克里克这一保存着石炭纪时期最精美化石岩层的地区本身而言，还有一个更大的讽刺。当全世界都在采掘煤炭以供燃烧之用，如今马宗克里克的化石却不会遭到任何采掘，这得益于一种完全不同的能源的应用。在石炭纪时期阳光的照射下，浸泡在温暖的沼泽水域中的植物形成了化石，现如今这些化石位于一种完全不同的水池之中，与一种更清洁、更高效的能源相关联。暴露于地表的化石，都已淹没在伊利诺伊州威尔郡的布莱德伍德核电站反应堆的冷却池之下了。

对于生活在马宗克里克三角洲的生物来说，通往未来的道路还极其漫长。在当时，生活在石松沼泽中的生物从洪水、火灾和海侵中存活下来，似乎是坚毅而无法动摇的。当闪烁的阳光穿过树蕨的木质茎时，水面上突然出现一道富有诗意的优美彩虹，七种颜色一齐闪耀着。所有逐渐枯萎和沉入黏稠泥潭中的植物降解为泥炭和煤，释放出的有机油脂漂浮在水面上。像这样一个宁静的下午，不断积累的油脂扩散为分子级别厚度的油层，使得镜子般的水面成为一处令人心醉神迷的奇幻之地，油光粼粼的肥皂泡般的背景上点缀着石松阴影形成的条带，只有鱼类激起的微小涟漪才能惊扰这幅画面。这一切将持续到潮水再次来临之时。

第12章
协 作

英国苏格兰

赖尼

泥盆纪，4.07 亿年前

哦，他们现已前往那美丽的高山，去眺望翠绿的原野，

以及原野上银闪闪的涌泉。

——

罗伯特·坦纳希尔 |《巴尔惠德的山坡》

有一种稀薄透明的物质，是那么精致而纯洁，它就是水；

在小火煎煮下，水在烧制得十分精美的杯和碗中泛起微波，

令这些容器在历经岁月的使用中变得愈加精美。

——

约翰·米尔 | 1898 年于美国黄石国家公园

赖尼古鞭蛛

如果说苏格兰的凯恩戈姆山、高耸入云的挪威哈当厄高原、爱尔兰多尼戈尔的黑色山地地区以及北美的阿巴拉契亚山脉有什么共同特色，那就是民乐小提琴。这种乐器音色质朴，如同木头本身在唱歌，那是树木破土而出、繁衍生息的声音。民乐小提琴的传统代代传承，并沿着整片大陆广泛传播，每一处山谷中的村落都有自己独特的曲调，而这一切都是更古老、更广大的文化中的一部分。然而，单纯的音乐远远无法述说这些山地地区共有的历史渊源。上述地区的每一座山都是较晚的地质时期才隆升起来的，而它们的基底部却因上方岩石的重量而向深处的地幔挤压。阿巴拉契亚山脉、爱尔兰、苏格兰和斯堪的纳维亚地区的基础，都是在同样的地质事件中奠定的，位于深时尺度中相同的时间段内。这些地区在遥远的过去曾一同发生隆升活动，现如今这些耸立的高地便是当时的隆升作用持续至今的产物。

山脉和海洋是地质活动中的暂时性构造。当板块碰撞时，其中一方隆起形成山脉，另一方则向下俯冲插入隆起一方之下。山体会随着岩石的侵蚀一点点地缩小，最终变为海洋。板块的分离形成海洋，分离处为大洋中脊。当一个大洋板块俯冲入另一板块之下，海洋的面积就会缩小。在晚泥盆世，曾经是全球最大海洋的巨神海[1]不断退缩。在较早时期，巨神海的退缩使周围大陆间的距离不断拉近，直至最终完全闭合在一起。在长达数百万年的时期里，巨神海位于南半球三片孤立的大陆之间：一是波罗的大陆，主要包括斯堪的纳维亚地区和俄罗斯西部；二是劳伦大陆，主要包括北美大部和格陵兰，以及苏格兰和爱尔兰西北部；三是阿瓦隆尼亚大陆，包括新英格兰地区、英国和爱尔兰南部，以及低地国家[2]。而劳伦大陆在构造活动的作用之下，不断地使邻近的海底抬升为陆地，并且自身与之融为一体，从而使大陆之间的海域逐渐被陆地取代，最终令各个大陆连接在一起。

在志留纪初期，巨神海的面积已经缩小到和今天的地中海相当，而且随着周围陆块的进一步收缩，巨神海最终会完全消失。波罗的大陆的岩石比劳伦大陆更加致密，两块大陆犹如漂浮在一只盛满岩浆的澡盆中，其碰撞运动的趋势是劳伦大陆向上滑动，挤压着波罗的大陆向下俯冲。这并不是个简单的过程，在这个过程中大陆会出现褶皱，以自身的推动力将陆地抬升起来，同时插向地幔，地壳的厚度变为大陆板块平均厚度的将近 2 倍。这个过程的原理就好比汽车碰撞试验中的引擎盖，原本很平的金属板在撞击中变得弯折，就像是一处处山峰和峡谷。在分离与碰撞的无止尽循环中，地球上的各个陆块将再一次连接在一起。联合古陆逐渐开始形成，这片大陆由全球所有陆块全部连接在一起而形成，直至侏罗纪开始分离。泥

---

1 距今 6 亿至 4 亿年前存在于新元古代到古生代的海洋，位于南半球，以希腊神话中的伊阿珀托斯（Iapetus）命名。*

2 包括欧洲西北沿海地区的荷兰、比利时、卢森堡三国。*

盆纪时期，北半球的所有大陆已完全连接在一起，到石炭纪时将会与冈瓦纳大陆连接。这片由三个陆块合为一体的大陆有着诸多的称呼，包括"劳亚大陆""老红砂岩大陆"和"欧美大陆"，新形成的高峰是加里东造山带[1]，这条山脉从今天的美国田纳西州一直延伸至芬兰，是泥盆纪时期全球最大的山脉。

我们已经从三叠纪时期的例子中看出，山地生态系统建立之后便不断遭受侵蚀，很难留下其存在的记录。在泥盆纪时期到今天的 4 亿年中，加里东造山带被风和降雨缓慢地侵蚀。芬兰曾经是山地景观，在泥盆纪时期则是平坦的前寒武岩层，这是加里东时期沉积的基岩。山脉向东延伸至如此之远的唯一证明，就是平坦地区一片具有可塑性的较新岩层上的偶然性隆起。爱尔兰地区的加里东造山带在移动的冰川的侵蚀下形成新的地貌，原先的地貌特征已不复存在。在山脉中只有一个地区的生态系统在独特的环境下得以保留，此处为遍布地热喷泉的山谷，仅此一处保存下来。这里就是赖尼，今天是饲养阿伯丁牛的山地牧场，但在早泥盆世，这里是一片五彩斑斓、出尘于世外的山谷，是一片布满了溪水、矿物以及从石缝中现身的生物的土地，是马鞭草科植物最早祖先的家园。

与空气沁人心脾的石炭纪相比，泥盆纪的大气中氧气稀薄。陆地植物很少，赖尼生物群已算是陆地植物群落的先驱，使这里成为地球上最先变得翠绿的一个地方。生命之间有着相辅相成的关系，一类生物找到了落脚之处，其他生物就会紧随而至，逐渐形成一处生机勃勃的湿地环境。陆地已经存在了数十亿年，但一直不适宜生

1　因加里东运动（古生代早期地壳运动的总称）而形成，得名于英国苏格兰的加里东山。*

物居住，直到泥盆纪，最早的功能性生物群落才逐渐建立，其存在记录也详尽地保留了下来。生物之间也进行着互相联系与作用的尝试，这些尝试出于偶然，体现在动物与植物、细菌与真菌之间，表现为复杂的竞争与共生关系，形式十分复杂。这是一个自我探索的生态系统，而这里将成为陆地的基本生态模式建立之处。

在山的背阴面，赤道附近的天空万里无云。起伏的山脊顶部颜色很浅，呈近乎泛着粉红的花岗岩灰色；而山坡却是灰色的，看上去粗糙刺眼，覆盖着成堆的碎石。沿着山谷向东南方向看，山坡上崩落的碎石如同一堆松软的粉末，与午后阳光撒在火成岩山坡表面的斑驳光点形成鲜明对比。山坡上的各处岩层有的平缓，有的倾斜，可塑性较差的岩石从四周遭到侵蚀，形成向上突起、布满凹坑的尖锐石块，表面因风吹和时不时的雨淋变得凹凸不平。

一条条干涸的河道顺着光秃秃的山坡一直延伸至谷底，弯曲的河道绕过阻挡在沿途的高耸石块。就像事先设计好的一样，沿着山坡坡面的各条平行石缝在四分之一处突然转向东北方向，它们的走向受断层地貌的影响，仿佛是山脉自发地挤向山谷。当大陆相互碰撞时，陆块的薄弱位置会出现断层，而雨水的流动可以显示这些薄弱位置的所在。这个时候很少下雨，不过上一次蒙蒙细雨还是在砂质的地面上冲出了细小的水道。降雨形成的积水塘在一般情况下很快就会消失，但溪水被岩石基部阻挡而形成的水塘比较深，足以保留至下一次降雨的时候，陆地上已知最早的变形虫就生活在这样的水塘里。该地区已经一个多月没有降雨了，水塘早已变成了死水，充满了藻类的细丝。尽管天上没有一丝云彩，但低空中云雾弥漫，山谷两旁绿色的山坡上时不时地夹着一些杂色。零星的石柱在这片翠绿的山坡上突起，冒着热气的水塘和地热喷泉出现在浅色的坡面上，水面时而湛蓝，时而又五颜六色。远处的洪积平原上零星分布着季节性湖泊干涸后留下的痕迹，一条细细的辫状河沿着光秃秃的枯黄色河岸向北流淌。赖尼是一块五光十色的画板，黑色的火山基岩上堆叠着深色的奥陶纪辉长岩。

谷底的空气中弥漫着刺鼻的硫磺气味，高耸的粉红色和黑色岩壁微微倾斜，沐浴在盐碱水塘蒸腾出的雾气中。随着大陆相互挤压，断裂活动十分活跃。这个地区的地壳厚度很薄，大量的岩浆涌向地表，几乎就要喷涌而出。这片山谷的地层发生断裂，形成一座不断隆起的新山脉，高度堪比喜马拉雅山脉。山脉西部分布着大规模的火山，其中就有巨大的本尼斯山，这些火山正在喷出岩浆。其他地区的火山已喷发过，如一处面积 50 平方千米的巨大的超级火山口，这里将形成今天苏格兰的格伦科峡谷。还有一座彻底坍塌的火山，于 1300 万年前的志留纪时期"刚刚"喷发过，造成了一场大灾难。本尼斯火山也即将喷发，届时将产生方圆数千千米之内都能听到的巨大声响。今天的本尼斯山地区仅仅是当年火山口核心部分遭受侵蚀和崩塌之后的残留，当时火山口壁的高度达数百米。在赖尼，一个由雨水渗入形成的地下湖泊通过地热喷泉将热量传送到山谷中，喷泉可流出数千米远。几乎看不见的泉水仿佛从五颜六色的锅中溢出，在植物表面结出一层薄薄的硅酸盐层，硅酸盐和植物体充分紧密地结合在一起。泉水泼洒在细小的枝叶上，这些湿淋淋的分着枝权的植物就像海蓬子一样，这里的水温在 30 摄氏度左右，相当于热水浴的温度。泉水在涌出地面之前会被地表附近的熔岩加热，温度可达到 120 摄氏度，在地下压力作用之下才能保持液态，喷出的瞬间便迅速降温。

赖尼的喷泉从很多方面来说都算是一种极端环境。大部分泉水对于绝大多数生物来说都太热，盐碱度也过高，然而仍然有生物在泉水中繁衍。陆地的环境也很恶劣，但植物也开始在内陆地区生长。在赖尼的泉水中和水畔，生活着至少40种不同的植物。功能性的生物群落已经在水环境保护之外的地方建立起来，生物之间存在着共生、竞争、寄生和捕食关系，适宜居住的陆地的面积也增加了。植物通过与真菌的互利共生蓬勃发展，真菌则与蓝藻共生，节肢动物和真菌都可以帮助清理生物遗骸，产生供新植物生长的土壤。

唯一能在温度最高的水中生存的，是一类可以在这种极端环境中蓬勃生长的微生物，也就是所谓的耐碱耐高温微生物。这类生物中有很多是可以在硫磺中生存的细菌，和其他大部分生物不同，这类细菌无法通过太阳获取能量——一旦温度达到75摄氏度以上，光合作用便无法进行——也无法靠吃进行光合作用的生物为生，但它们可以靠自身直接分解岩石为生。它们通过连接氨基酸来大量产生蛋白质链条，从而有助于自身抵抗强碱环境。这些氨基酸在某种程度上令水体富含营养，令通常的生物化学反应得以发生。高温水池中只有这些以岩石为生的单细胞生物可以存活，池水完全是澄清的。清澈的河水或海水其实都算不上澄清，毕竟有各种小型动物在水中产生细小的异物，而这些热水池就如同蒸馏出的酒精一样澄清，只有在水面因震动而泛起波纹或是冒出气泡时，才能察觉到有水体存在。在适当的光照下，当阳光以特定的角度照射下来，通往地下的光秃秃的水道被照亮之后，就像一个空旷的山洞口，任何一点轻微的光线折射都会破坏这一景象。

地下水层如同一只地质热水壶，不仅给水塘输送热量，还为其添加亮丽的色彩。水的温度达到60摄氏度可能就是很高的温度了，但至少蓝藻还可以在这样的高温条件下生存。这些世界上最古老的光合作用生物已经靠阳光为生 30 亿年了。它们靠一种特殊的色素从阳光中获取能量：当光子（构成光线的粒子）在适当的位点[1]撞击色素时，色素中的化学成分会转变为不稳定的状态，在其回归稳定状态的过程中便会释放出能量，这种能量还可以用于催生细胞内的其他化学反应，如糖和淀粉的生成。数百万个蓝藻的色素聚集在一起，形成令人惊叹的纯色，不同种类的蓝藻在颜色上也有着微妙的差别。从水塘的中心至边缘，温度随之变化，不同温度的区域生活着不同种类的蓝藻，形成了一种水塘表面颜色由中心至边缘不断变化的现象，水塘的中心区域反射天空的颜色而呈蓝色，向边缘依次为绿色、黄色、橙色和红色。蓝藻在赖尼地区的繁盛程度超乎想象，从单个细胞至数百个细胞组成的群体应有尽有。

所有无色或五颜六色的水塘周围都凝结着一层层白色的泉华，这是涌出的地下水蒸发之后留下的富含硅酸盐的沉积物。这些矿物质有规律地堆积，洁白而松脆，如同凝结的糖，在泉水的边缘不断自发形成，不久之后泉眼的周围便一点一点地堆起一座梯田式的高台，像是一张张撒满糖粉的饼不断堆叠起来。当水位高过水塘边缘时，泛滥的水流会渗透到位置较低的植物层中。山间的溪水流经高耸的泉华阶梯，将从遥远的加里东造山带中山峰上带来的深色辉长岩质泥沙冲进黑暗的浅水池当中，流动的冷水使泉水冷却下来。轮藻只在水中生活，因此在溪水之外的地方，山坡是光秃秃的，很少有生物能在远离水的地方生活。植物繁茂的山泉地带只存在于谷底，苔藓大小的植物的茎铺成厚厚一层，形成一片微小的绿林，盲蛛以

---

1 基因在染色体上占有的特定位置。*

及螨、昆虫、淡水节肢类和甲壳类生活在这里，构成了一个微小的生态系统，这种生态系统覆盖着地表五分之二的面积。

从热水塘中涌出的水淹没和浸泡着这些低矮植物、真菌和动物。随着水的冷却，水中过饱和状态的硅酸盐析出，在不规则物体的周围结晶，也渗入了生活在这里的各种生物体内。硅酸盐会在合适的位置快速凝结，甚至亚细胞结构都成为模具，以不稳定的半透明蛋白石为材料制造铸型。这些蛋白石最终形成稳定的结晶，与被区域性流水冲到此地的砂岩沉积物相结合，形成岩石（即燧石），整个生物群落的立体形态都会通过这种途径保存下来。

这座溪谷中还生存着另一类生物，是诠释共生和竞争关系的最佳范例，这类生物外形为浅灰色的柱状，外表为皮革质，像是不长刺的仙人掌，高度可达 3 米。原杉藻属是这个微小群落中的摩天大楼，是当时地球上最大的生物。在当时的其他地区，已知这个属的一些成员长度可达将近 9 米，还有一些长有直径 1 米的树干状躯体。它们的体型比地面上的植物大 100 倍，似乎并不属于那个世界。它们长着粗糙柔软的表皮，聚在一起时就像一队部分融化的灰色雪人，又高又细，笔直而无枝杈，在其生活的地区傲视众生。严格说来，原杉藻和这一地区的微缩丛林中的任何生物都不相同。它不是植物，而是真菌，这多少令人感到惊奇。它和当今令人眼花缭乱的各种真菌是近亲，包括荷兰榆菌、啤酒酵母、青霉菌和松露。原杉藻为什么能发展出如此巨大的体型，确切原因还是个谜，人们对它的地下部分一无所知。目前有人提出一种解释：原杉藻像它的很多亲属一样，会形成地衣。

真菌是生物中进行共生活动的大师，我们将真菌归为单独的一个界——真菌界。但真菌可以与亲缘关系非常远的生物建立起联系。

真菌所建立的最密切的关系，就是和光合作用生物（如植物或蓝藻）形成地衣。在地衣中，真菌部分依靠着强大的分解有机质的能力，从最荒芜的土地中汲取大量的矿物质，与地衣中的光合部分（光合作用生物）共同使用，并能形成质地坚硬的外壳以保护光合部分。作为回报，光合作用生物利用阳光产生能量供养真菌。这种强大的组合意味着地衣可以在任何有光照和水的地表生存。

赖尼生活着两种地衣，但二者截然不同。原杉藻是陆地上第一类真正的大型生物，是宏观陆地生物的雏形。一套缠结的菌丝网络构成原杉藻的外层部分，细得惊人的丝状营养吸收细胞，组成真菌的绝大部分结构。如果它形成地衣，就会有固定光合作用生物的位置。动物会在原杉藻的侧面钻洞，因此原杉藻本身也容纳着一个小型生态系统，像是一棵光滑无枝杈的树。它可能与光合作用生物共生，但同位素分析显示它也经常食用其他生物。可能原杉藻巨大的体型就是获取两种能量来源的结果，它既是消费者，也是互利共生组合的一部分。

崩落的石块上覆盖着带有杂色斑点的黑色生物，和现代的地衣很相似。温雷氏地衣的结构简单，其平坦的外壳主要由常见的真菌菌丝组成，像毯子一样牢牢覆盖在地表。这一结构的表面有肉眼看不见的凹窝，以容纳单个的蓝藻细胞，就像把猪养在围栏里。将这样的组合比喻为牧场并没有什么不妥，考虑到双方共生互利的程度，很难认为这种关系与其他的农牧驯养到底有什么不同。甚至还有"偷窃牲口"的例子：有些真菌需要杀死其他构成地衣的真菌，将对方的光合作用植物窃取过来，与自己构成地衣之后在当地繁衍。物种之间牧场般的关系在生命的历史上已演化出多次。在动物中，切叶蚁在特定的地下穴室中将树叶堆作肥料，供蘑菇（真菌的果实）

生长，还有一种蚂蚁为蚜虫提供庇护和供养，以求饮用它们含糖的排泄物，或者是饲养介壳虫来作为肉食。雀鲷在珊瑚礁中培育成片的红藻作为食物，正如人类饲养和种植各种动植物。在所有例子中，养殖者为被养殖者提供庇护，并获取能量作为回报。真菌在构成地衣的两方中显然处于主导地位，当它们从光合作用生物那里获取能量时，光合作用生物也经常被直接消耗掉。地衣是不是酷似农业生产关系中的最终产物呢？苏格兰阿伯丁郡的第一位农夫是真菌吗？如果是的话，它令自己的作物变得愈加丰富。温雷氏地衣并非只包含一种蓝藻作为光合作用生物，而是含有两种，从而构成了一种紧密的、互相依靠的三方关系。

现代的每一类大型蕨类都可以在赖尼找到其原始代表，其中很多类都与植物建立了联系。其中一类是现代面包青霉菌的亲属，会长出头发丝一般纤细的菌丝，缠绕在一种叫阿格劳蕨的植物茎壁上，形成“菌根关系”。在这片山谷里更加茂盛的绿色植物丛中，阿格劳蕨占据着优势地位。这是一种细小的、茎部光滑的植物，以垂直而分叉的茎在地面上繁衍扩散，每一根茎的末端都长有一个卵状器官，用来释放孢子。当某一个体尽情生长时，它的茎会被小小的横浇道一般的结构聚拢起来。每隔一段距离就有一种瘤状结构支撑着倒伏的茎，如同火车铁轨的枕木。阿格劳蕨是一类结构非常松散的植物，依靠一种叫假根的细丝状结构吸收水。若要正常进行光合作用，需要持续而大量的水源供应，在这方面真菌是一个理想的帮手。真菌给植物提供水以及土壤中的营养，索要一定量光合作用制造的糖作为回报。总的来说，所有的现代植物中有大约80%的种都依靠菌根关系获得营养。菌根关系在植物演化历史中出现得如此之早，说明这种关系不仅具有重要的生态意义，也是陆地生物发展的基础。

促使生物在陆地定居的并不只有种间关系，还有生物在地质时间尺度内代代相传过程中的各种复杂变化。植物演化出一套和动物截然不同的性别系统。在动物中，亲代和子代在生理上是相同的。在有性生殖的物种中，带有成年个体完整染色体一半的精子和卵子产生出来，结合并发育为一个新的个体。在无性生殖的物种中，成年个体产生出带有完整染色体的卵，直接发育为一个新的个体。这个方法是如此的简单，一直使用至今。

然而在植物中，子代和亲代却全然不同，正是这种代代相传的复杂变化赋予了它们征服陆地的能力。植物祖先绿藻的繁殖过程分为两个阶段。首先，精子和胚珠发生受精作用，生成一个单细胞世代，染色体数量是成年绿藻的 2 倍。在染色体重新排列之后，这个细胞分裂成两个孢子，分别发育为一个新的完全成熟体，这个过程周而复始。

所有现代植物都在进行着产生精子和胚珠的世代（配子体世代）和产生孢子的世代（孢子体世代）的交替，但控制机制已经改变。早期陆地植物发展出耐干旱的孢子外壁，这是陆地生物在繁殖方面一项至关重要的革新，羊膜卵动物的带壳卵也是一样。能产生更多孢子的植物更有机会获得成功，因此孢子体世代变得越来越重要。从配子体世代开始，植物从单细胞生长为完全不同的个体。在赖尼，我们正目睹着这场世代交替活动的剧变。

今天，苔藓、角苔和地钱这些专门生长在潮湿环境中的植物的孢子体还很弱小，基本靠寄生于亲代为生。但它们仍然是很重要的，因为配子体世代必须依靠小型节肢动物传播精子。蕨类的主体部分是孢子体，但你仍可以看到独立生活的配子体，那是一小片心形的垫状物，最终发育为一株新的植物体。在种子植物中，祖先所留下的配子体已经缩减到仅能勉强看到。相反，从巨大的红木到菊花，种子植物每一处可以看到的部分都属于孢子体世代。开花植物将自己的祖先向后甩得最远，它们发展出授粉功能，将雄性孢子花粉传向雌性孢子。雌性孢子壁内发展出了一种微小的结构，有相似功能的还有大型海藻，可以借此来有效释放精子和卵子。

在泥盆纪时期的赖尼地区，阿格劳蕨的孢子体已经开始独立存活。[1] 这种孢子体在一段时期之前从单细胞形态发展而来，没有根，也没有叶状结构，不断拓展自身的形态结构。通过和真菌的共生，它可以不受自身结构限制地获取营养，能做到至今为止任何多细胞生物都做不到的事。这些植物和真菌成为第一个突破水源限制的生物组合，为未来的陆地生态系统的建立奠定了基础。

强调个体是动物研究当中的理念，在其他生物的研究中则被完全无视。孢子体完全不需要进行有性生殖，和其他植物一样，阿格劳蕨可以对自身进行复制，自己进行扦插培育。在菌根网络中，真菌和独立的植物体建立联系，进一步使个体的概念变得模糊，因为这使得不同植物之间都可以借助真菌菌丝来传递信号甚至营养。这就好比一个人的隔壁邻居就是和这个人遗传信息相同的克隆体，他

1　赖尼地区所有与真菌共生的泥盆纪植物，都存在多细胞孢子体和配子体的世代交替。这一点往往为古植物学家带来麻烦，因为孢子体和配子体都能保存为实体化石，都能独立生存，且形态相差甚远。为发现的化石记录中的物种命名时，唯一的依据是形态特征，但偶尔也会根据化学成分。将同一种植物的孢子体和配子体对应起来，在通常情况下是不可能的，但在赖尼，化石的保存状况超乎寻常，即便是带有详尽细胞结构特征的单个精子细胞都能找到，展示了孢子体和配子体两个世代的共同特征，从而将植物生活史的各个阶段全部对应起来。

们还有一名真菌合伙人，帮助他们在困难时期分享资源。和别人合作可能需要分红。没有任何物种是独自进行演化的，植物和真菌的这种协作关系改变了地球生命的未来，这可能比其他任何演化中的变革都更加意义重大。

赖尼的硅酸盐水塘中还生活着更为复杂的植物。星木像一枚纤细的绿色冷杉球果，长有树叶一样可以进行光合作用的鳞状结构。但这种结构比"真正"的树叶要简单，现代树叶的框架结构在当时还没有出现。现代维管植物所具有的营养和水的内部输送活动，直到木质部和韧皮部的出现才得以进行，这两种结构从根部一直延伸至叶片，输送的水通过气孔离开植物。然而最早的植物没有这些结构，甚至没有根，只有假根这种毛发状结构吸收水和养分。星木是赖尼的大型植物之一，他们在沉积的泥土中生长，可以长到超过1英尺高。它发展出了类似根的结构，这是根状结构的一次独立演化，和后来的维管植物无关。星木的根状结构可以深入地表之下20多厘米，从其他植物无法达到的深层泥土中寻找新资源。星木的组织适应于在短时间内输送大量的水，有助于光合作用和自身生长，但在干旱时期就出现了问题，因为水分的流失比吸收要快。快速生长还是获得充分的水源，这是所有植物都面临的选择，为了在二者之间获得平衡，植物的气孔数量会减少，且排布很稀疏。而在泥盆纪，星木在保持水分的难度不太大的情况下选择了快速生长。然而，它们在繁殖时仍面临着困难。赖尼属于热带气候，环境变化无常。因此，星木所能采取的最佳方法就是令一定区域内的植物体大量繁殖，其他区域不繁殖，一段时间之后再相互调换，这是面临环境问题时另一条节省能量的途径。

植物的生长终将走到尽头，一旦死亡，植物体对于与其共生的真菌而言就没有了进一步的用处，从而被舍弃。其他真菌（如子囊菌类）就会从气孔侵入植物体，从内部将其分解。吸收了植物最后一点养分的真菌又产生了最早的土壤。这个过程最终产生了更软、更肥沃的土地，供植物茁壮生长，令这片植物的规模堪比石炭纪的石松沼泽。腐烂的植物陷入更低的泥土中，被生长在这里的真菌以及当时陆地上唯一的动物节肢类分解。当时所有的脊椎动物都完全生活在水里，过着鱼类的生活，它们没有发展出能够借以爬出水面的脊椎骨。还要再经过3500万年，泥盆纪时期一类体长1米左右，长有带着肌肉、末端分开的鳍的鱼爬上陆地，成为最早的四足脊椎动物，这一事件就会发生在离此地不远的地方。最早的四足动物后肢化石出自晚泥盆世，就发现于苏格兰埃尔金的较低山地地区。又经过5000万年，到了石炭纪初期，距埃尔金仅200英里处（也就是今天的特威德河地区）成为种类丰富的两栖动物和爬行动物的乐土，这是我们脊椎动物在征服陆地的进程中迈出的重要一步。

节肢动物意为"腿分节的动物"，指它们支撑身体的坚硬外层骨骼和分关节的附肢。节肢动物门是现代动物中种类最丰富的门，在距今5.4亿年前的寒武纪时期发展壮大，引发了动物的首次大繁盛。早泥盆世的大部分节肢动物为海生，包括甲壳类、海蝎、海蛛和三叶虫，当时只有一小部分爬上了陆地。蛛形类于早志留世出现在陆地上，出现了首次繁盛，迅速适应于干旱的环境。到了泥盆纪，蛛形类中已经出现了蝎子、螨、盲蛛以及与蜘蛛相似的角怖类。

一株石松的腐烂茎秆横倒在地上，散发着泥土的味道。上面爬满了一种仅有几毫米长，身体分节的六条腿的动物，长着长长的触角，身上长满了短毛。弹尾类俗称"跳虫"，由于口器的位置不同，弹尾类严格来说不能算是昆虫，但它是昆虫最近的亲属。如果给一只弹足类穿上束身衣并勒紧腰部，你就会发现它非常像一只蚂蚁。先驱赖尼小虫在地上来回爬行，尽情享用着腐烂的植物，它也能凭借纤小的体型在水面上行走，以漂浮的藻类为食。尽管空气中含氧量低，氧气也足够充满这种小虫的体内。

小型动物的生命安全永远得不到保障。在星木伸展开的茎部末端，一只身上包着甲片的捕食者用带爪子的前肢，将一只倒霉的赖尼小虫从其藏身处抓了出来。突然，这只黑色的小型弹足类如同燃放起了一片爆竹，为了方便说明，我们要提到一种叫"弹器"的特殊器官。实质上，弹器是一个细长的硬棍状结构，在高压状态下固定在身体底部。当弹尾类释放压力，这根棍状物就会向下撞击地面甚至水面，就像一辆倒过来弹射的投石车，将弹尾类向空中抛起，这是一种半下意识的动作。无论飞到空中的弹尾类落在哪里，至少有很大的可能性已经远离了要攻击它的动物。

一只古鞭蛛收拢它的八条腿变成一只笼子，将赖尼小虫牢牢困在自己身体下方，防止其逃走。真正的蜘蛛还没有出现，古怖类是一类外形很像蜘蛛的节肢动物。二者的一些差别表现在外形上：古怖类的身体只分为两部分，都由甲片包覆，头部由两片甲片包在当中，上面长着眼睛和口器。即便是最小的猎物接近其攻击范围时发出的震动，它们毛茸茸的腿也可以感知得到。它们身上成排的甲片的底部长着孔洞，空气可以经由这些孔洞进入其体内复杂而高效的呼吸结构——"书肺"。这是一种活跃的捕食者。

很少有猎物能从古怖类的手中逃脱，这只弹足类的命运也凶多吉少。古怖类没有毒液和蛛丝等手段来制服猎物，它们必须用穿刺和挤压的手段将猎物杀死。古怖类的口器不是洞状，而是像一个笊篱，因此它要在体外对弹尾虫进行消化后，再用一系列的细丝状结构将其吸收。

在不流动的淡水塘中，生活在蓝藻丝状的黏液和轮藻之间的生物是安全的。这些水塘都是季节性的，在发展出复杂的食物网之前便会干涸。这里占据多数的是以碎屑为食的甲壳类生物：纤细的鳞虾只有几毫米长，长着棒状的眼睛，以藻类为食；卡斯尔希尔虾是一种蝌蚪虾，身体细长，头部包着甲片；还有一种细小圆形的长着甲片的卵形沸虾，顾名思义，是生活在高温和碱性环境中的动物。

除了生活在这里的动物之间的简单关系，轮藻像很多生活在赖尼的其他光合作用生物一样，和真菌有着密切的生态联系。轮藻是淡水藻类，与陆地植物有较近的亲缘关系。赖尼的冷水塘中最常见的轮藻具有单个长条状的主体，长条是螺旋形的，边缘长有分支。和其他共生的陆地生物（如阿格劳蕨及其菌根，或原杉藻和温雷氏地衣）表现出的关系不同，轮藻和真菌的关系是只有一方受益而另一方受害。水生的真菌附着在轮藻上，真菌依靠自身的管道刺穿轮藻的细胞壁，从而固定在轮藻的细胞上。然后真菌吸取营养，而不提供任何回报。还有一些真菌，如已知最早的寄生真菌水霉，以甲壳类的卵为食。这些真菌都属于壶菌类，是专门营寄生生活的生物，寄生于一到两种宿主，宿主以藻类为主。

很多植物在被寄生生物感染时会出现一种叫组织肥大的反应，这是一种常见的植物病变。在这种情况下，细胞的尺寸可增大10倍，为的是将寄生生物困在一个或几个细胞之中。还有一种相关的反应叫组织增生，通过产生更多的细胞而将病变控制在组织的一部分中，就像虫瘿一样。赖尼的很多轮藻都被寄生真菌感染，表现就是遍布其长条状藻体上的瘤状物。

陆地生物也会出现由寄生引发的问题。线虫在阿格劳蕨的气孔中孵化、生长之后又繁殖，始终不会离开植物体。无叶北蕨是一种早期陆地植物，大部分埋在地下，以便能更充分地获取地下水，比那些在沙质土壤上方生出横向茎的竞争者具有明显的优势。然而这一策略令它更接近寄生生物，不过它已经发展出不同于组织肥大的方式来抵御真菌的寄生。一旦北蕨的假根被真菌感染，它的细胞壁就会硬化，阻挡真菌菌丝的进一步深入，从而防止感染的蔓延。然而北蕨的奇特之处不止于此。它也有共生的菌根，菌根和北蕨植物体的连接方式在各个方面都和寄生生物相同，但并没有被免疫反应清除掉。这是一种演化中的垄断交易。共生的真菌可以进入植物的细胞，和宿主交换资源。而其他试图入侵的真菌，则由于没有植物可以识别的特定化学信号而被包围和清除。共生的真菌可以确保资源不被其他生物取得，而植物在不受损害的情况下就可以得到稀缺的矿物质。生物可不是天生的慈善家，只有在自然选择中经过一代又一代的讨价还价，它们之间的生意才能成交。人们认为，上述关系的形成是由于北蕨容许一种真菌在其体内的一部分中活动，之后更加强烈地将其他真菌视作不受欢迎的陌生者。互惠的关系往往不是以和平手段建立起来的。

从对寄生生物的免疫可以看出，对新环境的征服并不是单一的过程。起初那个恶劣而发展前景暗淡的环境已经遍布着生物。在之后的4000万年里，这个星球将是植物、真菌和节肢动物的世界。那些后来才出现的大型动物，包括所有行走和爬行的动物，它们的出现都有赖于赖尼生物群这样的群落所带来的革新。根和菌丝彼此缠绕着，就像舞者之间紧扣的手指，伸向地下的更深处，岩石已经无法阻挡它们的深入。它们将携起手来，改变未来的一切。

第 13 章
深 度

俄罗斯亚曼卡西

志留纪，4.35 亿年前

我是光的化身。

我一往无前，

我抵达的深度是我活着的证明。

——

娜塔莉亚·莫彻诺娃 |《深度》

大洋之下另有深渊。

——

爱默生 |《循环论》

巨管虫形亚曼卡西虫

我们是生活在地表的生物，沐浴在阳光之中。我们处在这个星球的较稀薄的大气之中，每天都要感受着来自离我们最近的恒星发出的电磁辐射。这种辐射是能量的源泉，使我们的作物得以生长，使空气升温，水蒸发形成降雨，并且维持我们体内的生理节律。即使是那些身在溶洞深处的生物，也要依靠它们从未见过的阳光而生存。位于美国密苏里州欧扎克高原的洞穴中，在某个页岩地层的水塘里生活着一种穴居鱼类。它们的祖先在很长一段时期内都在无光环境中生活，现如今它们高度退化的眼睛即使能够感光，也没有相应的视神经将信号传递到大脑。然而即便是生活在洞穴里的鱼，也要以流入洞穴的河水所带来的落叶为食。此外，它们还会吃居住在洞穴中的蝙蝠的粪便，而蝙蝠也要吃依靠光能生产的食物，再以排便的形式将这些产物带入地下深处。只有进入大洋深处，才是真正的从各种意义上远离了阳光。

　　即使是最澄清的水体也漂浮着微小的杂质，光线射入水中时会发生散射。水也能吸收光。光的波长越长，散失得就越快。红色光是消散最快的，能射入水中大概15米深。接着是橙色光、黄色光和绿色光，这些颜色的光都无法射入水中很深，彩虹的七色光渐渐都会消散。绿色光的波长令其无法到达水下约100米深度之下，这个界限叫透光带，在此深度之下的生物无法进行光合作用。这个深度之下是所谓的双色光区，只有深蓝色和紫色的光才能到达。这个深度以及更深处的生物只能吃上方沉下来的食物，或是获取光能之外的其他能量。在水面之下1000米深处，传播能力最强的光也无法到达，这里的生物处在午夜世界中，经历着永恒的黑暗。

1千米厚的水体会产生难以承受的重量，水下物体每平方米将承受大约10吨的重量——是大气压强的100倍，犹如被海洋的高塔压住。向下每增加10米，压强会再增加1个大气压。无论在极地还是赤道，无论在哪个地质时期，生活在大洋之底的生物和我们所熟知的生活在地表的生物一定是大不相同的。这种差别无法用常理来推断。动物各方面的生理功能是由其体表所处的环境决定的。海底环境的温度稳定保持在3摄氏度左右，动物重要的新陈代谢活动会减慢。海洋深处的巨大压强对生物的机能也产生着极大的影响。蛋白质经常需要频繁变换结构来行使功能，而深海中的压强足以将生物细胞内的蛋白质挤压变形，如果蛋白质无法发展出抗压强的功能，便将无法正常运作。如果地表生物的后裔来到深海生活，那么它将从分子层面做出根本性的改变。

截至1977年，我们唯一已知的深海生态系统是一片广袤的海底平原，这是位于大陆、海沟和洋脊之间极其辽阔而景色单一的洋底区域。这片平原上生活着极其丰富的微生物，其他生物包括数量惊人的深海鱼类、甲壳类和蠕虫，但由于食物稀少，这些生物的分布也十分稀疏。若要探索洋底裂谷中的地质和化学条件，与一大群密密麻麻、奇形怪状的软体动物和饥肠辘辘的甲壳类相遇，在探照灯的照耀下观赏如仙境一般的水热喷口，首要的难题便是要在一艘海底探测器上安装摄影机。这些纷繁的生物尽管潜藏在海底，却和生活在地表的生物一样行动自如。海底水热喷口的中心和苏格兰赖尼那些生活着极端环境微生物的水塘也没什么差别——维持这种生态系统运行的不是太阳的电磁辐射，而是氧化还原化学反应，微生物如同炼金术士一般，将岩石溶解于水中的成分转化为食物。

在志留纪的海洋世界中，乌拉尔洋是位于赤道附近的一片小型海洋，深度只有大约 1600 米。在北半球的低纬度地区，乌拉尔洋急遽变浅，与西伯利亚地区的陆架相连，这里在当时还是寸草不生的岛屿。在东方，新形成的哈萨克斯坦大陆正从海洋中隆升。乌拉尔洋西南角的萨科马拉海是一片完全不同的区域，邻近另一片波罗的大陆的陆架。在萨科马拉海这片独特的地区，除了波罗的大陆的东海岸，其他地区地震频发。地震以人耳听不到的频率在水中一阵接着一阵地传播，即便是地表大风的呼啸和雨水的"嘀嗒"声也能传入海底。这种现象在志留纪也是一样，只是当时并不存在能听到这些声音的生物。神奇的是，这里的海底并不完全是一片黑暗。微弱得几乎无法察觉的红外光散射入幽暗之中。没有任何生物的眼睛能够感知到它，但它确实是存在的，微弱地释放着光子。这种光源对处于深海中的亚曼卡西水热喷口无异于天堂和绿洲。在这里，前不久的一次地质活动令生物得以在黑暗的大洋深处的水底生活。萨科马拉群岛是离海岸不远的一条细长的岛链，群岛和大陆之间的海面较为平静。岛链的存在使其下方的海底出现了湍流。萨科马拉群岛在数百万年里一直向波罗的大陆靠近，群岛所处的板块向邻近的海洋板块俯冲。俯冲活动引起地幔中的熔岩发生扰动，岩浆的一系列复杂滚动令岛弧后方的板块发生分裂，先是一条细长的裂缝，之后不断扩大，使海底彻底裂开，形成所谓的弧后盆地。在亚曼卡西地区，喷涌而出的炽热地幔熔岩与冰冷的海水相结合，海底地貌发生着自我破坏和自我生成的平衡，喷出的熔岩凝固为火成岩（玄武岩和流纹岩、安山岩和蛇纹岩），并以富含硫磺的水流的形式带出丰富的化学成分和热量，这对生物而言是非常重要的。其他地区的化石地点是因泥沙的缓慢沉降、崖壁或土丘的坍塌而形成，生物的岩石陵墓要经过多个阶段才能最终形成。在亚曼卡西，包裹着生物化石的岩石是由岩浆瞬间冷却凝结而直接形成的，可谓非常新鲜。

岩浆的冷却产生了红外光线。这是一种"地球光"，而非太阳光。滚烫的水被周围物体冷却时会释放光能，即热辐射。在今天，海底水热喷口的光已经很强，已知有一种生活在太阳光照射不到的2500多米深水下的细菌，依靠水热喷口的光进行光合作用。可能在志留纪也有那么一种细菌有相同的功能。

大洋海底非常广阔，存在各种可能性。今天地球表面的71%是咸水，海洋的平均深度是3700米。即便算上最高的山脉和最高的高原，地球的陆地平均海拔高度也比海洋平均深度要低2000多米。这与早先的中志留世的情况无法相比，当时的海水深度达到地质历史上的最高水平，超出现代水平的幅度在100米到200米之间浮动。以现代大陆的分布为基础，海平面升高150米之后，世界地图将彻底改变。亚马孙盆地大部分地区将变成汪洋，秘鲁的东部会成为海岸，向内陆扩张的海域会令北京、圣路易斯和莫斯科变成沿海城市。地表世界将变得面目全非，地球将主要由远在海底的、发生着断裂、喷出烟气的洋壳构成，大陆将变成在地球表面零星凸出的奇怪礁石。

在亚曼卡西，正在活动的水热喷口管道简直像是一座工厂中的烟囱。这些在大堆石块中拔地而起的管道犹如一片闪着矿物光泽的高塔，细长的管道中不断冒出温度高达数百摄氏度的黑色水流。在冒烟的石柱之下，大群生物聚集在一起，像极了洛瑞[1]画作中色彩单调的城镇景象，这些身体细小的生物以冒出的黑色烟雾为生。

亚曼卡西虫是一种环节动物，环节动物包括现在常见的蚯蚓，这类动物的身体具有环状的分节。亚曼卡西虫的外形可能类似须虫，是一种专门生活在深海的动物，经常发现于水热喷口、生物残骸或是其他有食物的深海地区。像须虫一样，亚曼卡西虫体表也包覆着管状结构，这是一种蠕虫身体上的常见结构，由蛋白质和类似几丁质的多糖结合而成，质地柔韧。亚曼卡西虫的头部长有数百个细小的触手，在进食时有规律地伸出和缩回，像是游乐场打地鼠游戏中的地鼠。亚曼卡西虫和现代一类专门生活在水热喷口的蠕虫巨管虫体型相当，其身体的管状环节直径约4厘米，但亚曼卡西虫的其他形态特征和各个门的蠕虫都不大相同。亚曼卡西虫的庞大体型很有可能与其所处的生态环境有关，共生的物种之间较大的体型差异对彼此的生存都有利，生活在深海的动物便是如此。亚曼卡西虫的周围生活着一种与之相比非常小的始阿尔文虫，其环节的直径仅有几毫米。亚曼卡西虫的环节由数层纤维状的有机质构成，具有纵向褶皱，非常柔软，水热喷口涌出的热水上升后冷却下沉所产生的微弱热对流都能令它的环节产生弯折。

当植物从阳光中获取能量时，发生这一过程的生物结构在遗传信息上与植物本身并不相同。和食草动物体内的发酵细菌一样，植物体内也有一种叫蓝藻的单细胞生物共生，为其进行光合作用。这些蓝藻在植物细胞中彻底落脚，在数亿年的时间里丢失了自身的部

1　L. S. 洛瑞（L. S. Lowry, 1887—1976），英国画家，作品主要刻画英国西北部20世纪中期的工业、城市景观。*

分 DNA，再也无法独立存活。这种结构现在被称为叶绿体，是一种颗粒状细胞器，和植物共生来维持双方的存活。泥盆纪植物与真菌的互利共生表明，不同的物种之间可以建立非常密切的关系，而由细菌转化成的线粒体和真核植物之间的关系则更进一步，达到了密不可分的程度，最终融为一体。在这样的关系中，真核植物本身无法直接摄取能量，而是由它的共生细菌协助完成这项工作。

同样的道理，在亚曼卡西以及其他水热喷口地区生活的生物，无法依靠自身从涌出的水流所含的硫磺中摄取能量，但与这些生物共生的很多细菌却可以做到这一点。须虫是现今生活在富含硫磺的水热喷口地区最大的蠕虫，长有一个叫营养体的特殊器官。每只须虫的营养体内都含有数十亿共生的硫磺消化细菌，为须虫从喷口处获取营养。像须虫一样，亚曼卡西虫与居住在其环节上的细菌之间有着密切的关系。蠕虫为细菌提供庇护，细菌为蠕虫提供能量。这种关系和真核生物及其细胞器以及地衣中的共生关系相似，使个体的定义更加模糊起来。一个折衷的定义叫作"共生总体"（holobiont），指明确由两种或两种以上不同生物构成的密不可分的完整活体。聚则兴，散则亡。例如，现今一些生活在水热喷口地带的蠕虫完全没有消化系统，营养完全由细菌来供应。一些生活在水热喷口地区的双壳类获取营养的方式更胜一筹，可以产生固定硫元素的蛋白质，进一步强化了与其共生的硫磺消化细菌的能力。双方体内的生理过程逐渐地完全融为一体。

在亚曼卡西，从地下到洋底随着温度和压强的减小，热水流中的微量元素凝结为矿晶体。热水流和海水化学成分的不同引发了电流，在一些喷口处可以达到 700 毫伏的自然电位差。这些奇异的石柱中央管道的内壁上覆盖着硒和锡。此外还有铋、钴、钼、砷和碲，以及金、银、铅等多种元素的单质，都是从热水流中析出的。在今天，这些元素析出后形成的矿晶都是宝贵的资源。乌拉尔洋的海相沉积地层被开发成了露天矿场，这是这片地层自形成以来第一次浮出海面。这些岩层中包含了被腕目动物的脆质管结构，这些管道破碎形成粉末，溶解在水中，其中的离子通过直流电场作用吸引水中的金属例子。亚曼卡西动物群是人们最早发现的水热喷口动物群，至今仍在生产着资源。

深海生态系统的一个极其独特之处在于，在漫长的时间里，深海中的各个物种彼此之间的亲缘关系虽然不近，但都有着相似之处。生活在水热喷口地区的生物，其面貌在漫长的时间里发生了相当大的改变，现今生活在水热喷口地区的生物，通常是不久之前生活在较浅水域的生物下潜而来。按常理来说，适应深海生活是有一定困难的，因为压强、温度和光线都与较浅水域完全不同。但这貌似并不是什么问题，生活在水热喷口地区的动物来自动物界的各个门类。现如今的水热喷口地区没有发现过珊瑚，但在泥盆纪珊瑚还是比较常见的。所有生活在深海的珊瑚门类各自独立在体内发展出第二层硬体组织，据推测，珊瑚虫所生活的萼部有保温的作用。

水热喷口地区如此门类众多的生物具有的相似之处表明，在深海即便相隔很远的地方，其生态环境也是基本相同的。水热喷口地区的分布相对集中，但相互之间仍有数千米的间隔，富含矿物质养料的水流四周是大片荒芜的海底。然而从更大的尺度来看，水热喷口沿着洋壳的裂缝呈线状分布，形成一个令生物得以在深海发展繁盛的有利环境。洋流通常沿洋壳裂缝的方向流动，在弧后盆地处尤其明显。这意味着蠕虫幼体可能要被迫漂流数百千米后，才能找到新的居住地。因此，即便是相距很远的两个群落中的某一类生物都属于同一个种群，在广阔的海洋空间中，也只有新孵化的蠕虫幼体及时散播开来才能缓解生物群落的衰退。水热喷口的作用和岛屿在地表的作用类似，那里不同的生物构成集合种群，这是一种半独立的单位组成的集合，和外界进行着有限的交流。每一个水热喷口的生物都是某一整片区域生物遗传多样性的一部分。这一点是很重要的，因为水热喷口并不是永久存在的，只有熔岩不断涌向洋壳裂缝时的热量才能维持热水流的喷出。当地质活动的进程改变，热量来源可能会消失，整个喷口地区的生物群落就会走向灭亡。每次有新的海底裂谷形成时，这些地区很可能就会被生物群所占据，是由生活在某个较浅水域的蠕虫幼体漂流至此后发展而来。但这种生物群终将不可避免地走向消亡。和稳定持久的太阳光下的世界不同，海底景观在较长的时间尺度上来说是转瞬即逝的，很快创生却又很快毁灭。

　　一种形似贝类的小型动物密密麻麻地挤在一起，这是一类叫火碟贝的腕足动物。腕足动物是古生代海洋动物中的优势类群，从沿岸到深海都有它们的踪迹，后来被软体动物的双壳类所取代。火碟贝的壳和双壳类相似，外观为舌形，用一根长长的肌腱般的茎状结构附着在岩石表面上。早志留世的腕足类仅包括几个幸存下来的种类，在奥陶纪末期，一场大灭绝事件将整个腕足类摧残得所剩无几。这场大灭绝事件是由全球变冷引发的，深海生物群落遭受的打击尤其严重，即便是那些在理论上具备了所有提高生存能力的特征的生物，都未能幸免于难。气候变冷对生物的影响一直很大，但奥陶纪大灭绝事件中的环境本身也起着重要作用。全球变冷本身对于深海的影响要小于其对地表的影响。然而，当时气候变冷的幅度已足以改变深海中的水流循环，将大量溶解的空气送往大陆架地区，令深海地区缺乏氧气。这样一来，喜高氧环境的浅海生物便向大陆架扩张，和深海区域喜低氧的生物发生竞争。

亚曼卡西地区的海水含氧量一旦升高，这里的生物将面临相同的命运。这一地区处在食物链最底端的细菌高度适应低氧环境。一旦它们的生存面临危机，整个群落将会瞬间崩溃。水热喷口是个神奇的地方，瞬息间便可出现各种可能性。水热喷口地区富含养料，周边数千平方千米的海底都遍布着微生物，并聚居着大量动物，拥挤得像城市中的居民区一样。但尽管生物的数量如此之多，种类却非常少。亚曼卡西是迄今为止发现的年代最早、生物多样性最丰富的水热喷口化石生物群，但这里的生物总共不到 10 种。

水热喷口地区和潮水塘相似，生物多样性通常较低，生活着有限的几种数量很大的门类。其他相似的短时期生态系统还有火灾频发的森林，以上这些地区的物种数量通常要比其他生态系统少大约三分之一。但水热喷口地区也是恒定不变的区域，这里没有日夜交替，没有季节变化，也没有较长的变化周期。因此这里的生物快速生长，并且一刻不停地繁殖。这里的生物群里可以在小规模的紊乱下轻易恢复，但在剧烈变化的影响之下便不堪一击了。

所有的水热喷口都是独立的，每一个都像法国小岛上的圣米歇尔山一样卓尔不群。它们相互之间又通过内在的联系融为一体——由此看来重要的不是水热喷口本身，而是分布着喷口的整条洋脊。亚曼卡西仅仅是乌拉尔洋中沿板块边缘排列着的一串昏暗洞口中的其中一个。是地区性还是全球性？是某一时段还是整个地质时间尺度？水热喷口状态的变化取决于我们以多大的尺度去观察。

尽管个别生物在大的时空尺度下不值一提，但深海地区的微生物是非常繁盛的。新形成岩石中的化学成分，令细菌体内用来获取食物的反应能够更容易地发生，这有助于它们从海水中获取有机分子来构成生物组织。分布在全世界洋底的玄武岩中都生活着这样的细菌，这对深海有机物质的生成积累有巨大的促进作用。这些细菌组成的群落覆盖在世界各地的深海玄武岩上，犹如一层透明的胶片，每年固定的碳元素可达10亿吨。甚至在水热喷口周围都有进行生产活动的细菌群落，这些细菌完全生活在大洋的最底部，依靠从洋壳之下涌出来的富含营养的水流为生。最令人惊奇的事实可能就是，这里还有数百种肉眼看不见的真菌类，只在深海环境中生存。

在萨科马拉海，涌向洋壳表面的熔岩温度要比平均水平低一些，其中硅、钾和钠元素的含量非常丰富。这种岩浆会形成流纹岩，内部含有大量气体，可生成一块块的浮石。这些浮石从深海里漂到海面上，形成含有硫质的浮桥，其形成之初的强度往往大到能承受一个成年人在上面行走。2012年汤加附近一个弧后盆地的海底喷发所形成的浮石，在一天之内覆盖了面积400平方千米的海面，这些浮石不断向四周散开，最终覆盖了超过20000平方千米的海面。在洋底，岩浆凝固为嶙峋的怪石，遍布着凸起和裂缝，为生活在亚曼卡西水热喷口地区的生物提供了落脚之地。

一些直径几毫米的小巧海螺，在其他一些长着棘刺的小型白色贝壳之间穿梭着。热锥螺是一类单板纲软体动物，顶部通常带有尖突，形似被热量烤化了的帽贝。但这些形似圣诞树的动物的尺寸仅以毫米计，其盘绕的螺锥从底部产生，随着生长不断地旋转增加。水热喷口附近和远处海水中养分的差异，从这些生物的尺寸上一览无余。远离喷口的所有生物体型都更小，这是一种向客观环境妥协的现象。体型最大的生物都更靠近热水流，高度可达到大约6厘米。

单板纲是一类极其古老的软体动物，其化石记录的年代十分久远。这类动物用位于身体中央波状起伏的单片腹足在海底沉积物上爬行。它们的舌齿在行进时粗暴地刮蹭物体表面，在其身后形成一条磨痕。它们以此在岩石上摩擦，将上面一些肉眼看不见的东西刮下来作为食物。单板纲的一些成员至今仍然存活，但只有化石类群在海岸附近生活，现存类群只生活在深海地区。然而，其中最先向深海地区扩张的便是亚曼卡西的热锥螺。尽管可能没有足够的化石记录加以证明，但亚曼卡西的单板纲类有可能代表了生物首次退向其他生物难以生存的环境中。这是生物在演化中的隐居行为，它们进入其他生物无法进入的生态位，完全不会面临竞争。

　　大洋深处是极佳的隐居场所。1952 年，有人在远离墨西哥海岸的 3500 多米深的水下捕捞到一只活体单板纲动物，震惊了学术界，因为这类动物当时被认为早在 3.75 亿年前的泥盆纪便已灭绝。这一发现被誉为这类动物的起死回生，它们被认为已经灭亡，但事实上仍悄无声息地活着，直到终于重见天日，简直就像是被上帝复活了一样。然而，这并不是人类首次从深海中揭示出封存已久的秘密。腔棘鱼是一种体型粗壮、寿命很长的鱼类，长有对称的肉质尾部以及同样肉质的鳍，是一类叫作肉鳍鱼的鱼类的成员，与人类的亲缘关系比其与鳕鱼的亲缘关系更近。在很长一段时间里，肺鱼一直被认为是除四足动物外唯一出自肉鳍鱼的现存支系。但就在 1938 年，人们在印度洋捕捞到了一条被认为早在白垩纪末期大灭绝中已经灭绝的腔棘鱼。它们就在我们毫无察觉之下，在压强巨大的黑暗深海中一直存活至今。

　　这种情况也发生在已灭绝的类群当中。德国的一处泥盆纪化石地点保存了另一处较浅的弧后盆地的沉积，那就是洪斯吕克板岩，保存着所有经典的泥盆纪鱼类，还有一种叫强盗虾的奇虾类，这是一类之前只发现于寒武纪和早奥陶世的猎食甲壳动物，中间 1 亿年的演化记录则缺失。已知年代第二晚的奇虾类生活在摩洛哥费札瓦塔地区的奥陶纪深水环境中，它就是奇特而巨大的海神盔虾。这类动物体长可达 2 米，是庞大的滤食动物，就像今天的蓝鲸。海神盔虾是一类和其他奇虾类完全不同的动物，这隐隐表明它有着很多我们不知道、可能也无法知道的秘密。生活在深海的生物可以不被地表的生物发现，除此之外，由于不会像在陆地上被带着泥沙的水流掩埋，深海的某一类生物在其演化的一段时期之内可能都不会被保存为化石。直到这些隐藏的生物的样貌再次以化石的形式保留在地层中时，它们已经变得难以辨认。

岩石是保存这些化石的媒介，当岩石最初形成时，各种元素融合在岩石中，以火山岩脉的形式存在。每种元素都有多个同位素，在构成相同的化学成分时会具有不同的重量，在自然界以一定的比率存在。一些同位素具有放射性，以可预测的速率转化为其他元素，这个过程在熔岩凝固为岩石之后开始进行，精准度堪比钟表。对于生命演化来说，碳同位素可在较短时间尺度内进行年代测定，岩石中的其他元素则可在深时尺度下进行年代测定。锆石是火山岩中极其常见的矿物，常含铀元素，但在其生成之初绝不含铅元素。铀元素有两种同位素，会以不同的半衰期分别衰变为铅元素的两种同位素。根据锆石晶体中铅元素的含量，便可直接计算出锆石的年代。在富含云母和角闪石的更加古老的岩石中，分析钾元素向氩元素的衰变情况可作为年代测定手段。

在海洋中，时间缓慢地流逝着。从赤道至两极，从最深的海底到海浪的顶端，全世界海洋的洋流进行着缓慢的、似乎永无止境的循环流动。这些洋流宛如巨大的传送带，其中速度最快的部分如墨西哥湾流，表面流速最高可达到约每小时 5.6 英里，相当于一个人快步行走的速度。一滴海水要在这条纵横往复的洋流传送带上走过一个完整的环流过程，需要花整整 1000 年的时间。今天从冰岛流向格陵兰和拉布拉多半岛的洋流中，甚至还包含着第一个横渡大西洋的欧洲人雷夫·埃里克森（Leif Erikson）及其队友们当年航行过的海水，这些海水在今天首次再度返回这片海域中。

极地地区的冰冷海水比温水更致密，从而下沉并将氧气输送入深海。水具有一个不寻常的特性，其固态的密度小于液态，因此冰能漂浮在水上。水在约 4 摄氏度时密度最大，因此即便乌拉尔海表面的海水温度会随季节和天气而变冷或变热，其下层海水的温度依然保持着恒定。亚曼卡西处于上升洋流区域，海水从这里开始从海底流向海面。但海面的一些变化仍然会影响海底，例如大规模的风暴足以将浅海区域的沉积物推入深海。食物从较浅水域沉入黑暗的深海之中。死亡生物的残渣不断从浅海区域落入深海，被称为"海雪"，包括已腐烂的蓝藻和藻类的遗骸，下沉并埋入海底的淤泥中，仿佛是来自上天的宝贵恩赐。直到今天，将近一半的二氧化碳被这些生物所固定，它们在死后沉入海底。

从某种程度上来说，我们都是来自深海的生物。富含矿物质的温度极高的水流从水热喷口中涌出，其化学势能不断释放，直到能被生物充分利用，在生命起源时具有启蒙般的作用。一直以来人们对生命起源存在一个刻板认识，即在一个无生命存在的星球上，含有有机物的浓稠的天然泥浆被闪电轰击之后，生命由此诞生，就如同小说《弗兰肯斯坦》中描写的那样。但事实上，这种事从来就没有发生过。已经有充分的证据表明，深海水热喷口处所发生的化学反应，就是今天所有生物体内化学活动的雏形。

目前科学研究中的主流观点认为，在亚曼卡西动物群生存时期的 35 亿年前，一处特殊的含碱性水热喷口在各种意义上为生命起源提供了基础。地底深处不断喷出氢和甲烷，涌进富含硝酸盐的微酸性海水中。在水热喷口内无氧的碱性环境下，脂肪酸自发地形成泡状，这是一种与细胞膜类似的结构。随后这些脂类膜同时与喷口处的水流和海水相连接，内部形成微碱性环境，这就是一个原细胞。酸性海水和碱性热水流之间的差异，令氢离子通过原细胞从海水流向水热喷口——一旦出现离子流动，化学反应就会产生。碱性的水热喷口还可以自然形成一种分子构成结晶，俗称"绿锈"，这种物质也许是解决生命起源相关谜题的关键。这是一种天然催化剂（加快化学反应的引导性物质），令生命产生所需的分子大量生成，如氨、甲醇以及氨基酸的基本结构。绿锈通常很小，可以植入原细胞的膜中，膜将这些晶体变成了天然的管道，用来将一种叫焦磷酸的化学物质浓缩后送入膜内。

现如今，地球上所有的生物无论从阳光、矿物中还是通过消化其他生物来获得能量，这些能量中的绝大部分都会在第一时间转化为一种焦磷酸化合物——被人们称为"生命能量的国际通货"的三磷酸腺苷（ATP）。对所有生物而言，这种能量转换都需要通过氢离子进出具有一定渗透性的细胞膜，产生离子浓度差之后方能实现。从神经兴奋到分泌唾液，从收缩肌肉到复制 DNA，每一个生命的每一个细胞若要产生任何反应，首要的一步都必须是重演地底水流涌入海中时所发生的化学反应。

在寂静的深海的上方，雨水淅淅沥沥地下着，在海水中不断奏出听不见的旋律。海底的热水流中散发着昏暗的地光，像严冬里的篝火，照亮了蜷缩着聚集在水热喷口周边的生物。暗淡的红外光太过微弱，很难从中获取能量，但它仍然维系着硫磺消化细菌的生存。深海动物群不受浅海区域活动的影响，也不会被生活在透光层的生物发觉，它们一如既往地生活着。生长、进食、运动，一切为了生存。只要地球脆弱的表面不断发生断裂和抬升，就会在洋底形成开口，为这些生活在阳光照不到的海底的生物提供繁荣发展的契机。

第 14 章
转 变

南非苏姆

奥陶纪，4.44 亿年前

冰雪正在消退。

———

卡特琳·雅各布斯多蒂尔[1]

随着时间推移，沧海变为旱地，旱地又变为沧海。

———

阿布·拉伊汗·比鲁尼[2]

---

1 2017 年起担任冰岛总理，是该国历史上第二位女总理。*
2 中世纪波斯学者，在数学、天文学、物理学、医学、历史学等方面均
  有贡献。*

▲

头足直角石

在河面蓝灰色的冰层之上，一阵带着高地的寒冷、满含着冰雪气味的风猛烈地向下刮来，狂风呼啸着吹过冰架，接着向海岸方向急速俯冲。这样的风就是所谓的下降气流，是一股寒冷致密的空气受附近飓风的影响而急速下降的结果，这一切正是由地球的引力所致。风已经向远离帕克海斯冰盖中心的方向吹出很远，冰盖随着时间的推移大规模消退，最终退缩回海湾地区。此时，寒冬的风吹着海面浮冰不规则的表面，将其朝着远离陆地的方向推走，在泛大洋[1]南缘开辟出一片不封冻的地带，形成一个冰间湖。这片水域在寒冷的空气之下无法始终保持完全不封冻状态，水面的冻结处在一个平衡过程中。海水和针状冰晶混合形成一种湿滑细腻的结构，称为"碎晶冰"。碎晶冰形成之后会被水面掀起的波浪卷走，原来的地方又会形成新的碎晶冰，这个过程会反复发生。冰川不断地崩解，形成巨大而破碎的冰块，向海上漂浮远去，从而形成冰间湖，这就是由冰川破碎而形成的不稳定地貌。

被风吹走的浮冰和冰川崩解后的碎块被压实，形成一层冰雪外壳。由冰块和冰山构成的壮阔的浮冰景观，将海洋变成了一片坚实

---

1 存在于古生代到中生代早期的史前巨型海洋，该概念来源于大陆漂移说。*

的陆地。风呼啸着吹过非洲尽头的冰丘，穿过放眼望去几乎只有冰雪的山谷，吹打着两侧被冰川摩擦的边缘。岩石在冰川的挤压摩擦下变为沙土，在冰川消退之后暴露于地表，此时的风如同吹尘枪，将岩石的碎屑颗粒从地上卷起，吹向四方。泥土在空中飘扬。在冬日暗淡的橙色阳光的照射下，紧紧压实的冰层上隆起一道道雪脊，那是由冰雪形成的沟壑分明的脊和波纹，有些较为平滑，像是起了褶皱的丝绸；有些则形如翻腾的波浪，仿佛是冰层之下海洋的写照。在整个冬季，沙土不断在冰层上堆积，和冰雪混合后冻结在一起，等待着冰消雪融时节的到来。

在冰川的下方，冰间湖中有两条河在流动，一条富含盐分，一条富含泥沙。在含盐河流的源头，随着冰的形成，水被向外排出。当河水表面冻结时，水中所溶解的盐类分子由于无法维持稳定的晶体结构而被析出。这就增加了周围尚未冻结的河水的盐度和密度。这条咸水流从冰间湖的表面向下流入海中，水流自岸边分散流入黑暗的大洋深处，在大陆边缘重新汇集并汇入一条远去的深海洋流中。海下河流的流动和地面河流是完全相同的。这些河流在流过海底时会雕凿出河岸，侵蚀形成河谷，还会形成咸水湖和瀑布。现今的博斯普鲁斯海峡中就有这样一条河，发源于高盐度的地中海，流经黑海海底，长约 60 千米，但其流量却大于密西西比河、尼罗河和莱茵河的总和。这条河的流量在全世界所有河流中可以排入前十名。在咸水流自冰间湖向下流动的同时，冰川底部融化形成的淡水河流冲刷出一处海下冰窟。这是一个黑暗的洞穴，封存已久的水流首次从岩石和冰层之间的狭窄缝隙中流出。水流受到冰块重力的挤压，水中还裹着泥沙，从而成为一股喷涌而出的带着黑色沉积物的高压激流。泥土在水中弥漫。水流逐渐上升至水面，浑浊但不含盐分，随着泥水的上升，水面持续轻微地波动，仿佛水下潜藏着什么活物。实际上水下什么都没有。在冰点以下的低温中，弥漫的泥浆浑浊不堪，在温暖的海水之上扩散至 10 米厚，令光线无法射入海中。

漂浮的冰面上，一阵阵声音此起彼伏。冰块的断裂声如哀嚎一般回荡着，宣告着冰层终因自身的重量而不可避免地崩解。冰川承载着比水更大的负荷。泥土在冰雪中封存。这些不规则的岩石和砾石在几百年前被不断运动的冰层裹挟，此时逐渐抵达了旅行的终点，在冰层崩解之后落入水中，沉入深深的海底而被埋葬。冰层中的气泡封存着过去几百年乃至几千年的空气，宛如一座冰封的档案馆，这些冰层是从 200 千米外的帕克海斯冰盖顶部落下并漂流至此的。此后，随着冰层被不断压实，这些气泡的压强也不断增加，最终可达大气压强的 20 倍，就这样积蓄着压力静待释放。随着冰川的融化，其中的气泡终于得到了释放，气泡在水下破裂，气体进入水中，发出欢快的声响，形成一道天然的汽水墙，在冰川断裂和石块崩落的巨响之外增添了一阵阵好似滚油发出的"噼啪"声。随着全球气候变暖，每 1 秒钟都有数以亿计的气泡在水中破裂，这个数量有增无减。冰雪融化的各种响声令冰山仿佛都在歌唱，宛如漂浮的岛屿一般、自身拥有河流的更大规模的冰山也是一样，它们男低音般的歌喉和阴沉的旋律沿着海岸传出数百千米。

苏姆是一个层序分明的世界，分层的依据为是否存在生命。风、冰、海水、新鲜泥土以及这片地区海峡和海湾中的静水层，与缺少氧气的层位不会混合在一起。各层之间互相堆叠或互相包裹，但最终都会崩解落入同一片海域。夏季为苏姆的冰盖带来的除了色彩别无他物。深夜时分的阳光经由逐渐融化的冰块反射，将冰川东缘光秃秃的山坡照得呈一片深橙色。在冬季覆盖冰间湖之上的低垂的云消散了，许久不见的风渐渐又吹了起来。冰山开始融化，在阳光的照耀下泛着湿润的光泽，冰山中一些含气体的部分在相当长的时间里处于高压强之下，已经完全与冰结构融为一体。而随着冰山的融化，这些部分所受的压强得到释放，其中的空气膨胀，令冰山那被雪覆盖的表面也鼓了起来，泛着蓝色的光泽。浑浊的河流持续带出泥沙，但在远离泥沙的地方，不断扩大的苏姆冰间湖中的洁净水域预示着这片地区有生命存在。冰间湖是海洋中的绿洲，随着水温的升高，放眼望去，水面上漂浮着的一座座小型冰山上如同长满了光亮的苔藓，一派绿意盎然的景色。

在坚实的冰层之下，水层和土层等各个层序开始融合，海上开始下起石头雨。在数百年的封冻之后，石头脱离了漂在海上正在融化的冰山的包裹，纷纷向海面砸落，沉重地落在光秃秃的海底。由冬季下降气流形成的强风带来的泥沙也沉入海水中，但动静比石头小；这些泥沙颗粒细小，漂荡许久之后才会最终沉淀下来。这些泥沙颗粒在下沉过程中，吸引着悬浮在上层水域中肉眼看不到的浮游生物围拢过来。泥沙为浮游生物带来了含磷化合物，这种化合物一旦进入海水中，就会促使生物繁盛发展起来。以光合作用为生的藻类的生长因缺乏矿物质而受限，而当一场盛宴到来时，这种肉眼看不见的藻类便会迅速发展起来，令原本酒精一般澄清的海水变成淡绿色。这些光合作用浮游生物尽情地享用着矿物质，迅速地繁殖。一旦食物过剩，竞争便不复存在，生命无须面对任何困难，只需要一代代地不停繁殖下去。当然，好的年景不会永远持续。一旦资源匮乏，或种群已发展至临界点，其消耗资源的速率大于资源补充的速率，末日就会降临。发展越快，繁盛时期就越短。此时，繁殖迅速、种群壮大的浮游生物成群簇拥在一起，死亡后的残骸纷纷下沉，大片的有机物质如雨点般落入下方的层序区域中。

极地生态系统中的生物往往表现出缓慢的生活节奏。这里常常资源匮乏，寒冷令包括生长在内的很多生理活动速率减慢。一旦系统发生紊乱，如发生一场令系统内大部分生物死亡的灾难，系统进行恢复的时间会漫长得超乎想象。生态系统中的各种生物可能要被迫过着朝不保夕的食腐生活，最终往往会形成一个组分多变但多样性总体较低的群落。当陆地上的矿物质被风吹到海水中时，这一困境就会改变。即便是在极地的严寒中，在矿物质丰富的地区，优良的环境也可以令历经严重灾难的整个生态系统在数以年计的短时间之内完全恢复。在苏姆，丰富的矿物质资源每年都会来临。

然而，这种优势条件是最近才出现的，而且不会持续很久。苏姆的冰川海湾是最近几千年才形成的，不久之后也会变成更深的远海。十余万年前来自北方的冰川在此处擦行而过，这些冰川此时也消退了。在多细胞生物的首次大灭绝事件——奥陶纪大冰期之后，随着全球变暖，后冰期的生态系统逐渐发展繁盛。

就在苏姆冰间湖形成仅仅 100 万年前，全球气候骤然从炎热变得寒冷，引发了著名的赫南特亚冰期事件。在此期间，海洋生态遭受严重破坏，造成的影响甚至波及微生物层面。临近奥陶纪末期发生的大灭绝事件，是复杂多细胞生物所面临的规模第二大的灭绝事件，仅次于二叠纪末期发生的大灭亡事件。在奥陶纪最后一个地质分期赫南特亚期之前，海洋中生物的生存环境十分舒适。生物多样性在此期间发生了爆发性增长，远超寒武纪时期的多样性水平。在奥陶纪的海洋中，造礁动物开始大量发展，生物可以自由自在地畅游于海水中，而不会被限制在海底及附近的生物群落中活动。然而，可能就在仅仅 20 万年后，冰川以现今的非洲地区为中心开始向外扩张。非洲曾是冈瓦纳大陆（囊括现今所有南半球大陆以及印度、阿拉伯半岛和欧洲南部的超级大陆）的一部分，而奥陶纪时期的非洲位于南极附近。苏姆位于今天南非的锡德山地区，在奥陶纪时期位于约南纬40度，比今天的位置更靠南一些。自奥陶纪至今，非洲在南半球漂移了一段距离；在苏姆冰川时期，今天的塞内加尔靠近南极。若从奥陶纪的地球仪上看，非洲是上下颠倒的。冈瓦纳大陆的一部分从南极向北，经过非洲南部和南极大陆，一直延伸至赤道上的澳洲大陆。当时的南极点并没有覆盖在冰层下，而大陆的其他两个重要地区都有冰盖发育：一处为现今撒哈拉地区的南部，冰川向北漂移；另一处包括今天的南非和南美中部的一部分，向大陆末端漂移，并进入半岛海。

在奥陶纪时期，逐渐适应水环境以外生活的生物变得更多，也更常见了。然而它们绝大部分都是微生物，而且一个地区仅仅存在一两个种，还远不及它们在日后的志留纪和泥盆纪所形成的庞大群落。此时河流体系也开始形成。早期真菌和低等植物的活动侵蚀大陆表面的岩石，使含磷化合物经由河流进入浅海，河水源源不断流入海中，送来了海水中缺少的珍贵矿物资源。只要有富含矿物质的河水流入海中，这里的藻类就会繁盛生长，并且出现规模更大的种群和尺寸更大的个体，这在苏姆地区随处可见。繁殖过剩的藻类死后的遗骸不断下沉，犹如海水中下起了雪，起初还只是断断续续的小雪，后来变成了持续的暴雪。随着藻类富含碳元素的遗骸沉淀和堆积，它们大量吸收着大气中的二氧化碳。恰巧在这一时期，加里东造山带的不断抬升导致火山活动增加，产生数量更大的硅酸盐岩石。正如我们今天所见，硅酸盐和空气中二氧化碳反应产生风化作用。这些奥陶纪的新鲜硅酸盐也同样会降低大气中的二氧化碳浓度。

由此导致的结果便是气候剧变，地球上全部生物中的 85% 灭绝，几乎全部为海洋生物。冰期并没有持续太长的时间，但这段时间足以给生物带来灭顶之灾。这是我们所说的"五大灭绝事件"中的第一起，也是唯一一起直接由全球变冷导致的大灭绝事件。

如果深究这起灭绝事件，寒冷气候和气候变冷都不是主要原因。气候迅速变冷才是主要原因。生物群落需要时间来适应环境——如果生物突然遭受剧变的冲击，造成的结果往往是灭绝和消失。白垩纪末期陨石撞击导致全球气候几乎在瞬间进入寒冬，二叠纪末期规模空前的火山爆发导致的温室气体暴增引发全球变暖，两个例子都体现了这一点。在赫南特亚期，随着地球进入冰川消退期，气候变暖又造成了一次小规模的灭绝事件。苏姆地区的气候在持续变暖，这一地区的冰川迅速消退。

在海上，坚实的冰层仍然覆盖着海面，但由于夏季的温暖天气而变薄。海岸上分布着蓝绿色相交的柔和条带，十分醒目。在远离岸边的海域，海水深处是一片伸手不见五指的漆黑。冰层的底部伸出一个个圆隆的突起和形如钟乳石的结构，冰冷的海水中看不到有生物游动。温度极低的水中凝结出细小的冰碴，静静地悬浮着，如同一场不会落下的暴风雪。在更深处，阳光仍然可以照到 50 多米深的大陆架较浅的区域，但光线已经很昏暗。低温的海水宁静而清澈，看上去像空气一般。冰层下方很难出现影响生物活动的洋流，然而在海底，即便有洋流，也不会有生物遭到其惊扰。这里出奇的荒芜，几乎完全没有生物存活。不流动的海水中氧气匮乏，令生物难以生存。沉下来的藻类遗骸会被快速吃掉，吃它们的并不是食草或食腐动物，而是那些随处可见的喜欢无氧环境的硫磺细菌。在不流动的海水中，这些细菌的代谢废物近乎弥散地在水中漂动，腾起一片片硫氧化物的云雾，在局部地区形成团块状的高浓度硫酸。

在咸水河流经地区，氧气会在短时间内输入海底的小片地区。在那里，身长不足半厘米的纤小的幼年腕足类动物刚刚开始生长，将自己埋在海底沉积物当中。还有一些正在爬动的三叶虫，以及身体柔软的蠕虫一般的叶足类动物，踏上了短暂的海底冒险之旅。鱼类在浅海区域游来游去，其中还有一种长相奇特的鱼，没有颌部、甲片和鳍，是七鳃鳗的近亲。这种鱼成小群游动，仅靠背鳍和尾部附近的臀鳍引导方向。它们会下潜至水底捕食其他身体柔软的动物，之后拍动着鳗鱼一样的尾巴，再次回到浅水区域生活。对于人部分定栖生物来说，长时间处于布满淤泥的黑暗海底是会危及生存的。如果带着一个富含碳酸钙的外壳生活在强酸性的环境中，无异于将自己投入剧烈的化学反应之中。在宁静海水中的高浓度酸雾里，生活在深海的碳质外壳生物会被直接溶解。这就是为什么苏姆生物群相比其他类似的深海生物群有着更低的多样性。任何想在苏姆地区长时间生活的动物，要么需要一刻不停地游动，要么寻求其他途径。外形如蛤蜊的腕足类，其外壳的主要成分为磷酸钙，这意味着它们需要过搭车客一样的生活，必须附着在其他可以在苏姆地区腐蚀性弱的含氧浅层海域游动的动物的身体表面。

在冒着气泡的蓝色冰墙附近漂荡的，是长着 1 英尺长锥状壳的动物——直角石。腕足类附着在管虫的硬质外壳上生长一段时间后，便附着在直角石上生活。直角石属于头足类动物，和现代的鹦鹉螺是近亲，展示了将菊石或鹦鹉螺的盘曲螺壳拉直后的样子。一些体型庞大的直角石可以长到 5 米多长，但苏姆地区常见的种类个体偏小。它们的肉质腕足摆动着伸出壳外，硕大的眼睛观察着周围海水中的动静，依靠喷气式飞机一样的方式喷水前进。推动直角石前行的是位于壳体开口处的特殊管状器官，称为排水漏斗，由一圈呈波浪状收缩的肌肉构成。直角石通常情况下向前游动，但排水漏斗可以突然喷出一股水流，以强大的力量推动着流线型的螺壳快速向后行进，从细长的棕色海藻丛和像云雾一般散开的成群的甲壳动物之间穿过。

海蝎是一类猎食动物，体型相当小，长6英寸，长着较大的头部，挥动的钳形前肢的后面长着两排桨状的附肢，肾状的眼睛看上去十分机警。海蝎是古生代发展最为繁盛的动物之一，不过它们的发展要等到志留纪和泥盆纪早期才迎来鼎盛。一些类群将成为地球上曾经出现过的最大的节肢动物，比生活在苏姆地区的类型大十几倍。尽管它们不是真正的蝎子，但和蝎子的亲缘关系并不是很远。大部分海蝎的身体结构和蝎子很像，长着粗壮的身体和一条细长的尾部，尾部末端收缩成尖状——尽管没有像真正的蝎子那样长着一个毒蜇钩。六对附肢各有用途：一对较小的像钳子一样的螯肢用来抓取食物，其余五对用于走动。后期的海蝎的这些后侧附肢上长有粗糙的棘盘，在进食时可以抓牢猎物送往口器处，其口器也是由一部分附肢发展而来的。

用附肢充当颌部的现象在节肢动物中相当常见。节肢动物分节的头部和身体就像用途广泛的瑞士军刀，每一个体节上都长有灵活的分节的附肢，可以发展出各种迥异的功能。从发育角度来说，蜘蛛的毒牙是和昆虫的触角相同的结构。相当于昆虫口器部分的附肢，在蜘蛛身上则发展为前三对腿。苏姆地区特有的海蝎种类将最后一对附肢发展为适合游泳的桨状，从身体的侧方伸出，形状扁平，就像一条划艇的两支船桨。它们仍保留着一些原始的身体结构，小巧的爪状螯肢之前就没有桨状附肢了，这类动物也就因此而得名"爪翅鲨"。

爪翅鲨是苏姆地区最大的捕食动物之一，但就在这片海域中的某处，还有另一类神秘的猎食动物。实际上没有人真正见过这类动物，它本身没有直接的记录，只能靠其留下的痕迹推断其存在。仅有的证明其存在的线索是一些淤泥中的脱落物、分泌物和排泄物，排泄物内含有被嚼碎的残破甲壳和牙齿碎片。这清楚地表明，这类动物以捕食甲壳类以及生活在苏姆地区的另一种奇特生物——吉兆刺为食。

吉兆刺是一类被称为牙形刺的动物。牙形刺属于脊索动物，也就是说它和鱼类有亲缘关系。它们是地球上数量最多的动物类群之一，在寒武纪早期至三叠纪末期生活在世界的每一处角落。牙形刺的分布区域之集中，分布时间之连续，使其中各个种的生存时间记录异常明确。这就是古生物学上所说的"标志化石"，意思是它们可以用来确定相对应产地岩层的年代。上百年以来，牙形刺的唯一发现记录只有它们那神秘的牙齿。这些牙齿形如钉状的发簪，十分坚固，是这种柔软的鳗鱼一般的生物身体上唯一的硬体结构。既然这类动物的全貌已被知晓，它们就可以用作时间标度化石，其首次出现或末次出现的时间成为地质学家划分地质历史时期的明确标志。其中包括一些最高级别分期的划分。二叠纪开始和结束的时间都是以牙形刺特定种的首次出现为标志的。就像用皇帝年号对朝代进行划分一样，我们用这些动物对地质时代进行划分。

当1英尺长的吉兆刺在水中蜿蜒滑行时，我们看不出有任何吉兆会应验，但它的软组织信息是所有牙形刺中保留最全的。全世界只有两个地区发现了牙形刺肌肉组织和除牙齿以外其他部分的信息，一个是苏姆，另一个是苏格兰的石炭纪地层格兰顿施林普层。吉兆刺缓慢而有目的地游动，在寒冷的水中高效滑行着。吉兆刺的粉红色肌肉表明它是慢速游泳的动物，肌肉一直保持在工作状态，不停地游动。大多数鱼类的肌肉是白色的，它们是快速游泳的动物，肌肉不需要一直工作，但需要的时候能够快速做出动作。脊索动物使用的肌肉越多，对氧气的需求就越大。肌肉中含有大量的氧气输送蛋白，称为肌红蛋白。和血红蛋白的作用相似，肌红蛋白令使用率高的肌肉呈现出红色。鸡腿的颜色比鸡胸的颜色要深，因为鸡腿一整天都要维持鸡的站立，而鸡不会飞，也就几乎不使用胸肌。这也解释了为什么长时间奋力游泳的三文鱼长着深色的肌肉。吉兆刺只长着一种适合慢速游泳的肌纤维，呈 V 字形结构，效率很低，需要一刻不停地运动。苏姆的化石之所以能令我们得知如此详细的信息，是因为这里的化石保存状况十分反常。这里的硬体组织化石的保存状况极其糟糕，而肌肉的每一条纤维的形态却都保存了下来。

在苏姆的夏季，下沉的泥沙和藻类残骸如同雨点一般，为海底的化石形成提供了优异的化学条件。如果一条吉兆刺在冬季死亡，它的遗骸会沉到海底，被持续沉淀的来自冰川底部的黑色泥土覆盖并掩埋。遗骸会腐烂，牙齿也不知所踪，最后不会有任何东西保存下来。但在夏季，泥沙也会在海底沉积，但并不是所有的泥沙都会被浮游动物和消化有机物的细菌所侵蚀，泥沙会形成一道厚厚的浅色沉积层，混入其中的浮游生物残骸会进一步加固沉积层，这种每年形成一次的沉积条带叫"季候层"。保存于苏姆的这种双层结构的条带像是一份年历，是距今 4.4 亿年前的计年手段，和距今 120 万年前西欧最早的人类使用的日历有些许相似之处。

在酸环境下，吉兆刺的软骨质骨骼还是会分解，但其他的一些化学反应也产生着作用。当肌肉中的蛋白质开始分解，它们会释放出含氨和钾的化学物质。这些物质在单个沙粒之间溶解，同时与含铁矿物发生反应，形成富含伊利石的黏土。黏土最终被塑造成了肌纤维的形状，肌肉组织被矿物取代，形成了和本体相同的铸型。苏姆地区这种保存于黏土中的肌肉软组织铸型是很独特的，且极其精美，像是海洋生物跑到了陆地上，在冰川消退时追逐着融化的冰，这在一些保守的地质学家看来是有违常理的。

随着全球气候的回暖，苏姆地区尽管还有冰雪，但天气已十分温暖。此刻，冰雪消融的水顺着看不见也触摸不到的水道网络流入海中，注入大洋深处。随着冰川不断消退，海平面不断上升，像苏姆地区这样的地势较低处最先面临被淹没的命运。然而，全世界海平面上升的幅度并不平均。相比冰盖附近的海域，距离冰川最远的海面上升更快，上升幅度也更大。这种似乎矛盾的现象，是由冰期中冰川巨大的规模所致：冰帽[1]的体积巨大到足以产生吸引海水的引力，令海水无法靠自身重力下沉。一旦冰川融化，这种引力解除之后，这片海洋将变得更深。

当全球海平面上升时，之前被冰川覆盖的地区并不会被长时间淹没，这可能与人们的固有认识相反。在冰川消退的短时间内，海水可能会涌上陆地。但地壳的可塑性很强，水可能被风吹起，因潮汐影响而改道，还会在重力的牵引下运动。但这一切都发生在很短的生物存活的时间尺度中。地球本身的运动十分缓慢，板块以固有速率漂移、互相碰撞并隆起。地壳的厚度之薄超乎想象。在洋底，地壳的厚度仅有 5 千米，大约相当于地表至地心距离的 0.08%。地

1　又称冰穹，一种规模比大陆冰盖小但外形与其相似的覆盖型冰川。*

壳之下是流动的液体，地球就在这些液体上滑动，如同冰层在冰间湖上漂移。透过地壳向地幔中望去，我们的脚下出现了一个镜像世界。地表出现山峰处的地壳厚度会增加，向下突出，形成一座指向地心的倒置的山峰。洋盆向下塌陷的地方，熔岩就会上涌。喜马拉雅山脉地区是今天世界上地壳最厚的地方，厚度大约 70 千米，然而珠穆朗玛峰的海拔高度只有不到 9 千米。山之所以高，是由于它们深深地扎根于浓稠的地幔中。我们处于一片漂浮的陆地上，这片陆地大部分隐藏在地表之下。我们也仿佛是走在一座冰山上。

当大陆被冰川所覆盖，冰盖的重量会打破这一平衡，导致地壳发生变化。地壳被压迫着向地幔中下沉，好比一艘满载的货轮吃水会更深。当冰川消退，巨大的负荷被移除时，地壳会再次上升，这种反弹会持续数万年，令海岸线后退。最先发生冰川消融的苏姆地区还没有发生海退，但也迟早会发生。直到今天，地球上一些覆盖着更新世冰川的地区的地壳还在上升，尚未从冰河时期的负荷中解放出来。例如，大不列颠岛仍在近似沿着阿伯里斯特威斯与约克的连线发生倾斜，岛的北部每年上升大约 1 厘米，熔岩随之上涌，岛的南部则持续下沉。这个过程在未来还将持续数千年。

苏姆地区发生的现象被称为"不合常理的"，但并不是真的不符合自然规律。事实上，这些事件可以看作海底环境消失的结果。在奥陶纪晚期世界被冰雪覆盖之前，海平面的高度之高超乎想象。较浅的近海涌向内陆，淹没大片陆地，形成丰富多样的水域，这在地质历史上经常发生。冰川开始形成时需要大量的水源，海平面也急剧下降。原本的近海地区完全露出水面，成为绵延数十万平方千米的旱地，这一地区的生物都因缺水而死。在奥陶纪末期，这种地貌的形成是造成大灭绝的原因之一。相比之下，渐新世的南极冰川地区的近海数量很少，海平面下降所造成的损失也较小。

当环境变化时，通常最简单的应对方法是寻找适宜的条件，适宜的环境指标范围之内便是生态位。在海洋中，环境指标通常为温度、盐度，还有尤为重要的深度。当气候大规模变热或变冷，向北或向南迁移就可以找到更加适宜的居住条件。在奥陶纪晚期，赤道以南的几乎所有大陆都以南极点为中心，生物几乎不可能靠迁移来缓解温度的影响。冈瓦纳大陆的海岸线长达数万千米，但大部分都处于大约相同的纬度。当海水变冷，一只海洋无脊椎动物无法依靠向北迁移躲避袭来的寒潮，除非它能进入更深的海域生活。一旦海水变暖，它无法依靠向南迁移来维持生存，除非它能迁移到更浅的海域，但那样可能会面临海退导致的缺水而死亡。冈瓦纳大陆以外的陆块抗灾变的能力也不强，因为它们面积小，只有少数南北向的海岸线，不像那些渐新世时期具有南北向长轴的大陆。当冰川迅速扩张，随着冰盖的推挤和碾压，六分之五的物种的基础生态位都已荡然无存。

冰川破坏和侵蚀着过去数百万年里建立起来的地貌和生物群落，脆弱的岩石在冰川的面前不堪一击。但冰川也是无与伦比的地貌塑造者。无数吨冰块在地面上行进，所到之处留下难以磨灭的印记，包括平滑的摩擦条痕、宽阔的山谷以及起伏的鼓丘山。帕克海斯冰川将高地改造为群山环绕的峡谷，以及潮水翻腾的海湾，创造出新的地貌以取代之前的地貌。冰川地貌是一种在行星演化尺度下长时间存在的景观。在冰川景观中，冰的流动像水一样顺畅，包括在持续降水下由下垂的冰凌构成的布满缝隙的冰瀑，以及由冰层内部流速更快的冰体形成的冰河。在整个苏姆地区，冰川活动挤压着半岛海中的石英砂，令地面耸起一处处巨大的冰浪、冰碛、冰台和冰丘。

地表环境换了新颜。

从天空开始，空气层、水层、泥土层一层层堆叠下去，来自山地的沙土沉入海中，覆盖在冬季形成的软泥上，形成了一层浅色的夏季泥层。这个过程令海洋中呈现出一派繁荣景象，令苏姆地区生机盎然，同时也将死亡生物的记录保留下来。冰川的消退使这个地区一下子成了世间天堂，体现出一种强大的改变力量，在这种力量之下一切都会彻底改变。在几个世纪以来描写山川的诗篇中，冰川都是不屈不挠和坚定不移的象征，它们迅捷而又喧闹，频繁地翻动和弯折着地表，既是岩层的破坏者也是制造者。河流在不可思议的地方流动着，在这里，气中有气，冰中有冰，水中有水。物质之间的边界似乎模糊不清，沙土转变为冰、河流和泥流，岩石转变为粉砂、风和浮冰，将荒芜大陆上不会有的生命力注入海中，形成季节性繁荣的生物群。在苏姆地区，甚至生物保存为化石的情况都和通常相反。柔软的肌肉和鳃的保存程度令人叹为观止，而坚硬的外壳和软骨却溶解殆尽，在它们消失后，我们只能依靠保留的印模来得知其形状。这个生物群落的遗体保存在淤泥中，而它们生前从未在淤泥中生活过。可谓万千生物都化作了土。熔岩在地球这个大土罐中"咕噜噜"地流淌翻涌，令冰雪覆盖的非洲大陆略微抬升。冰川的重压已经卸去。有朝一日，这片陆地将跃然于海上。

第 15 章
消 费

中国云南澄江

寒武纪，5.2 亿年前

再想想大海中无处不在的自相残杀吧，

所有那些互相捕杀、彼此为食的动物，

进行着自创世之初便开启的无穷无尽的战争。

———

赫尔曼·梅尔维尔 | 《白鲸》

你应该休息下眼睛，不要再张望；以后还有很多个夜晚，探矿者，

你需要它们。

———

莎拉·威廉姆斯 | 《老天文学家》

大全齿虫

空气闷热，太阳炙烤着大地，这个时候的地球上几乎没有哪块陆地和现在一样。地表像砂纸一样粗糙，仅生活在地面最表层几毫米厚区域的微生物令地表呈酸性，产生贫瘠的近似土壤的成分。浪花翻腾的海洋中较为凉爽，但也仅仅是相对而言。大气中的二氧化碳浓度可达千分之四，是现代水平的 10 倍，氧气含量稍低，空气的新鲜程度相当于水下航行中的潜水艇内的水平。在纬度相当于今天的洪都拉斯或也门的地区，海水的表面温度甚至比今天红海地区的常见气温（约 35 度）还要高好几度。当太阳照耀着清早的海面，没有任何树荫的陆地上荒芜而干旱，荒漠中吹起一阵卷着沙子的热风，猛烈地刮过光秃秃的岩石。

这个时期在澄江地区的南面，冈瓦纳大陆隆起了纬度位于南极的山脉，但气候处于温带，此时海平面相对较高，很少有陆地部分大幅高出海面。在这个极端炎热的时期，全球海平面比现代高出 50 米，世界大部分大陆都淹没在波涛之下。澄江地区位于冈瓦纳大陆干旱的赤道地区与多雨的南部地区交界处，在一片被海水淹没的大陆架上。整个北半球几乎没有陆地，取而代之的是巨大的环状洋流，在没有大陆阻挡的情况下绕北极猛烈旋转着。一条热带风暴带沿着孤立的西伯利亚和劳伦陆块的北部海岸肆虐。就在这片纷乱世界的几乎另一端，澄江地区此时正天气晴朗，炎热似火。沿海的空气潮湿闷热，没有任何生物会选择逗留在水面之上，而都会选择藏在水中。

在海下，如陆地上一般的了无生气会令人发疯。沉积物翻动着，密密麻麻地布满了虫洞。海面上翻腾的海浪不时投下阴影，海底的泥沙被轻柔地来回拨弄，留下波纹。海浪能对海底造成影响的深度叫"浪基面"，浪基面以下的海底是平坦的，只会被虫洞破坏。浪基面以上的海底呈波纹状，还会受到海风的影响。在风暴中，海浪会变得更强也更长，浪基面也更深，不受海浪影响的海底区域向远海退缩。就在这样一个晴天与风暴天气下的不同浪基面之间的区域中，时而宁静时而感受海浪的震荡，最著名的寒武纪生态系统——澄江生物群便在这一地区发展至鼎盛。

始莱德利基虫在海底飞快地爬行，捕食着其他的小型甲壳动物，但这里还生活着更大型的捕食者。奥代雷虫是 6 英尺长的甲壳动物，肥胖的身体上长着 90 条腿和庞大的眼睛。它从水底跃起，快速爬过一块岩石，身体掉转 180 度向身后的方向游去。它三叉形的尾部起到舵的作用，令身体在游泳时保持稳定，就像飞机的尾翼。西德尼虫是一类外形像扁平的龙虾的甲壳动物，一动不动地在海底潜伏着，钳形的螯肢和强大的颌部可以刺穿腹足类和三叶虫等动物的外壳。抚仙湖虫像是一只长着茎状眼睛和蠼螋尾部的潮虫，行走时身体来回扭动。

杂乱地分布在海底的洞是阴茎虫的巢穴入口，这种动物因其外形而得名，它的近亲是长着甲壳的古蠕虫类（以马房古蠕虫为代表）。这种动物在这片海底随处可见，它们用长有尖刺的头部从沉积物中钻出来，身体像蛇一样扭动着前行。这种蠕虫所挖掘的洞穴长度为自身体长的将近 2 倍，用尾部的钩将身体固定在洞壁上。它们会分泌出一种液体，渗入周围的洞壁中，使构成巢穴的沉积物更加牢固，形成一种疏松的白垩质。这些洞穴不会朝纵深方向延伸，因为古蠕虫只挖掘水平方向的洞穴。

沙子的表层被大量海绵占据，它们长成五颜六色的管状、绳状和蘑菇状，以过滤海水中的微生物为食。在海绵的周围是固着生活的腕足类，像蛤蜊一样的外壳不断开闭着，在海水中滤食，还有一种长着羽毛状触手的早期海葵——先光海葵。这是一片动物的草场，生活着美丽而神秘的固着动物足柄虫，它们伸展开来的身体就像绽放的菊花一般。这些动物的排布有时候十分复杂。这里最常见的一类腕足类叫滇东贝，其他更小型的动物经常附着在滇东贝表面生活。固着生活的腕足类龙潭贝和形似海葵的原始管虫牢牢地吸附在滇东贝的表面，随着宿主滤食时壳体的开闭而欢快地上下起舞。在它们周围，成群结队的甲壳动物在挖洞、爬行和游泳。

寒武纪大爆发一直以来都被形容成一次突发性事件，所有门一级的分类单元在不超过 2000 万年的时间里相继起源，几乎可以看作是同时出现。这样的描述可能过于简单了，但神奇的是，在澄江以及另一个年代较晚但更为著名的寒武纪生物群，即位于万里之外的加拿大布尔吉斯页岩生物群当中，所有现代门一级分类群即现代生物多样性最基础的单元都已经出现。现代动物中的每一个门都可以溯源到寒武纪或可能更早的时代。被划入同一个门的动物必须具有相同的基本身体构造。脊索动物的身体构造中包括一条沿背部延伸的硬质棒状结构（脊椎动物的身体则有骨骼或软骨支撑的脊柱），以及成为一节一节的 V 字形肌肉。水母和珊瑚等腔肠动物的身体外围是由单层细胞构成的厚层组织，这些细胞之中分布着腔肠动物标志性的捕猎细胞，每一条触手上都长着一根细小的毒刺。节肢动物的身体包裹在甲片中，腿的部分为关联在一起的节。其他动物依此类推。

现如今，属于不同门的动物彼此间的亲缘关系非常远。在最基础的层次上，不同门的动物在发育方面有一些相似之处，如常用的实验动物果蝇和人类在器官形成的基础层次上，二者的相似性尤为明显。例如，在人类和果蝇的胚胎中，决定身体前后轴线方向的基因是相同的。这些基因令每一个细胞向着其应有的发育方向发生改变，复杂的基因组合协同运作，决定着器官或组织的既定生成过程。尽管与人类的关系比与果蝇的关系更近的物种多达数十万，与果蝇的关系比与人类的关系更近的物种多达数百万，但发育规律的相似性始终存在。

生命经常被描绘为一棵树，笔直的树干代表原始的生物类型，随着进一步的发展而不断分为主枝、分枝和小枝，分别代表门、科和种等分类单元。从这些小枝的顶端向下追溯，你会发现各个分枝集合到一处。衡量两个小枝顶端之间的距离，可能是评估两个种之间亲缘关系的一条途径：距离越短，亲缘关系越近。在澄江生物群中，我们对动物之间距离和亲缘关系的概念在非常基础的层次上已经开始模糊不清。将现代生物与其相对应的同类型古代生物对比会引发问题，因为会受到时间的影响。澄江地区共发现了将近200种生物，但以脊椎动物中心论的观点来看，这里最重要的是一种身体扁平的动物，体长只有几厘米，形状像狭长的水滴或是落叶，尾端长有一圈花边般的飘摆的鳍。这就是海口鱼，是鱼类最早祖先的候选者之一，是脊椎动物最早的明确亲属。尽管缺少脊椎，但它长有脊索，这是所有脊索动物背部都会生长的标志性硬质棒状物。随着时间的推移，海口鱼的亲属会长出软骨质和骨质的脊椎。海口鱼除尾部之外全身无鳍，在水中盘曲地滑行。在海底快速爬行的，是古生代最耀眼的明星动物——三叶虫。它们的身体由三个从前向后延伸的片状部分即"叶"组成，也因此而得名。可能它们的魅力就来源于其时尚的造型——三叶虫通常长有与众不同的绚丽棘刺，这些棘刺似乎只是为了装饰，没有其他作用。坚硬的外壳令它们的整个身体经常完整地保存下来，看上去就像随时都会动起来。从它们被发现时的姿态也能轻易推断出其生前习性，据推测它们像潮虫一样爬行，也会排成整齐的队列行进，以抵御水流冲击。三叶虫最受欢迎的地方可能是英国米德兰兹郡的达德利。在那里，挖掘志留纪石灰岩的矿工经常能挖出三叶虫化石，它们在当地备受喜爱，被称为"达德利虫"，已经成为这个小镇的象征。据民间资料记载，19世纪中叶出产达德利虫的矿区曾举办过一次相关主题的公开讲座，吸引了15000人前来。在现今的美国犹他州，之前生活在这里的尤特人将寒武纪时期的三叶虫化石当作宝石以及治疗兔热病的药物。在欧洲，已发现最早的三叶虫化石首饰可追溯到15000年前，一度为更新世的人类所佩戴。

早在形成化石的很久之前，三叶虫生活在柔和的海浪中，腿不停地摆动，身体不断地翻滚。宽眼距的小型三叶虫始莱德利基虫是这里的常见属，头甲形如新月，一层层密密连结而成的胸甲每一节的侧面都伸出细小的棘刺，两侧的棘刺排列为帘幕状。尽管体长仅1英寸，但它们在细小而行动迅速的云南头虫面前已经是庞然大物了，云南头虫的体型仅有始莱德利基虫的六分之一。三叶虫是典型的节肢动物，身体匀称的分节方式和潮虫并无不同，每一节长有一对腿和一对鳃。

在分类学定义上，三叶虫和果蝇的最近共同祖先是最早的节肢动物。同理，海口鱼和人类的最近共同祖先是最早的脊索动物。由此得出结论，海口鱼和人类、始莱德利基虫和果蝇分别构成两对分支，每对分支中两个物种彼此之间的亲缘关系，比各自分别和另外两个物种的关系更近，实际上生物的亲缘关系通常也是如此表示。但时间也是重要因素：一个生物支系的基因突变会不断积累，尽管突变的速率会有略微的变化，但和支系延续的时间总体来说是呈一定比例的。

从上述四个物种最近共同祖先生活的时代，一直到始莱德利基虫和海口鱼生活的澄江生物群时代，时间跨度要远小于人类和果蝇全部与该共同祖先分异所花的时间。实际上，在演化进程中，始莱德利基虫和海口鱼分异的时间比始莱德利基虫与果蝇这两类节肢动物分异的时间要短，也比海口鱼和人类这两类脊索动物分异的时间要短。

如此说来，尽管我们人类与海口鱼在身体结构上有关键性的相似之处，包括沿背部延伸的起支撑作用的棒状结构，感觉器官与大脑的内部保护结构以及分节的 V 字形肌肉，但从演化时间上看，早期节肢动物和早期脊椎动物之间相比袋鼠和人类要更近，澄江生物群中各个门之间的相似度比起日后要大。

这又引发了一个重要的问题。如果始莱德利基虫和海口鱼的分异时间比袋鼠和人类的分异时间要短，为什么它们的身体结构如此迥异？相比这两种哺乳动物相对较高的相似度，始莱德利基虫和海口鱼之间为何出现了这种根本性的差别？ 1 亿年是一段漫长的时间，但出乎意料的是，这段时间并非无法逾越。现今的俄罗斯鲟和美国白鲟这两种鱼类，在 1.5 亿年前便分别走向了各自的演化历程，但二者仍可以交配产生可育后代。是什么使寒武纪的各个门之间出现了如此大的差异？不同动物身体的基本结构形式在同一时间全部出现，这又是为什么?

没有人能给出明确答案,但有两种答案可以作为参考。第一种答案深入涉及动物自身的内部结构。在寒武纪及更早的时期,从受精卵到胚胎、动物体等各发育阶段的划分并不是那么明确。如果是这样的话,组织本身及其排布情况发生根本变化时,造成的平均损害程度要更小。然而发育过程一旦确定下来,便很难再发生根本性的改变。这就好比在一台电脑运行时,修改某一应用程度的代码相对简单,且不容易妨碍整台电脑的运行,但将操作系统中的一行命令加以编辑可能就会引发问题。而自然选择的结果会令生物产生一种修复机制,使其基本内部结构不会(或至少可能性极小)发生大的损害。在这种观点之下,今天之所以不会再产生新的门,是因为现今生物身体结构的复杂程度远非其生活在寒武纪及前寒武纪的祖先类型可比。今天的演化只能在过往既定的规则中进行。

另一种答案则着眼于外界,指出生物新的身体基本结构形式在今天是否出现并不取决于其本身,而是受到其他生物产生的影响。在这种观点之下,寒武纪的世界对生物来说有太多有待开辟的领域,这里的生态系统简单,可占据的位置和可以进行的生活方式较少。门的产生被形容为"装桶"模式。一个生态系统中生物基本位置的建立,就如同向一个桶内装大块的石头。今天,如果一个新的身体基本结构形式产生,拥有这种结构的生物就必须与其他生物争夺某一生态位,而其对手已经演化出对相应生态位高度适应的能力,这是阻碍全新生物类型出现的天然屏障。演化进程会令生态系统变得更和谐也更复杂,生态位分得越来越细,就好比桶内不再放入大的石块,而是向石块之间的缝隙内填入鹅卵石和沙子,在已有的结构之上产生结构。

在澄江生物群，上述结构中最早的一部分——复杂的食物网开始建立起来。这一过程发生于早期两侧对称动物对海洋世界的占领时期，这一类动物的身体具有左右对称的两部分和更加复杂的内部组织结构。两侧对称动物的基础身体模式是一条蠕虫的结构。在这个基础模式上会发生许多变化。一些动物长出了鳍，使身体呈流线型，有利于在水中活动，如海口鱼。另一些动物，如节肢动物，长出了可以在海底爬行的腿，还有的动物身体上长出了甲片，这些变化都将基本的蠕虫身体模式改造为更复杂的形态。尤其是三叶虫，长出了不易破坏的坚硬外壳。澄江生物群中的大部分动物都发展出钙化的外壳，相比昆虫的几丁质外壳，更接近螃蟹和龙虾的高级防护性外壳，并且长有布满矿晶般晶状体的可旋转的眼睛。它们就像移动的堡垒，希望能躲避敌人的捕食，或者可能也希望靠自己的力量捕捉一些猎物。甚至可以说，在早期两侧对称动物的时代，是一个蠕虫捕食蠕虫的世界。

　　和平安宁的前寒武纪天堂结束了，军备竞赛已经开始。澄江生物群生活的地方在寒武纪之前还是一处相对平静的海底，只有一些多细胞生物生活在海底的表面。没有生物钻入泥沙深处，也没有生物从上方的水中欢快地迅速游过。这是一个滤食动物生活的世界，动物们在水中漂游时安静地取食着水中的残渣和浮游生物，或是在微生物菌群中慢悠悠地进食。就在这样一个相对稳定的环境中，有些动物开始四处搜寻食物。它们变得更像"动物"了，捕食动物诞生了。

　　尽管以其他生物为食的生物的已知化石记录出自寒武纪之前的时代，但只有当捕食者－猎物关系网分布得足够广泛，构成足够复杂和清晰，便于人们研究时，这样的记录才会出现。在很短的时间里，能量不再简单地从生产者传递到消费者，再直接传递到分解者。消费者本身也会成为其他生物的食物。动物们采取全套的策略来避免这样的厄运，包括具有防御或威慑作用的外壳，能快速探知捕食者和猎物的眼睛和其他感觉器官，以及利于捕食和逃亡的快速行动能力。动物们之间的军备竞赛就这样开始了。令人惊奇的是，这些最早的食物网的构成和今天非常相似，都是从最底部开始形成。

食物网的结构可以想象为一副攀爬网绳。各个物种相当于结绳点，物种之间的相互关系（等级较高的生物以等级较低的生物为食）就是连结各点的绳子。寒武纪时期，一些捕食者 - 猎物关系还不是很明确，食物链往往要长一些，但基本原理都是相同的。生物之间发生的作用都遵循相同的能量流动法则，这也是决定风险概率的法则，是宇宙中的基本数学原理。自食物网形成伊始，其中各个生物的位置便已经确定。这种由各个生物群落组成的生态结构在 5 亿多年的时间里几乎没有大的改变，仅仅在漫长的时间里出现一些局部调整。

寒武纪时期食物链的底端是在阳光下如同尘埃般漂浮的浮游生物。成群的浮游藻类如同水中的一片云雾，它们是植物的祖先，像细菌一样，自身通过光能和化学合成作用生产食物。藻类死亡后分解，其残骸被以沉积物为食的动物吃掉，如寒武纪时期唯一可能过着植食生活的动物威瓦西亚虫。随着大量的有机分子溶解在海水中，一处生态系统的建立便获得了所需的原料。在任何地方，构成所有生物身体的每一个原子都要从所处食物网最底端的初级生产者处获取，而这些原子又是生产者从其自身所处环境中的空气、水和岩石所含的化学成分中获取的。最终，所有生物都是由地球上的矿物组成的。当然，在现代，我们的食物网已遍布全世界。一个人在伦敦喝着茶、吃着巧克力饼干时，吃进去的可能是分别来自好几个大陆的经过数十亿年风吹雨淋的化学原子。印度茶树所吸收的离子是在前寒武纪冈瓦纳大陆的片麻岩中形成的，在始新世的大陆碰撞中被抛到陡峭的山坡上。 小麦吸收的原子来源于冰川活动改造后的土壤中，小麦磨成面粉的过程与冰川重塑泥土的活动如出一辙。科特迪瓦的可可豆生长所吸收的养分，包括自古新世的沉积岩中便已形成，此后在雨林土壤中不断循环的磷酸盐，而这些磷酸盐又产生于远古时期西非地质中心的花岗岩、石英岩和片岩基岩，在澄江生物群的时代，这些基岩可能已经在地面之下潜伏了 30 亿年。

一个非常流行的说法是：据统计，现代人呼吸的空气中含有当年莎士比亚呼出的原子，也有其他与此类似的表述。试想一下，你的身体组织不断更新时所补充的原子可能来自过去，来自一座曾经位于海底的山地的一部分，还有比这更令人心满意足的事吗？自然界的矿物进行着长距离的输送，例如亚马孙盆地的矿物因河水冲刷而流失，要依靠每年从撒哈拉沙漠吹来的风沙进行补充，这是事实。而在自然界中，绝大多数情况下，如果没有现在这些丰富的生物群落所维持的世界范围内的大量物质流通，大部分食物链的存在将仅限于局部地区。澄江生物群也不例外。

在澄江地区平缓波动的洋流中，微小的浮游动物不费吹灰之力地自在漂流着，吃着浮游藻类和细菌。形如丝瓜络的海绵滤食着浮游生物，像虾一样快速爬动的加拿大虫搅拌着淤泥，作为自己的食物。阴茎虫从巢穴中钻出来，搜寻着残渣，运气好的话能吃到尸体。在上方的水域，奇虾张开口器向下俯冲，对猎物展开袭击。

在海底蜿蜒爬行的是一只叶足动物，像蚯蚓一样长着圆柱形的、分作柔软圆环状体节的细长身体。这种动物共有 7 对柔软灵活的足部，这些足部末端为爪状，依靠静水压力驱动。它的背上长有一排长长的、有点像鱼鳞的棘。这种诡异的生物令人隐约觉得是一种外星生物，被命名为"怪诞虫"。与怪诞虫亲缘关系最近的现代生物，是神秘的有着另类之美的天鹅绒虫。天鹅绒虫看上去像一只长腿的蛞蝓，但它的身体比蛞蝓更干，倒像一件湿漉漉的伸缩玩具，它们生活在森林的地面腐殖土中。今天的天鹅绒虫能够大力喷射出一股浓稠的黏液，以此捕捉昆虫，但生活在海底的怪诞虫及其叶足类亲属之中的大部分以啃食海绵为生。

早期叶足动物的特征组合杂乱，令它们在生命演化树上的位置很难确定。怪诞虫消化道的第一部分，即咽中长有一排牙齿，看上去像是很普通的节肢动物，它们的下消化系统可以分解海绵，非常类似于甲壳动物。大网虫和尖山叶足虫是两类猎食叶足动物，深层消化道的形态可以用来区分这两类动物，即进食方式决定身份。叶足类的每一对足之间分布着8~9对盲囊，这些盲囊由助消化道中延伸出来，起到某种简单腺体的作用，用来将吃下去的尸体或尸体残渣分解，甲壳类及其亲属可能就是依靠这种生理策略走向了繁荣的发展。但怪诞虫以及其他猎食叶足动物的肉质体节上长出了其他结构。为了发现猎物以及警惕天敌的捕食，它们像许多一同生活在寒武纪的动物一样，演化出了对当时的动物而言既特殊又具有革新意义的能力——它们可以探测并利用电磁辐射。最早的眼睛出现了。

对生物而言，这个世界充满了信息，而其中只有部分信息是有用的。生物的所有行为都是基于对这些信息的感知和反馈——能够对所处环境中的新变化做出适当的反馈，就会存活得更长久。最简单的感知能力是化学感知，即对周围分子的探测。这包括细菌的基本化学感知能力，它们可以感受到食物密集程度的变化，并向着最密集的方向移动——就像通过感知地面倾斜程度爬山一样。动物的味觉和嗅觉同样是化学感知，大部分动物可以探知盐度、酸度以及其他重要的化学环境指标。然而，探知局部化学环境的仅仅是一种感官。磁场、重力方向和温度全都可以帮助动物辨别位置和方向，令其做出适当的反馈。这些感官形成的时间很久远，可以追溯到数十亿年前。在那段时期中，生物很早就能够感知光，但光的唯一用处是作为蓝藻和其他光合作用生物的能量来源。然而随着高速移动生物的出现，改变栖息地位置或缓慢迁移已不足以维持生存，此时光变得尤为重要，它不仅是能量来源，而且是信息来源。

人们很容易觉得这项能力不过是很平常的，这可能也是因为这项能力太过重要，所有的多细胞生物或多或少都具备一些。植物可以探测到光波，向光生长，但它们的活动极其缓慢，不需要专门的器官来重点感光，只需要知道哪里有光即可。当动物拥有更强的活动能力时，它们需要更迅速的反应，不同的电磁波构成波谱，很多动物利用由其他物体反射而来的特定波长的电磁波来感知环境。尤其是怪诞虫，已经长出了与其他早期节肢动物及其亲属相类似的眼睛，但怪诞虫的眼睛有着本质上的不同，其中许多与视觉相关的功能是这个类群独立演化出来的。

三叶虫的眼睛更加令人印象深刻。它们的眼睛和其他节肢动物一样是复眼，分成一个个晶状体，每个直径0.1毫米，这些晶状体按一定的顺序聚合在一起，各自朝着不同的方向。这使得三叶虫看到的世界是一幅拼合起来的清晰图像。这些晶状体由方解石构成，光可以透过这种透明的矿物清晰地成像。脊椎动物眼睛中的晶状体需要肌肉来进行对焦，通过晶状体的前后移动和弯曲变形，我们无论距离物体多远都能看到清晰的图像。但这种调节功能并不完善，我们一次只能看到一个特定距离之外的物体的清晰图像。当你将手放在自己面前端详，你能看清楚手的时候便看不清远处墙上的画。然而，三叶虫的眼睛具有双聚焦的功能，这种视觉器官至少在晚寒武世便已出现，其中的晶状体由具有不同直射率的两种物质构成。这使得它们可以同时对漂浮在几毫米之外的微小物体及理论上无限远处的物体同时聚焦，而不需要调节，很少有动物演化出了这样的能力。澄江生物群中的大部分动物具有发达的视力，甚至具有能够处理信息的更加发达的大脑。在寒武纪时期，促使动物视力变得发达的选择压力必然是巨大的。

可能压力来自澄江地区专门以捕猎为生的顶级猎食者。其中一类名叫全齿虫，令人毛骨悚然的名字暗示了这种独特蠕虫的捕猎天性。一些研究全齿虫的学者将其比作电影《星球大战》中生活在沙漠的体型大得惊人的肉食性蠕虫沙拉克。现实中的全齿虫体长 1.5 米左右，和滑雪板一样宽，身体扁平，是节肢动物的古代亲属，可能和所有现代节肢动物的亲缘关系都很远。全齿虫用 24 条肉质足在海底爬行，圆形的口器形如钉头锤，长着多达 16 根手指饼干形状的棘刺，遮盖着口腔。当全齿虫饥饿时，这些具有保护功能的棘刺像照相机的快门一样打开，露出真正的口腔。多达 6 圈螺旋状排列的牙齿沿着它的口腔向消化系统分布，每圈有 6 枚牙齿。

澄江生物群的另一类顶级猎食者，是所谓的"大附肢类"节肢动物。它们长着伞菌形的茎状眼睛，龙虾般的甲片向两边展开，宛如一对对翅膀，它们还长着海豚般流线型的身体、喇叭状的尾巴以及无甲覆盖的附肢，实在是奇形怪状的动物。大附肢类节肢动物并不只有一种，但它们的口腔前方都长有发达的尖状毒牙，像手指一样灵活，用于捕捉猎物。以大附肢类节肢动物大脑的关联情况作为参考，这些毒牙可能和生活在赖尼的小型角怖类猎食动物，或是在苏姆的海洋中滑行的海蝎带尖牙的螯肢属于同源结构，即相同器官的不同变形结构。奇虾是最著名的大附肢类节肢动物之一，和叶足类一样有着甲壳动物那样的消化系统，从而成为另一种四不像式的生物。澄江生物群中的奇虾身长可达 2 米，相比之下，几乎其他所有本地生态系统中的生物都成了小不点。

　　即便是早期的动物，也会表现出现代动物所具有的行为。一些小型的节肢动物快速爬过淤泥，每一只都长着两瓣凸隆的外壳，由正中间的缝隙一分为二。每一瓣外壳的形状如同接近满盈的月亮，又像是饱满的豆荚。这些动物长着 7 对足，在行走时呈波纹状翻动，它们在这片海域随处可见，数量占整个群落的四分之三。杜氏昆明虫的每一只足上长有一个次级结构，是相当于鳃的器官。而雌性杜氏昆明虫展现出了演化上的革新，最后 3 对足上附着有直径不超过0.2 毫米的卵。每条雌虫可携带大约 80 枚卵，将卵置于坚硬的外壳下加以保护。昆明虫在卵孵化之前将一直对卵进行看护，在生物演化历史中，它是最早出现这种行为的动物之一。抚仙湖虫是另一种被认为有抚育行为的动物。曾有一只成年抚仙湖虫和四只年龄相同的幼虫的化石一同被发现，这在化石记录中是亲代在子代出生后还一直对其进行抚育的最早案例。这些生物都有一个共同点：它们很少会繁殖出体型大的子代。对繁殖方式的选择就像掷硬币，地球上任何一种生物在这个问题上都只能二选一。

　　生物能用于繁殖的能量是有限的，但在演化的角度上，能量分配的前提是避免自身走向灭亡。在将所有能量用于一次性繁殖并在繁殖过程中死亡，和将所有能量用于生存而完全不进行繁殖这两种极端情况下，生物必须寻找到平衡点。不同生物之间能量的最优分配方案和繁殖的时机迥然不同，同时也取决于一些重要的因素。死亡一直都是无法阻挡的事件。如果某个物种的成年个体具有很高的死亡率，从演化上来说，它们要尽可能早地完成繁殖，以免在繁殖前夭亡。如果一个物种的成年个体死亡率低于幼年个体，那么它们一旦成年就会有较长的预期寿命，终其一生可能会留下较多的后代。若亲代能繁殖多次，每一次都理当有很大的投入，令后代度过危机四伏的幼年阶段的机会最大化。种群密度、食物资源和季节变化等其他因素都会影响死亡率，令情况变得更加复杂。然而通常来说，由幼年生长为成体的时间长、产生后代少的物种（如人类以及昆明虫和抚仙湖虫），在幼年阶段都有较高的死亡率，通过投入大量精力来抚育每一个后代，可以对上述情况进行补偿。如果成体一次繁殖只产生较少后代，那么成体自身的较高存活率可以弥补这种"鸡蛋放在同一个篮子里"的风险。即便在某一次繁殖中产生的后代没有存活，日后也还能繁殖出更多的后代。

这种将"以质量战胜数量"作为繁殖策略的尝试，令寒武纪动物群保持了长时间的稳定。即便海底生物群落定期遭到风暴的局部破坏，也能够恢复如初。历经生物大爆发这一天翻地覆的变化相当长时间之后，澄江地区的生态环境依然保持着足够的稳定性和可预测性。这种一次产生较少数量后代为繁殖策略的赌博，在自然选择的力量面前并没有失败。

在澄江的沿海地区，此时可能还没有任何生物来记录岁月的变迁，这里没有花朵，没有落叶，没有虫群的飞舞，但这里的陆地仍然分为两个季节——雨季和旱季。尽管在两个季节中都有丰富的生物群落存在，但没有任何旱季的化石保存下来。古生物的核心本身就是一个大的悖论，即我们对生命的了解实际上全部来自死亡。化石保存的地方可能展示着死亡发生时的环境，或者说是一个生命停止呼吸的场所。遗迹化石是定格了的生物行为，令我们能最近距离地观察生命。但通常情况下都没有与遗迹相对应的实体被发现，对遗迹的研究只能靠推测。我们已经知道，不同的环境可以改变生物遗体保存为化石的可能性，但石化过程也受到时间和空间的影响。在旱季，淡水水流缓慢，陆架区域的盐度较高，遗体腐败速率较快。在暴风雨肆虐的雨季，海浪冲上岸边，河水令部分海域的盐度下降，沉积物被冲散后又重组为一种暴风雨天气形成的特殊结构，称作风暴岩。遗骸只有沉到海底并被陆源硅酸盐覆盖之后才能被掩埋起来。在沉积物黏土质的底部，铁元素含量高，碳元素含量低，嗜矿物细菌进入被掩埋的遗体内食用铁元素，将肌肉和其他软组织转化为黄铁矿，仿佛是接受了点石成金的驴耳朵国王弥达斯[1]的触摸。

寒武纪大爆发是地球沉寂了40亿年后才发生的大规模生物爆发事件，这样一种认识从某种程度来说是个错觉，是由寒武纪动物标志性的硬体组织引起的。口器、外骨骼和含矿物质的眼睛在化石记录中的保存完好程度，要远远超过肌肉或神经组织。人们认为这些硬体组织是对全新的弱肉强食的世界的适应：寒武纪是多细胞生物真正靠自身获取食物的时代。这个世界中的生存压力令狩猎和躲避敌人的能力发展得越来越精湛。这是我们今天所见到的遍布着血盆大口和凶残利爪的生态系统起源的关键性发展，但寒武纪大爆发并非开端。在两侧对称动物以猛烈的势头冲上舞台之前，在竞争与混

1　希腊神话中的佛律癸亚国王，酒神狄俄尼索斯赋予了他点石成金的本领。*

乱、无数已知和未知生物的崛起和衰落之前，还有另一个多细胞生物群落。一些羽毛状的动物固着在澄江地区的海底，春光虫在水流中轻轻地飘摆，它们是一个更加和平的时代隐生宙所遗留下来的居民，是动物中的旁观者。此次的旅行还剩下最后一站，那里是暴风雨前的宁静。

第 16 章
浮 现

澳大利亚埃迪卡拉山

埃迪卡拉纪，5.5 亿年前

这是你自己创造的世界，如今你必须活在其中。

——

妮娜 · 西蒙

正是这无名平原的一角，霍奇将要长眠，永不离开；

他将长成一棵南方的大树，

带着北方质朴的头脑、胸怀，

任凭星星闪烁陌生的眼睛，

把他的命运永远主宰。

——

托马斯 · 哈代 |《鼓手霍奇》

枝沙蚕

站在南澳大利亚最大城市阿德莱德的中心向北望：在正午阳光的照耀下，一条公路起自阿德莱德和奥古斯塔港，穿过世界上最古老的连续山脉之一弗林德斯山脉，到达位于这个"阳光炙烤下的国家"中部的广大沙漠地带。沿途一直走下去，这条路会逐渐变为一条尘土飞扬的僻静小路，途中经过的是鸸鹋和袋鼠的乐土、干旱的桉树灌木林地，以及位于辛普森沙漠中世界上最长的沙丘。这片土地甚至比弗林德斯山脉更加古老，是澳大利亚克拉通（即古陆核）的一部分，该地区的矿物质从数十亿年前便开始堆积成矿石。这条路在盛产金属矿藏的伊萨山地区向西转弯，最终抵达北部最大的城市达尔文市。

　　穿越生命历史的旅程有时候看来超乎想象的漫长。做个形象的比喻，所有在这个星球上出现过的生物都可以追溯至同一个祖先物种，称为"最后普遍共同祖先"（简称 LUCA[1]），我们不妨在想象中以达尔文市代表这个 LUCA 所生活的时代，以阿德莱德市中心代表现代。这条路穿过弗林德斯山脉，每 1 毫米代表 1 年；这条回溯澳大利亚地质历史的路途总长度为 3500 千米，每 1 千米代表 100 万年。

1　最后普遍共同祖先英文为 Last Universal Common Ancestor，首字母缩写即 LUCA。*

只要在这条路上迈出一步，我们就回到了欧洲人殖民之前的时代。只需要沿路走 17 米，我们就回到了更新世，当时北半球有猛犸象草原，在澳大利亚与人类一同生活的是体型如牛的袋熊、巨大的蟒蛇以及一种会爬树的外形像猫的动物，长着锋利的刀刃状前臼齿，它是考拉的近亲——袋狮。当我们离开市区，就已经回到了人类在澳大利亚出现之前的时代。当我们经过市郊，走出马拉松长跑的全程距离时，就已经回到了始新世。当时有袋动物的分布区域极广，从澳大利亚的茂密丛林经过南极大陆一直到南美，皆是它们的踪迹。前方还有漫漫长路。

于是我们继续前行，随着成百上千万年的回溯，路两边地球历史的影像一直倒放。澳大利亚克拉通在地球上漂移着，与其他陆块接触并融为一体，澳大利亚周边的海平面不断上涨又回落，大陆上的生物不断崛起又衰亡，一切以倒放的形式变化着，直到生命离开陆地，回到了海水中。经过为期两周的徒步旅行，我们沿路走了 550 千米，也就是回到了 5.5 亿年前，我们发现自己已身处埃迪卡拉山之中，于是停下来探索我们人类的起源。前方是早期地球历史的回溯之路，途中只有微生物。

在 5.5 亿年前的陆地上看不到任何活着的东西，在此之前也一直如此。海水蒸发后也会形成雨降至陆地，但一片沙土的地面上也无法维持生命的存活。在无比漫长的地质历史中，构造运动令高山隆起，继而又在自然作用下被剥蚀，形成的沙和泥被了无生气的雨水冲走。在澳大利亚古大陆沿海地区的陡峭崖壁处，一条辫状河蜿蜒交织着流向海中，河水在其宽阔的流域中不断来回变换方向，如同落在玻璃上的雨水一般，沿途山地中冲出的沉积物在河道中堆积，形成大大小小的沙洲。沉积物堆积后压固成岩，有些会发生变质作

294

用，之后隆起并且再被剥蚀。这是一个永不停歇的矿物循环，从日出到日落，从日落到日出。这种循环自39亿年前陆地固结和海洋形成之初便已开始。在埃迪卡拉纪夜空巨大满月的照耀下，海面自是波光粼粼。

以现在的星座系统来看，当时的天空与现在有很大的不同。我们认为星星是永恒不变的，仿佛牢牢嵌在夜空之中，但它们的位置受太阳运行的影响。埃迪卡拉纪距离今天超过两个银河年——也就是说，在埃迪卡拉纪到今天的这段时间里，太阳系已经围绕我们所处的银河系中心的黑洞公转了两次以上，总路程超过35万光年。距离我们最近的恒星位于不同的公转轨道上，我们已经远远地将它们抛在后面。别说是我们人类，就连很多我们现在熟知的星在当时都还没有出现。当时的北半球看不到北极星，它要等到白垩纪才出现在天空中。组成猎户座独特的两肩、双脚和腰带的7颗星在中新世才出现。现代夜空中最亮的天狼星早在三叠纪便已出现，但三叠纪距离埃迪卡拉纪的时间比其距离全新世的时间还要长。仙后座5颗星中的2颗在埃迪卡拉纪已经存在于银河系的某处，可谓历史十分悠久，但我们熟知的那夜空中闪烁的W形结构还远远没有形成。

当时的月亮看上去震人心魄。形成不久、尚处于熔岩状态的地球与一个巨大天体相撞后形成了月球，自此之后月球缓慢地向远离地球的方向运动，并将一直持续远离。在短暂的人类历史中，月球向远处运动的距离可以忽略不计。尽管移动的速度十分缓慢，经过5.5亿年后也积累为可观的距离。埃迪卡拉纪的月地距离比现代近1.2万千米，当时月亮的亮度比最浪漫的诗词中描绘的都要高15%。在这个时代逗留一段时间后，你会发现这时的一天比现代更短，太阳两次升起之间只有22个小时，此后地球自转的速度会因摩擦力而逐渐减慢。

这是一个完全陌生的世界，比起我们今天所见到的地球，当时的地球更像个遍布水体的火星。而且在这些水中，我们发现了复杂的生命。

这个时期处在显生宙开始之前，到了显生宙，生物世界开始向现今的面貌转变。自地球形成以来，生物世界的变化奥妙无穷。生命从起源于深海碱性水热喷口直至遍布海洋各个角落，其间经过了35亿年。这35亿年中的前十亿年或大部分时间里，生物的变化微乎其微，直到蓝藻发展出神奇的光合作用，在1000万年的时间里不断将氧输送入大气。氧气是一种化学性质高度活泼的气体，令溶解在海水中的铁元素氧化，在世界范围的海底形成独特的赤铁矿层，也就是俗称的铁锈。地球历史上发生过一连串极大规模的冰期事件，地球在这些事件中反复封冻。在最极端的情况下，冰盖从两极扩张，在赤道汇合，于是地球的绝大部分表面都覆盖于冰雪之下，也就是人们所说的"雪球事件"。高纬度地区的冰层很厚，在冰盖上活动的冰川高度可达到海拔数百米，如此巨大的冰块河流的震动也传不到厚厚冰层之下的海水中。赤道地区也有冰川活动，然而我们已经了解到，一些热带地区的至少一部分河流并不会长期封冻。

在世界被冰川覆盖的时代中，唯一的光合作用生物是蓝藻。当时的海洋氧含量低，从某种程度上说是一片营养荒漠，生存在这里的蓝藻比其他生物都要繁盛。只有来自冰川的寒冷的雪融水带来的氧气，才能维持好氧生物的存活。随着雪球事件的结束，雪融水剥蚀地表，将数以百万吨的磷酸盐带入海洋，为藻类的崛起创造了机会。蓝藻原本倚仗微小的体型快速吸收营养，突然之间这项优势便不复存在了。体型大不再因食物短缺而成为累赘，数量丰富的蓝藻也可供大型微生物捕食。即便对于肉眼看不见的单细胞生物而言，体型大的捕食者也拥有更大的优势，而且这一时期多细胞藻类也十分常见。直至埃迪卡拉纪初期，大部分海洋仍然缺氧，但在随后的数千万年中，海水的化学成分剧烈变化，缺氧的水世界摇身一变，成为全新的均匀混合的海洋，充满着变数，为生命演化的革新提供了可能。

多细胞生物在过去的时间里已经演化出很多次，包括距今十几亿年前可能类似植物的生物和红藻。但在雪球事件期间及其结束时，自组织生物的出现永久性地改变了全球的生态系统。

新的生态环境的出现成为可能，新的生命模式开启。多细胞生物的机体开始出现分工，细胞分化为不同的组织，每种组织都有自身的独特功能。组织的形态可以有目的地进行最优化调控，繁殖活动由紧密联系的各组织调控，产生的后代不再是单个细胞而是完整的个体。在这些新形成的温暖海洋，怪石嶙峋的大陆周围富含盐分的浅海中，在这个叫作埃迪卡拉纪的时代，生物的体型正在增大。

直至埃迪卡拉山地区保存的化石生物群开始出现的年代，宏体生物已经存在了大约 2000 万年。已知最早的多细胞生物生活在巨神海南缘一处陆块布满淤泥的陆架海底，该陆块面积与马达加斯加岛相近，叫作"阿瓦隆大陆"，得名于亚瑟王的传说。传说中亚瑟王在卡姆兰一战中被击败，受了致命伤，之后他被送往阿瓦隆长眠，待人民需要他时再度苏醒。尽管这种生物并没有一直在阿瓦隆生活，但至今仍可以在弗里西亚和萨克森的整个低地地区、不列颠岛和爱尔兰的南部、纽芬兰和新斯科舍以及葡萄牙的部分地区，找到这片陆块残余的岩石成分。这片远古之地如今只余下残片，散落分布在大陆破碎的边角处。

纽芬兰的海岬是这些边角地带之一，它有一个富有诗意的名字——"迷斯塔肯角"[1]，这里的火山灰下掩埋着羽毛状的印痕，这是最早的宏体生物的生活痕迹。在阿瓦隆大陆周围的海域，第一种多细胞生物从成冰纪的沉寂中出现，并且很可能扩散到了全世界。直至埃迪卡拉山形成的时代，从俄罗斯一直到澳大利亚出现的动物群实际上都开始变得十分复杂起来。

埃迪卡拉纪的天空可能月光明媚，十分闪亮，但浑浊的海面上巨浪滔滔。从高处拍下的浪头猛烈而冰冷，几乎每朵浪花中都带着深褐色的泥沙。在远离岸边的海域，由于海底逐渐变深，海水也变得清澈。海里没有鱼，也没有任何快速游动的生物。几乎所有生活在这里的生物都固着在海底，躲避着来自上方的惊扰。在海面的滚滚潮水中，巨浪不断翻腾，一团团海水旋转着形成垂直的漩涡，令人头晕目眩。海面之下充满了动荡和混乱，相比之下，海水深处却是另一番景象：激流的旋转明显减弱，最终呈现出一派幽暗、碧蓝的一片宁静景象。

海底的一些地区覆盖着一种硬质的褶皱层，除了质地外和海底其他区域没有什么区别。这些质地粗糙的褶皱如同犀牛皮，相比之下，其他海底表面的石英砂就像新研磨出的细砂糖一样平滑。这些粗糙的褶皱层是微生物席，覆盖在泥土和海水的交界面上，是一种已经存在了数十亿年的生态系统。细菌和古细菌这两种最简单的生命形式，已经在埃迪卡拉地区生活和繁衍了数千年，它们牢牢附着在海底，一层接着一层地堆叠，形成结构均匀、犹如外皮一般的垫层。蓝藻的微生物席经常会形成一种叫作叠层石的特殊结构，仿佛

1　"迷斯塔肯角"（Mistaken Point）的名称意为"误会"。*

是沾着黏液、缓慢地向光生长的石头。在其他地区，比如一处河口区域，微生物席平铺般地扩散，像是一张铺在海底的带着褶皱的生物床单。微生物席中只有最顶部的几层始终由活体构成，但数百万代肉眼看不到的细胞不断聚集，形成的垫层可以达到几英寸厚。

这些成片的微生物席上长出了奇特的羽毛状结构，可以长到高出海底30多厘米。在这些羽毛状结构之间，一些状如带着棱脊的橄榄球的直径1厘米的生物来回漂动着。它们的上方还漂浮着一只古怪的圆锥形生物，像是几厘米大小的飞碟，一边漂动一边旋转，之后又落到了海底。从近处才能看清楚，这只奇怪的生物长有8条凸起的脊，从圆锥形身体的顶部沿顺时针向底部螺旋盘绕，像是绕圈的旋转滑梯，转起来令人昏昏欲睡。尽管这种生物无法在水中高速移动，也很难自发性地游水，它还是会偶尔离开微生物席上的家园，四处游荡。它会在浪涛之下平和宁静的水中出现，游动时像是一个悬停在水中的怪物。这时的多细胞生物已经相当复杂，这种生物确实是最早的可以被明确定义为动物的类型之一。始仙女虫是幽暗的埃迪卡拉纪的灯塔，是少数能够勉强辨认出的生物类型之一，但它与其他生物的真正亲缘关系还不甚明确。在其被压扁的化石中，8条旋臂的形状像是银河系中螺旋状的仙女座，因此而得名。它们拥有8辐对称的身体结构，每条悬臂都可以挥动自如，这些特征表明始仙女虫有可能是栉水母的亲属。栉水母是一类在开阔海洋中自在遨游的美丽动物，身体中的七色光晶体闪着绚丽的光芒，这种光可用来诱捕猎物。但始仙女虫和栉水母也仅仅是在身体结构上有相似之处。

每当一种灭绝生物在生命之树上的位置明确之后，就会增进我们对树上其他枝条的了解。每当发现一种生物的遗存之后，我们就可以知晓演化历史中的一系列事件，了解这种生物奇特身体结构的意义，对其生活史也会有更多的认知。另一方面，只要搞清楚一个物种做过什么，它与周围的生物怎样互动，就足以对这个物种的情况进行一些推测。这种推测依靠的是生物的行为，而并非它本身的遗存。始仙女虫分布范围极广，南至澳大利亚，北至中国，几乎在世界各地都能看到它们的踪迹。始仙女虫的身体结构和功能生物学方面还存在诸多谜团，和埃迪卡拉生物群的其他成员相比，说始仙女虫是一种栉水母尚且比较准确，尽管这种说法还有待商榷。如果它是栉水母，那就说明在这个地区还生活着其他生物，如用刺细胞捕食的腔肠动物海绵，以及两侧对称的蠕虫形生物，但能否找到它们就是另外一个问题了。

埃迪卡拉生物群自其中第一种生物被发现以来，便一直困扰着科学家们。传统观点认为，前寒武时期没有宏体化石，宏体化石的记录最早只能追溯到寒武纪。因此埃迪卡拉山的化石地点首次被发现时，其年代被认定为寒武纪。在之后的 1956 年，一个名叫蒂娜·尼格斯的 15 岁女孩在莱斯特郡的查恩伍德森林中发现了奇特的羽毛状印痕化石，岩层的时代毫无疑问应为前寒武时期，但是起初没有人相信她的话。此后又有一位名叫罗杰·梅森的学生将当地的地质学教授带领至该化石点，这些化石才得到研究，并被定名为"查恩海笔"。后来人们又在迷斯塔肯角发现了类似的生物，之后又在埃迪卡拉和西伯利亚陆续发现。包括查恩海笔本身在内，这类生物中有一部分无法被明确地分类。生前的查恩海笔像一条圆滚滚的鹅毛笔，柔软的中轴上长出成排的充盈着液体的叶片，整个笔体作为一个肥大的基盘埋入海底沉积物中，以固定自身。笔体进行无性生殖，像线一样的细丝和匍匐丝将基盘连在一起，形成四通八达的网络，使笔体之间可以共享营养成分。尽管查恩海笔不像今天的任何一种生物，但它们和其他很多埃迪卡拉纪的生物一样，是动物界发展历程中的一部分。问题只在于它们在其中扮演了怎样的角色。

放眼望去，微生物席中呈现着一派动荡的景象。大片固着生物云集在一起，每平方米多达数百只，每一只都笔直地耸立着，身上的一个个凸起像是打着结的绳子，这一片地区仿佛是高迪[1]设计出的工业城镇。在这些如保龄球瓶般排列的生物之间，还有一些扁平的盘状物，上面带着螺旋排列的脊，像是放大了的印在泥上的指纹。

这片高耸如塔状的生物身上涌出的乳白色烟雾，是生态适应方面一项革新性发展的产物。这种生物叫朵氏绳虫，每一条塔状结构都是这个物种的个体，尽管此时藻类已进行了 5 亿年的有性生殖，朵氏绳虫却是最早的明确进行有性生殖的动物。绝大部分的动物都进行有性生殖，以至于我们将有性生殖视为理所当然，而很容易忘记这是一种生态策略。如果不进行有性生殖，子代就是完全由亲代复制而来。尽可能多地产生后代，就成了生物演化所追求的唯一目的，这是非常理想化的。然而，如果单纯产生相同的复制体，这种策略也会带来风险。子代会对亲代所处的环境高度适应，可一旦环境变得更温暖，或酸性增强、食物短缺，子代将会一损俱损，一荣俱荣。无性生殖的生物不会在演化之路上持续存在很长时间，只有个别例外。在一个变化的世界中，有性生殖是一条可以将基因结构不断更新的途径，如果做一个形象而直观的比喻，就像把鸡蛋放在不同的篮子里，有更多的机会保证至少一部分鸡蛋不会打破。即便只有小部分群体进行有性生殖，即可解决单纯复制带来的弊端，因

1　安东尼奥·高迪（1852—1926），西班牙建筑设计师，其作品均具有极高的艺术性，此处指这种生物所构成的场景十分奇幻。*

此朵氏绳虫选择了有性和无性两种方式进行繁殖。

平卧在朵氏绳虫之间的是一种以细菌为食的生物。每一圈脊都是它们身体上新长出的部分，新生部分从 12 点钟位置沿着两个方向同时生长，两个部分以缓慢的速度在 6 点钟位置接合，就像一个折纸花环。这种生物尽管非常奇特，但它和动物的关系比和其他任何生物都要近得多。这种生物留下的化学痕迹中含有胆固醇成分，是动物特有的分子标记。其发育方式表明，它们和我们人类的关系比它们和海绵的关系更近。观察足够长的时间就会发现，它们确实体现了动物的"动"字：它们会定期活动，平时潜伏在微生物席中，之前的食物消化殆尽后便活动进食。

然而除了自身的活动，还有其他情况会中断这些迪克森虫的休息。这一整片浅海区水流较强，泥沙之中分布着沟道，每条沟都很深，像是手指尖在海底挖过一样。挖出这些沟的生物的真实身份尚不明确，但至少可以肯定的是，这是某类动物用腹部爬行时留下的痕迹。这类动物最有可能是伊卡利亚虫，一种身体分为前后侧的小型动物，是最早的两侧对称生物，但在埃迪卡拉生物群所在的化石层位中没有找到它的化石。只有痕迹对应实体化石的现象，在世界各地都有。在中国的灯影组地层中，保留有非常明显的生物行走的遗迹。一些小洞直通微生物席的底部，这可能是生物为了寻求庇护而挖掘的洞穴。这些小洞之间的通道上分布着成对的压痕，是某种未知动物的足迹。这里并没有动物身体拖行形成的沟道，这里的动物是"站立"行进的。这些足迹是杂乱的，可能是留下这些足迹的生物因旋转的水流而迷失了方向。成对出现的足迹令人吃惊，这表明留下这些脚印的未知动物是最早以行走方式移动的生物，是两侧对称生物，并不像海绵和水母之类的动物。灯影组中的足迹化石到底属于什么动物，至今无人知晓，很可能永远不会有人知道，除非你能像福尔摩斯一样，仅通过一串脚印就能推理出众多的细节信息。

软体生物会完全腐烂，它们但凡要留下些许记录，活动痕迹就需要及时保留下来——坚硬的岩石、骨骼或外壳并不是完整的化石记录，单凭这些来判断生物的状况容易造成误导。这一时期地球历史中很大一部分是模糊不清的，根据埃迪卡拉海底淤泥中一条沟槽里遍布的奇形怪状的痕迹，可以推测出一些信息。有了埃迪卡拉地区被淤泥掩埋后形成的铸模化石，我们认识这段时期所依靠的已经不单单是猜测，但我们对这个世界的认识仍是不全面的。当时埃迪卡拉陆架上软泥中生活的生物，肯定比我们现在看到的还要多。

风浪已经减弱，向海岸移动变得更容易了。随着海水变浅，绳虫摆动的管体消失了，取而代之的是同为绳状、但呈盘曲形态的生物，长度可达 80 厘米，一动不动地伏在海底，周围是查恩海笔亲属类群的羽毛状笔体。迪克森虫仍在微生物席上进食，但微生物在海底的覆盖面积却不断增大。多细胞生物出现后不久，生态位已经纷纷形成，物种形成不同的群落，生态系统中出现一块块小的生境。这样的生态位结构才刚刚出现不久——在迷斯塔肯角的早期生物群落当中，生物更多地只是沿续亲代的状态，而不会发展出自己独特的生活方式。然而，各个物种之间开始分配资源。浅海区域的海底受海浪的影响较大，绳虫适应环境变化的能力较弱。在这片地区，沙子起着波纹，海浪推动作用不断积累的结果是推出一座座微小的沙丘，随后纷纷向一边坍塌。对生活在风浪之下的生物来说，这些耸起的沙脊是一道天然的庇护所，相当于一排排的海底防风林。一群火山形状的小型生物为其他生物提供了更强有力的防护。凹凸不平的圆锥状身体的边缘伸出尺子一样笔直的硬棘刺，长度为锥状主体高度的

2倍。火山虫可能和海绵有亲缘关系，是第一种在全世界广泛分布的拥有硬体的生物。几只枝沙蚕蜷缩在火山虫的后面，躲避着海流的剧烈冲击。枝沙蚕长着新月形的头部和分节的身体，大约3厘米长，是一种软肉扁平的蠕虫形生物——这是另一类早期动物。

这片海域逐渐变暗，回荡着节奏单调的震荡，褐色的浓稠海水像正在冲泡的茶。风浪使得这一地区由辫状河冲来的疏松沉积物变得更加不稳定。随着海浪的减弱，将沉积物推回海岸方向的作用力消失，引发了泥沙的坍塌，这场海底山体滑坡吞噬了正在游水的始仙女虫，也掩埋了微生物席。悬浮在水中的泥沙在海浪减弱之后仍然在水中漂荡，沉降得非常缓慢。那些固着在海底的生物无一幸免，最终身体腐烂后留下精美的印痕。这个生物群的所有生物将会像庞贝城那样保留下来，在固结的砂层之下保留着这些生物精美的印迹和铸模，除了外形没有任何别的东西保留下来。

在一处浅海沙洲后面，海水较为宁静，受海浪的影响较小。这里也发生了一场泥沙坍塌，但泥沙沉降得更快，在静水中沙子不会来回漂荡，只会缓慢沉降，就像一瓶不断摇晃的水和一瓶静置的水之间的区别。所有生物都被掩埋，海底变得一片荒凉，各处都是相同的景象。然而随后泥沙中有了动静。一团洁白的沙子有节奏地向下塌陷，似乎被一股看不见的力量吸引，如同水向下流入排水口。一只长满鱼鳞一般甲片的兜帽状生物从沙子里冒了出来，用肉质足快速拨动着前行。周围的沙子纷纷坍塌，更多长着甲片的生物出现了——这是一小群金伯拉虫。它们乍看上去就像带有硅质鳞片的气垫船：背部的肉质突起生长着厚重的甲片，这些坚硬的鳞片状结构令橡胶般柔软的兜帽状身体更加牢固。其身体一端为圆形的头部，头部末端长有一条弯曲灵活、近乎液压驱动的短剑般的触手，用来挖掘沙土搜寻食物。

这些金伯拉虫正在迪克森虫和查恩盘虫的笔体附近觅食，金伯拉虫用头部将海底沉积物一团团地扒到自己面前，如同荷官在收拢台上的筹码。当发生水底塌方时，它们缩进自己的天然铠甲中寻求保护，同时用蛞蝓一般柔软而有力的身体在塌落的泥沙中挖出一条垂直的洞穴。并不是所有的金伯拉虫都能活下来。幼年和体型较小的个体会被泥沙困住，它们要么没有足够的力气挖掘泥沙，要么无法在泥沙中存活至塌方平息之后。它们无助挣扎的状态也被保存了下来。这些垂直的洞穴有的开口于塌方的泥沙表面，有的却在中途戛然而止，这是保留在岩层中的墓碑，象征着金伯拉虫在灾难面前为了生存所做的最后一搏。

金伯拉虫在泥沙中挖洞是突发事故造成的意外情况，通常没有生物会在海底筑巢，埃迪卡拉的世界是由二维的生境组成的。微生物会进入海底沉积中，但进入的深度也很浅，而好氧多细胞生物则完全在海底表面生活。有一个概念叫"生物扰动作用"，指的是地层中原本清晰的层位由于生物活动的影响发生混合而变得杂乱，海水中的一些化学成分会混入岩层中。这是显生宙时期才会发生的现象，随着动物多样性的增加，可能还会变得更加明显。埃迪卡拉各种生物的笔体和基盘，可能为它们自身的灭亡埋下了种子。这些生物通过向海底表面以上和以下两个方向的生长改变了食物资源的分布，为后来两侧对称动物的演化创造了契机，而两侧对称动物将通过生态方面的优势超越埃迪卡拉生物。埃迪卡拉纪的生物会在一些特定地区（包括云南澄江）延续至寒武纪，但它们在竞争激烈的蠕虫的世界中很难大量存活。

如果始仙女虫确实是一类栉水母，枝沙蚕是一类蠕虫动物，火山虫是一类海绵，而阿氏虫是一类腔肠动物，是水母的亲属，我们将在埃迪卡拉地区看到众多动物门类的早期成员。在其他地区，还有一些具有动物特征的生物出现在黑暗浑浊的海水中。在查恩伍德，曙光虫是一类高度近 1 英尺的动物，身体由两个硬质的杯状结构组成，其中有触手伸出。这似乎是一类腔肠动物，年代甚至比埃迪卡拉山的生物还要早。腔肠动物是以捕食为生的动物（如栉水母），这表明埃迪卡拉纪生态系统的复杂程度比人们刚发现查恩海笔时所想象的更复杂。

当动物界在全世界形成时，其他生物的界级单元也在大规模扩张。在中国的陡山沱[1]以及巴西的塔门哥地区，长有枝杈的微小海藻在海流中飘摆，从某种角度可以说是最早的海底藻类公园。生物的界级单元从零开始形成的过程是难以想象的，但这主要是时间问题。我们将"真后生动物"定义为界级单元，只是因为它们早在地球历史中非常远古的时期就已经和其他生物分异。一些界级单元的位置相比其他都更加独立，动物和真菌之间的关系比它们各自与植物的关系都要近。如果埃迪卡拉纪有任何一种生物属于现在已经不存在的界级单元，仅从现代的视角来看，这是反常的现象。在埃迪卡拉纪，那些奇形怪状的生物从其他多细胞生物类群中分异出来的时间也仅有几千万年的时间，与迄今为止蜘蛛猴和环尾狐猴的分异时间相当。

我们在时间回溯之旅中已经走了这么长一段路，此时我们只需回过头朝现代的方向望去，就可以着手将那些生活在久远的过去的生

1　陡山沱组是以组为岩石地层单位的地层结构，分布于滇东、桂北、黔东、川西、湘北、鄂西及大巴山等地，最初命名地点是湖北宜昌北陡山沱。*

物进行分类。从理论上说，任何一类（或者说所有）埃迪卡拉纪的生物在经过5亿多年的发展之后，都可以建立起界级规模的多样性。埃迪卡拉纪动物发生的最初分异，将决定未来生态系统中的重要组成部分以及生活于其中的生物的身体构型。如迪克森虫、查恩海笔和枝沙蚕的原始生物类型，有多条可能的分异路线。我们相信，绝大部分的埃迪卡拉纪生物都位于这些分异路线的周围，一些类群沿着路线进行进一步分异的次数比其他的类群多，但这些分异状况并不是定论，常常需要更深入的探讨。大部分路线都会中断，还有一些经过数百万年的发展之后仅仅成为传说，大多数类群在生命森林中仅仅止步于下层灌丛。埃迪卡拉生物群尚未从它们的隐秘世界中现出全貌，有一部分原因是我们只能以现有的方式来定义它们：我们只能依靠那些生活在超过两个银河年之前，完全没有现生代表的类群来开展研究，这个时间跨度几乎相当于太阳系年龄的八分之一。

正如我们观察古新世时期有胎盘哺乳动物发展中的早期成员一样，埃迪卡拉山岩层中保存着多细胞生物适应辐射过程中出现的生物形成的铸模化石，包括动物、藻类，以及那些我们仅仅知道它们已灭绝，却连名字都叫不上来的生物。在多细胞生物起源后不久，机体发育过程还存在着诸多不确定性。随着自然选择通过成种作用令生物变得特化，发育过程便会确定下来——可能桶已经被石头装满了。当生物产生新的发育过程、新的功能以及新的生活方式，新的限制也随之而来。生物的每一次分异都会增加一些新的发展，在已有的功能上不断添加新的功能。顾名思义，所有两侧对称动物的身体都是对称的，它们都有左侧和右侧。胚胎分化时会形成左侧和右侧，若打乱这种分化所基于的基本机理，几乎一定会导致致命的后果。这并不是说这些规律是不存在变通的，自然选择作用善于找寻漏洞，然而一旦基本的法则已经形成，对一个系统的严重打乱就会导致机体的崩溃。

有一件事是确定的：埃迪卡拉纪的海洋中存在某类生物，无论它们是否属于我们研究的类群，它们踏上漫长的时间之路走到了今天，这也是属于我们人类的漫长道路。埃迪卡拉生物群一直在探索和定义生为动物的意义。

埃迪卡拉生物的大部分后代都离开了自己古老的家园。大规模的微生物席生态系统消失了，寒武纪的穴居生物带来了氧气，而微生物席不需要氧气，甚至氧气对它们而言是有毒的。然而，古老的生命形式仍然在世界的个别地区存在，这些地区的坚硬岩石难以挖掘，氧气含量低。在这些地区，微生物席顽强地存活着。在如今俄罗斯的白海周边地区，微生物席在它们 5 亿年前的远祖生活的地方继续生长着，而当时已经出现了 35 亿年的叠藻层，还在构筑着形成现代澳大利亚海岸的绿色基石。

在澳大利亚的内陆地区，起源于水中的埃迪卡拉纪动物的印痕出现在岩石之中，宛若镌刻在墓碑上的悼词。自从它们最后一次平卧于夜空之下至今，地球已经发生了难以想象的变化。在 1000 万年的时间里，自陆地上冲刷而来的泥和沙不断覆盖在埃迪卡拉纪生物的印模上。含有这些印模的岩石在寒武纪发生褶曲，并逆冲入弗林德斯山脉之中。在之后的 5.4 亿年里，包裹着这些印模化石的山体不断遭受剥蚀，同时随着所在的大陆从北方漂移至南方，和其他大陆相接触，并迎来从其他地区迁入的生物，这些生物都是埃迪卡拉纪多细胞动物先驱幸运的后代和接替者。如今，这些生物原本潜藏在倾斜土山中浅浅的模糊印痕，在陌生的东升西落的全新星辰下，从这片遍栽着桉树的大地上浮现了出来。

尾声:
希望之塔

心碎也许是为了那看不见的大陆,也许是为了那了无生趣的树木,

然而无法恢复如初。

——

维奥莱特 · 雅各布|《阴影》

禁止乐观主义者的发声,

他们怀着天真的想法,认为人类的价值将会永恒,

为此我们会做出任何尝试。

杜绝悲观主义者的存在,

他们只会无能地哭泣,对目标的达成只会造成阻碍,

为此我们会不惜一切努力。

——

皮特 · 海因|《两个消极主义者》

1978 年，西尔维娅·莫雷利亚·德帕尔马（Silvia Morella de Palma）成为历史上第一个在南极洲生孩子的人。自此之后，至少有 10 个孩子在南极洲出生。他们中的大部分也出生在西尔维娅生产的那个地方，一个名叫埃斯佩兰萨（意为希望）的小村庄，是地球最南端仅有的两个有常住人口的村镇之一。随着埃米利奥·马科斯·帕尔玛（Emilio Marcos Palma）的降生，人类逐步向世界主要陆地区域迁移的活动宣告完成。埃斯佩兰萨是一个阿根廷村镇，只有大约 100 人，村中建着一片低矮的红墙房屋，笼罩在西南极半岛顶着积雪的黑色山脉的阴影之下。这里是一个热闹的科学考察站点，住在这里的人绝大部分是地质学家、生态学家、气象学家、海洋学家以及他们的家人。这里是搜集科研数据最前沿的阵地之一，这些数据可以帮助我们预测地球生命的前景。

毫无疑问，现在的地球是属于人类的星球。虽然地球在过去还不属于人类，在未来也不一定一直属于人类，但从现阶段来看，人类这个物种对地球的影响程度几乎超过其他任何生物。今天世界的样貌是过去发生的事件导致的直接结果，而并不是最终的结论或结局。以往的大部分生物都处在一个持续存在、缓慢变化的稳定状态之下，然而有时候这种状态会被彻底打破。来自太空的无法躲避的撞击、大陆规模的火山喷发以及全球性的冰期，迫使生物重塑自身结构的剧变无处不在。假使这些事件以其他形式发生，或根本不发生，那么我们将无从知晓未来会走向何方，或许和如今的现实完全不同。通过回顾远古时期，古生物学家、生态学家和气象学家对我们星球不确定的近期未来和遥远未来进行一定程度的评估，即通过回望过去，预测可能出现的将来。

不同于以往由单一物种或一群物种根本性改变生物圈的事件（如海洋的含氧量升高、泥炭沼泽的形成），我们人类处于一种特殊的地位，对形势的发展有一定的控制能力。我们知道环境在发生改变，我们知道自己对此负有责任，我们知道长此以往将带来什么后果，我们知道自己可以阻止灾难的发生，我们也知道如何去做。但问题在于，我们是否会去做这样的尝试。

只要站在真正的长时段尺度层面，看一看地球以往的生命历史，就可以看到一系列未来可能发生的事。生物在经历了雪球事件[1]和毒性大气、陨石撞击和大陆规模火山喷发之后幸存下来，今天的世界还和以往一样丰富多彩、壮丽非凡。这在一定程度上令人欣慰，然而这并不是事实的全部。生态恢复带来了剧变，往往会形成和之前截然不同的世界，恢复的过程最短也需要数万年。恢复无法弥补已经造成的损失。

"牺牲造就永恒"——这是埃斯佩兰萨村人的座右铭。正如我们看到的那样，在地球历史上没有什么东西是真正永恒的。埃斯佩兰萨的房屋所在之地的岩石，展示了生命是多么短暂。这些岩石包含早三叠世的浅海，以及二叠纪末期大灭绝事件期间的海洋沉积。岩

1　即全球冰冻现象，20 世纪 90 年代初由美国科学家约瑟夫·科什文克（Joseph L. Kirschvink）提出。＊

石中遍布痕迹化石，这些保存在泥岩中废弃已久的 U 形孔洞，是当时的蠕虫和甲壳动物在沙子中建立的家园，后又被其他物质填埋。

霍普贝组是一组位于海底的岩层，由海底泥沙的塌方堆积物形成，当时海洋中的含氧量非常低。这一地区以及已知的当时其他地区有相似的缺氧状况，其中的原因在过去数十年中一直没有定论，这一问题直到最近才得以解决。2018 年，二叠纪、三叠纪海洋环境缺氧已被证实是由规模空前的全球灾难性变暖造成的，这一点毫无疑问。西伯利亚的火山活动产生了足以令全球温度急剧升高的温室气体，引发了海洋中氧气的大量逸出，世界范围内的鱼类和其他高活动量海洋生物大量死亡。细菌因而大量繁殖，其呼吸的副产物硫化氢大量聚集，弥漫于大气之中，荼毒着陆地和海洋的生态系统。生物的种群崩溃，极少有幸存者。到了二叠纪末期，生物（至少是多细胞生物）几乎无法生存。二叠纪大灭绝是一个生动的例子，告诉我们环境有可能发生各种最恶劣的灾变。在这种情况下，除非有预先的活路或是运气极佳，否则生物根本无法存活。

当我们将现今和二叠纪末期进行对比，会发现二者有一些令人担忧的相似之处。海洋的氧气散失不仅限于过去，现在也时有发生。加利福尼亚洋流是沿北美洲西海岸向南流动的主要洋流，其含氧量在 1998 年至 2013 年之间下降了 40%。自 20 世纪 50 年代以来，全世界的低氧海底区域面积扩大了 8 倍，于 2018 年达到了 3200 万平方千米，是俄罗斯面积的 2 倍。在过去的半个世纪里，全世界海洋每年散失的氧气超过 10 亿吨。部分原因是农业发展引发的海水富营养化令藻类大量繁殖，同时也是由于海水变暖，就像二叠纪末期的状况那样。

海水变暖为好氧生物同时带来三个方面的问题。首先是单纯的化学问题：水的温度越高，氧气的溶解度越低，令生物周围环境中的氧气含量减少。其次是物理问题：温水比冷水密度低，会浮向水面，而如果有太阳的照射，表面的水温一定升高得更快，将温水和深处的冷水分为两层。温水和冷水很少混合，因此已经溶解的氧气不会输送到深海。最后是生理问题：高温令冷血动物新陈代谢加快，需要更多的氧气，溶解在水中的氧气就会消耗得更快。对高活动量动物来说，这三个问题引发的后果是灾难性的。

这并非对所有生物来说都是坏事，甲壳类和蠕虫这样的底栖动物主要在低氧含量的环境中生存，但另一种气体引发了新的问题。二叠纪末期大气的二氧化碳浓度增加的速率很快，此外还有另一种更加强力的温室气体——甲烷。我们今天轻而易举地加快了二氧化碳的排放，而二氧化碳正在令海洋的酸性增强。

今天全球每天的二氧化碳排放量超过 2000 万吨，二氧化碳溶于海水中形成碳酸。这使得珊瑚形成碳质骨骼的速度减慢，今天新珊瑚礁形成的速率已经减慢了 30%。在 21 世纪末之前，珊瑚礁溶解的速度将大于其形成的速度。外形更加短圆、有低平表面的珊瑚可能存活下来，而外形秀丽、色彩缤纷，如同树形金银拉丝装饰物的珊瑚则可能会灭亡。正如我们在苏姆看到的（这当然只是一个极端的例子），酸性环境固然是珊瑚和其他带有外壳的生物（如软体动物）面临的主要威胁，但高温本身就是一种灾害。与珊瑚共生的藻类在水温升高时已无法获得更多的好处，因此它们放弃了互利共生的生活方式，将自己的宿主推向了绝望无助的灭亡命运。在复杂的地球系统中，很少出现真正的瞬间崩溃现象，但珊瑚礁就是一例。随着全球变暖以及更多二氧化碳进入海洋，大规模浅海珊瑚礁就会消失。尽管我们都知道，珊瑚不是唯一的造礁生物，但玻璃海绵礁再度大规模发展起来，简直像是它们在侏罗纪全盛时期的重演，这仍然令我们感到惊奇。

在过去2亿年的大部分时间里，壮美的玻璃海绵扎根于深海，绝世而独立。其中一个种叫作"维纳斯的花篮"，它们会捕获一对虾作为清洁工，并专门获取一些碎屑在体内加工成食物后提供给虾，宛如一个晶莹剔透的牢笼，成年虾无法从中逃出。只有这对虾的后代在体型尚小时，可以钻过困住自己父母的隔栅逃走。维纳斯的花篮可以单独存活，但在加拿大英属哥伦比亚省，加利福尼亚洋流最北端的海水中氧气匮乏，玻璃海绵大量聚集，海绵礁再次生长起来，有些已经高达数十米，长达数千米。它们缓慢地在海水中滤食，因此不需要过多的氧气来维持生存，而且其身体的主要成分是硅，受酸性海水影响较小。如果能够抵御捕鱼业和石油钻探的破坏，玻璃海绵礁（连同其维持的异常丰富的生物多样性）的时代可能会再度来临，这是全球变暖趋势下拉撒路式的生态系统，是对海洋环境损失的一点小小弥补。

在陆地环境中，气候不断变暖的后果是全球性恶劣气候的到来。在地球历史上的温暖时期（如始新世），从赤道至两极的纬度温度梯度比现代要缓和得多，当时曾生活着巨大的森林企鹅。西摩岛动物群的记录表明，当时赤道的气温并非显著高于现代水平，温暖的极地甚至还出现了森林。我们可以看到，今天的地球正走向更加极端的状态，极地变暖的速度比世界上其他地区快3倍。今天的大气环流状况已经因此开始改变。

大气环流系统的稳定有赖于高低纬度之间的温度差。在北半球，极地空气向南流动，温带空气向北流动，共同构成了单一方向的气流——急流，并因地球自转而被向东牵拉。致密的气团很难与更稀薄一些的气团混合，因此一般情况下，极地空气和温带空气不会混和，在其接触地区构成单向流动的强气流。随着全球变暖，高纬度地区和温带空气的温度差不断减小，气团旋转着彼此混合在一起，形成小规模的涡流和旋流，空气流动变得更加混乱，极地大气环流的规律性被削弱。极地和温带气流间的界限变得模糊且不稳定，导致急流的流动路径产生向南和向北的巨大波动，在冬季尤为明显。相对气温极值的变化对大陆有深远影响，例如在北美，急流在冬季有明显南移的趋势，将寒冷的极地空气带入北美大陆的大部地区。其结果是，全球性的气温升高和温差减小造成北美近年来遭受规律性区域寒潮的侵袭。2020 年 2 月 9 日，位于西摩岛的观察站监测到了南极地区的现代时期高温记录——20.75 摄氏度，而且南极的气温在过去的几十年间逐年持续稳定升高。

对此我们不应该感到惊奇。通过将如今的大气与以往进行对比，我们可以预测全球气候应该是什么状态。今天的大气在成分上与渐新世时期相似，位于温室和冰室的中间状态。联合国政府间气候变化专门委员会（简称 IPCC）预测，如果一直保持当下的碳排放量，在如今已出生儿童的有生之年，大气中二氧化碳的水平将达到始新世以来的最高水平。如果大气成分达到始新世水平，气温最终也将达到始新世水平。气温达到最终水平后将无法改变，改变的时机只存在于大气成分转变的过程中，因为地球环境的反馈系统确保大气成分达到稳定与气温达到最终水平之间存在时间差。若要避免达到如此高的二氧化碳浓度和气温，唯一的方法就是大幅减少目前的碳排放量。

绝大部分的碳排放来自化石燃料——海洋浮游生物残骸形成的石油和石松泥炭形成的煤炭。迄今为止，全球已探明的化石燃料储量为 3 万亿吨，其中只有 5000 亿吨已燃烧，我们便已经感觉到了产生的作用。化石记录已向我们展示了煤炭的埋藏条件，石炭纪时期大规模的泥炭沼泽如今也不会再次出现。如今的世界对碳元素的沉积和储存的数量，已不足以减缓气候变化。植物在现代仍然是固定碳的最强主力军，二氧化碳水平的增加对光合作用产生了小幅度的促进，但我们没有森林生态系统和广阔的泥炭沼泽，通过形成足够多的煤炭来减少烧煤产生的碳排放。

气候变暖同时也在加剧腐败作用，自猛犸象草原时期形成的泥炭沼泽中储存的碳也已被释放。遍布加拿大和俄罗斯大片地区的泥炭层位于永冻层（持续处于封冻中的土层）之中。北半球冰冻的泥炭地中储存着1.1万亿吨碳元素，接近全世界土壤所含全部有机物的一半，是人类自1850年以来燃烧化石燃料排放的碳元素总量的2倍多。但冻土中碳元素的储存并不稳定。

今天阿拉斯加的北斯洛普北岸，波弗特海边缘的永冻层正在解冻，地面遭受剥蚀。土壤仍然被其内部的冰冻结在一起，沿着海岸大片地崩塌，沉入北冰洋怒号的波涛之中。

随着永冻层的解冻，含泥炭的土壤变得松弛，随着冰的融化而缩小、下沉。随着土层的变软和下沉，生长在上面的树木也随之倾斜，树干东倒西歪，被称为"醉酒森林"，伐木工还没等来，整片树林可能瞬间就全部倒下了。一旦土壤解冻，里面的有机物质便开始腐烂，释放出温室气体，这个过程可能会持续很长时间。如果永冻层中所有的碳元素全部以二氧化碳和甲烷的形式释放出来，这些气体将产生空前的升温作用。然而，所有的碳元素不会在短期内全部释放。地形因素令冻土层解冻的速度不同，小片温暖、潮湿的低地升温更快，还有朝南的山坡，这些地区会更快解冻。永冻层可能会再次封冻，腐烂过程也需要几十年的时间。二叠纪时期位于北半球高纬度地区的西伯利亚即将为世界带来灾祸，而如今的西伯利亚已不再是一个随时可能引爆的定时炸弹，更多的是产生持续不断的压力。这一地区排放温室气体的速率可以被大幅减慢，甚至停止。目前的政策和行为令永冻层融化，但我们可以改变政策来解决问题。从化石记录和现代气候模型中可以得知，如果我们不这么做会产生什么样的后果。

永冻层并不是末次盛冰期的唯一遗存。当时遗留的冰仍然封存于极地冰盖以及向极地外扩张的冰川中，同时也存在于高纬度地区的冰川中。尽管自末次盛冰期以来，极地冰盖已经大规模退缩，但喜马拉雅冰川度过了之前长达数万年的冰期和间冰期，至今仍然存在。然而随着高山地区气温升高，喜马拉雅冰川也会逐渐消融，从而改变南亚和中亚地区的水体分布和水中的基本化学成分，生活在这片区域的所有水生生物都要依靠现有的化学成分存活。

印度的许多主要河流，特别是印度河、恒河以及布拉马普特拉河，都依靠高山冰川和每年的季节性融雪维持供水。融雪供应的水量超过布拉马普特拉河总流量的三分之一。在短时期内，融雪量的增加会引发更频繁的山洪暴发和大规模的水土流失。融雪量增加只能依靠山地雪线的上移，而且不会无限度地增加。布拉马普特拉河的水量已经出现很大变化，在一段时间之后（如 21 世纪后期），随着冰川彻底消融殆尽，这条河会在旱季出现可以预测的干涸现象。我们已经看到，中新世时期的一整片海是如何在 1000 年中蒸发的——喜马拉雅冰川的储水量远低于地中海。如今生活在河流两岸、依靠喜马拉雅冰川供水的 7 亿民众，可能面临着一场难以避免的灾难，据推测，兴都库什地区 90% 的冰川将会消失。也就是说，全世界 10% 的人口将会面临缺水的困境。在辽阔的恒河－布拉马普特拉河三角洲，两条大河汇入海洋，生活在这里的孟加拉人面临着三重危机。赤道地区升温使海面产生了更多的水蒸气，季风来得很早，也很强烈。水温升高后体积也会增大，导致海平面上升，冰川和南极以及格陵兰山地冰盖的融化更加剧了海水漫涨。孟加拉国的大部分地区目前的海拔高度均低于 10 米，在海平面上涨后可能会被淹没。这个拥有 1.6 亿人口的国家笼罩在来自陆地、河流和天空的三重危机之下。全世界共有大约 10 亿人生活在超过如今的高潮线以上不足 10 米的高度。

全世界人口正在以难以置信的速率增加着。目前有超过 70 亿人生活在这个星球上，除了极少数的生态系统，人类在各个方面都占据统治地位。其中一个原因便是儿童死亡率低，这毫无疑问是一件好事，但一个由人类带来的备受关注的问题便是人口过剩。一切都是平等的，更多的人口必将消耗更多的资源，然而一切又是不平等的。购买本书的人可能正过着相对高消费的生活。2018 年世界人均二氧化碳排放量为 4.8 吨，但绝大部分的排放量都来自发达国家。美国的人均排放量为 15.7 吨，澳大利亚为 16.5 吨，卡塔尔为 37.1 吨。相比之下，在非洲只有南非和利比亚两个国家的排放量高于世界平均水平，绝大部分国家的人均排放量都不足 0.5 吨。

人口过剩的问题正在自动解决。全世界的生育率在数十年中持续下降，随着城镇化的发展和妇女教育的普及，据推测，全球人口将在本世纪达到峰值。真正迫切的问题是大量人口的消费。2018 年，联合国政府间气候变化专门委员会（IPCC）的报告指出，只有将全球二氧化碳净排放量降低 45%，才能将全球气温增幅限制在 1.5 摄氏度。如果美国的平均碳排放量降低，例如降到欧盟的平均水平（由于生活标准而无法降至更低），也只能使全球碳排放降低 7.6%。

相比之下，停飞所有国际航班可使碳排放降低 1.5%。然而碳排放并不是问题的全部，发达国家还要为其他资源的高消费率负责。

和二氧化碳一样，塑料已经是环境破坏问题所讨论的焦点。我们看到在海洋巨大漩涡中转动的塑料垃圾，听到越来越多海洋动物的胃里出现塑料残片的新闻。这些报道的意义已经超出了生物学范畴。航海民族文化遗产的丧失，塑料对鱼类种群不断累积的影响最终对捕鱼业的破坏，以及一片遍布从海里冲来的垃圾的海滩对人们精神健康的明显影响，所有这一切都增加了无形的开销。除了对生物与社会产生的严重影响，据估计，塑料对海洋的侵害所造成的全球经济损失，高达每年 2.5 万亿美元。

塑料无孔不入的特性，将微生物的演化方式体现得淋漓尽致。化石记录一再表明，一旦有生态位空出来，一旦有可开发的新资源，就一定会有生物发展出利用这项资源的能力。如果没有创新，大自然将不复存在，20 世纪后半叶塑料制品的大量涌现造就了一种全新的、数量巨大的未开发资源。2011 年，人们发现生活在厄瓜多尔雨林中的一种小孢拟盘多毛孢的真菌聚氨基甲酸酯。2016 年，日本坂井市一家塑料回收处理厂附近的泥土中，一种叫作"坂井伊德昂菌"的细菌发展出了消化聚对苯二甲酸乙二醇酯的能力，可将其降解为两种对环境无害的物质。这是人类首次发现的完全以塑料为食的生物，能够将一个完整的塑料瓶安全降解，与热堆肥降解植物材料所消耗的时间相同，在垃圾回收利用方面拥有广阔的应用前景。这种食物资源基本类型的改变体现了生物化学过程的根本转变，自从十几亿年前大气富氧化之后，这种颠覆性的变化还是首次被发现，这些体积最小但繁殖速率最快的生物始终不断地在改变着。

事实上，对于生活在猛犸象草原上的动物来说，及时应对改变的另一个方法就是迁徙。生活在埃斯佩兰萨以南的布朗断崖的企鹅，诠释了这种由气候变化引发的迁徙。它们当中大部分为阿德利企鹅，主要在半岛上生活，但也会到遍布于罗斯海的岛屿上繁殖。企鹅群体的数量巨大，它们的粪便渗入土壤中，年复一年地积累，含有这些排泄物的土层记录着企鹅在这片地区生活的时间。南极正在变暖，从末次冰期以来逐渐变得适合居住，向地下稍微一挖便可掘出堆积几百年的阿德利企鹅的粪便，这些粪便表明企鹅群在这个岛上已生活了将近 3000 年。冰盖占据布朗断崖地区的时间较长，企鹅群只在这里生活了大约 400 年。企鹅的分布范围改变了，温度升高令布朗断崖成为适合养育雏鸟的地方，一个新的企鹅群便在这里定居了。

企鹅比较擅长在栖息地之间迁徙，当洋流的改变令它们生活的富饶海域变得资源贫乏，它们会及时做出调整，继而尽快迁徙。其他一些物种则因无法及时迁徙，而避不开气候变化带来的影响。例如，多年生植物难以顺应天气的变化，对环境的耐受性都很有限。在我的记忆中，一种小叶子的酸橙树——心叶椴生长在我的家乡佩思郡的偏远乡村的山上。这种树每年都结果，但相比花楸、桦树和松树，心叶椴是同类树木中我唯一见过的一种。心叶椴是英国大部分地区的常见树木，但如果生长地区的气温低于它所适应的温度，它便无法依靠果实繁育后代。它的种子由于某些偶然事件会飘落到北方，种子可以生根发芽，长成树木，但它只有在一定的气温范围内才能繁殖。随着气候的变化，原本的适宜条件发生一系列改变，生物的分布也随之变化，小生境[1]的变化令大的生态系统发生调整。

---

1 生物在其生态系统中的行为和所处地位，由生物的分类地位、形态特征、生理反应和行为决定。*

在 1970 至 2019 年之间，北美的大平原生态系统平均每年向北移动 365 英里，也就是说平均每 45 分钟就移动 1 米。在一块广阔平坦的大陆上有足够的空间进行迁移，但如果生物处在小岛、高纬度海岸地区，或者是生活在山地并已适应了寒冷的高海拔环境，它们最终将无处可逃。自然界能进行长距离迁徙的生物不多，很多生物被不断推向它们所适应环境的极限水平，这无异于将它们逼上绝路。

我们也在引入新的生态系统。在现代，城市可能像是一个灭绝事件过后的生态系统，树木和大动物稀少，生物繁殖率低。很多生物在这些新环境中无法生存，而其余的生物只有连它们最基本的行为都改变，才能适应并存活。尽管热带雨林里十分热闹，但与嘈杂的城市相比简直是寂静无声，一些动物在求偶时通过叫声引起配偶注意，或是警告潜在的竞争对手，城市噪音对它们来说有着极强的干扰性。城市中鸟类的鸣叫比生活在乡村的同种鸟类声调更高、更快也更短促。只有高频率的尖锐叫声才能穿透机器低沉的轰鸣声而被听到。气味信息也受环境变化的影响。在高温下，雄性蜥蜴用来吸引雌性的化学标记稳定性降低，消失得更快，以至于失去交配机会。北极熊脚掌在浮冰上留下的气味会随着冰的裂解而消失，对其交配行为和领地占有都会产生影响。一个物种的存活不仅有赖于个体生理条件决定的环境耐受力，同样也依靠其行为的变通性。在地球的任何一个角落，我们都在一定程度上了解了生活在此地的生物的生存方式。

人类在地球上不仅数量惊人，而且随处可见，自 2000 年 11 月 2 日以来，外太空已持续有人类居住，令人不可思议。在所有哺乳动物的总生物量中，人类占 36%。家畜（包括牛、猪、羊、马、猫和狗）则占据了所有哺乳动物 60% 的生物量。整个地球哺乳动物的生物量中只有4%属于野生动物。在鸟类中，这个数字更加惊人。地球上60%的鸟类都属于一个种——家鸡。到了2020年，人类制造的物质的总量与地球上所有的生命物质总量大约相等。如果我们用研究化石记录的方式来研究现今地球上的生物，在观察动物骨骼时，我们会得出一个结论：一定是发生了某些异常事件，才会令脊椎动物只拥有如此少的物种。我们会考虑到发生了灾难性的环境破坏和灭绝。野生生物确实是以可怕的速率在减少。在埃米利奥·马科斯·帕尔玛出生的1978年，当时的野生脊椎动物数量是2018年的2.5倍。这段时间在地质尺度下仅仅是一瞬间，但地球上超过一半的脊椎动物已经消失。

自末次冰期以来，那些体型最大的动物不是在各个大陆上相继消失，就是正在快速走向灭亡。现在的地球开始变得像一个经历了灭绝事件之后的世界，人类生态系统成了这些濒危动物的庇护所。那些适应了人类世界的动物都发展繁盛，包括生存能力较强、能够捡食垃圾为生的老鼠、欧洲狐、浣熊、银鸥以及澳洲白鹮，还包括那些与我们共生或我们出于自身目的所养殖的动物，特别是鸡、牛和狗。人类在远距离迁徙时，也有意或无意地令许多植物和活动力差的动物扩散出去。远洋通航取代了远古时期偶然发生的生物漂流事件，将不存在地理连通的各个大陆之间的距离拉得更近，有助于生物的扩散。人类经常会将一些生物从原有栖息地带出，让它们在没有天敌的地区繁衍生息，对新地区重要的本地生物造成生态侵袭。

很多生物正在以集群灭绝的速率消失，显而易见是人类所为，这令人感到失望。但我们绝不能气馁。人类引发的变化本身并不是新鲜事件，在宏观层面上也可以看作自然的一部分。人类存在于生物圈，位于生命演化树之上。有明确的证据表明人类一直是自然生态系统的改造者，和人类出现之前的其他许多生物一样。人类在距今将近 8000 年前就发展出了畜牧业。当时的人类开始焚烧森林和草地来放羊，这一举动改变了欧洲部分地区的阳光反射量，影响了热量吸收，从而改变了印度和东南亚的季风模式。自更新世后期开始，人类便会有意地将周围的生物迁往他地，证据之一便是生活在所罗门群岛上的灰袋貂，这是一种树栖的负鼠类动物，是现代一种重要的宠物，它们在距今 2 万多年前被人类由新几内亚带入所罗门群岛，这可能和当时人类的黑曜石贸易有关。

　　人类是重要的生态系统改造者，因此地球不可能一直保持原始状态，不受人类本身及其文化的影响。完全原始的世界并不存在，自从人类出现以来就永远不会存在。全球生态系统的破坏达到了人类演化史上前所未有的程度，生态系统需要保护，但只有明确界定什么是人类破坏之后，保护项目才会具有可行性和成功的机会。是工业发展的破坏、殖民活动的破坏，还是人类本身的破坏？这是个非常难回答的问题。令现代的生态系统退回到完全野生状态的做法有失公允，会给生活在周边、依靠这些生态系统为生的贫困居民带来负面影响，这是一种人为强加的复杂社会因素导致的结果，并非由环境自身发展所决定。孟加拉国哲学家纳比勒·艾哈迈德（Nabil Ahmed）在《纠缠的地球》一文中写道，在他的祖国，"土地与河流、人与人之间、地层之间、油气之间、田地与森林、政治与经济，全部都无法区分"。所有的一切融合为一个整体，是政治与自然力量之间相角逐的产物。艾哈迈德强调，如今的孟加拉国直接脱胎于 1970 年的博拉风灾，具有独立性，不受天灾人祸所引发的政治影响。

　　正如同在气候炎热的二叠纪联合古陆时期，超级风暴在全球海洋肆虐，如今我们也看到世界范围内热带风暴事件正在增加。自 20 世纪初以来，气象记录表明大西洋飓风的数量逐季度稳定增长，至 2020 年已命名风暴达 30 个，是长期以来平均数量的 3 倍。2018 年，地中海甚至出现了强度前所未有的飓风。发生这种状况的原因是海水温度升高导致热带地区空气加速上升，使风力增加得更快，这为飓风提供了一个良机，使其在抵达陆地时达到极强的风力，给沿途经过的各个国家带来沉重的灾难。

气候变化背后的社会意义不容忽视。从位于北极圈的发达国家争相从正在消融的冰层之下的海底开发资源，到发展中国家争相在东非建造大坝以缓解日趋严峻的供水不足问题，在数十年里，环境变化一直左右着政策的制定。其中一方是争夺财富，另一方是争夺基本资源，这表明了人们应对气候变化所付出成本的承受能力，高额的成本主要是那些收效甚微、差强人意的政策带来的。今天，我们可以看到各种变化即将发生。我们所在星球的地质历史描绘出一幅未来的图景，线条粗略，但行笔准确无误。我们正在面临一场席卷地球的天灾人祸，但我们依然可以试图去改变困境。

昨天的世界奇特而美丽，是生物适应性的极佳体现。然而岩层体现出了另一件事，就是我们的世界并非永恒。本书的开头引用了雪莱脍炙人口的诗歌《奥兹曼迪亚斯》。而鲜为人知的是，雪莱的这首十四行诗是在文学游历中与他的朋友霍勒斯·史密斯（Horace Smith）之间为友谊性的斗诗所作，二人以同一处遗迹为题作诗。雪莱回望过去，对统治者的傲慢无情嘲讽，而史密斯更加明确地提出了对未来的担忧。史密斯用八行诗的篇幅，谈论了遗迹底座的铭文中描绘的早已消失的古代城市，并构想了自己最熟悉的城市在未来的消失：

我们怀着疑惑，疑惑也许在猎人心中涌现过，

怀着和我们相同的疑惑，猎人从旷野中走过，

在曾经是伦敦的地方，猎人在追逐中将野狼捕获。

他中途看到了一片巨大的废墟，停住脚步猜度，

到底是何等壮大而又未知的种族部落，

曾经在这片消失的世界中生活。

  那些被我们认为理所应当出现的景象，对这个世界来说是可有可无的。没有它们，没有我们，生命会照常延续下去。最终，我们排放的二氧化碳将再次被吸收并固定于深海，生物和矿物的循环将继续进行。我们和其他所有生活在地球上的生物一样，和那些与自身共生的生物进行协同演化，彼此通过复杂的方式产生关联。我们如今是，也一直都是地球生态系统的一部分，如果认为我们对这个世界所造成的改变不会影响到我们自身，那就大错特错了。

  作为一种生物，我们占据着优势，能从现如今由我们自身造成的集群灭绝事件中幸存。我们不断通过技术改善生存环境，包括衣服、堤坝、空调和海水淡化装置，否则我们将无法存活。然而，自距今 6600 万年前的最近一次集群灭绝事件之后建立起来的生态系统面临着巨大的压力。通过破坏生物群落和改变全球化学结构，我们一再向如蛛丝般复杂而又脆弱的生态网络施压，其中的一些链条已经绷断。一旦崩溃达到一定规模，我们对这个世界的所作所为将引发一场前所未有的生物与社会层面的双重灾难。一想到这场灭顶之灾，人们可能会手足无措。然而事实上，我们完全可以对环境的现状进行反思，我们有能力对过去进行分析，从中获得借鉴，对现状进行改善，因此我们可以抱有乐观的态度。

我们知道在环境动荡时期（例如我们所处的时代）可能会发生什么。我们可以通过了解过去来预测将来，寻求躲避灾难的路。对一些无可避免的重大灾难，我们制订计划，将损失减至最低，将灾难的后续影响降至最小。至少自 20 世纪 70 年代起，各国便开始进行基础设施建设，以应对尚未到来的气候变化的影响。泰晤士水门是伦敦最主要的防洪设施，其设计目的是专门应对海平面上升，据推测，全球海平面将会在 2100 年前后上升 90 厘米，泰晤士水门所能抵御的海平面上升高度可达 2.7 米。我们也知道一些国际合作计划，如 1987 年，197 个国家政府及国际组织签署了《蒙特利尔议定书》，旨在停止造成臭氧层变薄的氟氯烃的生产和使用。如今"臭氧层空洞"正处于良好的恢复中，这要归功于上述政策的实施。该政策的推行由一项基金支持，这项基金由人均氟氯烃排放量最大的国家共同筹集，政策实施过程中，发达国家无偿对发展中国家进行资助。

在本书的撰写过程中又发生了两件事，表明了对过去和未来更为密切关注的重要性。2019 年上半年，在一小群人的簇拥下，奥克斯库尔地区举行了一场葬礼，这座冰岛曾经最重要的冰川已不能再称为"冰川"，在不断地消融之后，因自身重量而无法再移动。人们在墓碑上用冰岛语和英语写了题为"一封致未来的信"的墓志铭，先是说明奥克斯库尔由冰川降级为冰湖，之后写道："立下此碑，旨在宣布我们知道发生了什么以及如何应对。只有你们知道我们是否成功。"注意，这里指出了这是我们将要做的事。

第二件事是新型冠状病毒的全球大流行，迫使人类以更加直接的方式应对一场剧变。在一个月的时间里，全世界三分之一的人口被迫或自愿隔离，为了应对这场关乎生死存亡的危机，人们生活的方方面面都发生了根本性的改变。这些改变带来了直接的影响。洛杉矶曾是交通拥堵的代名词，监测报告呈现出几十年未有的优良空气质量。威尼斯的河面长年被游船覆盖，此时的水面也前所未见的清净。碳排放量减少了，尽管只减少了8%，石油库存始终充盈，油桶堆积如山，导致油价暴跌。一些激进人士将上述情况指为"地球自愈"的例子，隐约地表达了"人类才是真正的病毒"。此等愤世嫉俗大可不必。也许人类确实为了生活而过度开发资源，但这里有更好的解决办法。我们可以调整生活来应对危机，我们所做出的改变也会有直接的益处。其他国家所面对的困难会影响所有人，只要通力合作，集中资源，并对需要帮助的地区提供支援，就能减小这次国际性危机所带来的损失。一些国家听从专家建议，高度重视疫情，做好防控工作，对疫情的控制效果远好于其他国家。各国合作研发出有效疫苗的时间之短创造了记录，这就是我们快速高效应对致命危机的能力的证明。

在面对环境变化时，傲慢的态度是致命的。对生态系统破坏和温室气体排放速率完全不加遏制的"顺其自然"政策，会造成人类历史上从未有过的恶劣气候。然而，大谈"世界末日"也同样无济于事。环境保护不存在"不成功便失败"的二分法。报纸上经常会说，我们只有5年或10年时间来阻止气候变化，这并不是实实在在的截止日期。所谓"做出改变"，并不是指时间一到所有的一切都要改变，而没有成功做出改变也不意味着灭亡。20世纪前半叶或更早出现的生态系统的状况一直在改善，但损害也一直在累积。我们行动得越早、越坚决，产生全面损害的可能性就越小。是否选择同心协力遏制气候变化的发生，对抗其影响，这取决于我们自己。或许教堂的尖顶已经倒塌，但教堂的整体仍然屹立未倒，我们必须选择是否去扑灭这场火灾。

　　只要我们改善行为，极力避免奢靡无度的生活，就可以遏制环境变化，防止其造成空前的灾难，防止第二次大灭绝事件的发生。地球无法一面提供发达国家居民挥霍无度的享乐生活所需要的资源，一面又能够供养其他生物的进食和交配活动，令它们繁衍生息。为了保护今天的野生环境，防止其成为另一批消失的生态系统，令其不至于仅能在未来某个时期的博物馆中看到，唯一可靠的办法就是减少消费，停止将造成环境变化的能源作为日常主要能源。这些举措不可避免地会受到阻碍。人们担心短时间内的生活质量下降，对这些举措带有个人和社会的情绪，这一点可以理解。但如果在今后几十年里没有村镇、国家和世界层面的努力，我们必然会面临更大的苦难。无论作为一个物种还是众多的个人，出于长治久安的考虑，我们必须步入一个与我们所生活的世界环境更加和谐互利的关系之中。只有到那时，我们才既能维持环境的丰富多样，又能保证我们在环境中有一席之地。变化终究不可避免，但我们可以留给地球更多的时间，让地质时期的流沙缓慢地承载着我们，去往明天的世界。

　　"永恒造就牺牲"——在那之后，我们也将生活在希望之中。

【全书完】

托马斯·哈利迪

英国古生物学家，伯明翰大学地球科学系、自然史博物馆研究员，曾获2016年英国林奈学会生物科学最佳论文奖、2018年休·米勒写作奖。

孙博阳

中国科学院古生物学博士，中国科学院古脊椎动物与古人类研究所副研究员。

人类之前5亿年

作者 _ [英]托马斯·哈利　　译者 _ 孙博阳

产品经理 _ 谭思灏　　装帧设计 _ 肖雯　　产品总监 _ 木木

技术编辑 _ 顾逸飞　　责任印制 _ 陈金　　出品人 _ 吴畏

果麦

www.guomai.cc

以 微 小 的 力 量 推 动 文 明

图书在版编目（CIP）数据

人类之前5亿年 /（英）托马斯·哈利迪著；孙博阳
译. —— 上海：上海科学技术文献出版社，2022
ISBN 978-7-5439-8625-1

Ⅰ. ①人… Ⅱ. ①托… ②孙… Ⅲ. ①古生物学－普
及读物 Ⅳ. ①Q91-49

中国版本图书馆CIP数据核字（2022）第126139号

责任编辑：苏密娅
封面设计：肖　雯

人类之前 5 亿年
RENLEI ZHIQIAN WU YI NIAN
［英］托马斯·哈利迪　著　　孙博阳　译
出版发行：上海科学技术文献出版社
地　　址：上海市长乐路 746 号
邮政编码：200040
经　　销：全国新华书店
印　　刷：天津丰富彩艺印刷有限公司
开　　本：660mm×960mm　1/16
印　　张：21
字　　数：244 千字
印　　数：1-8,000
版　　次：2022 年 8 月第 1 版　　2022 年 8 月第 1 次印刷
书　　号：ISBN 978-7-5439-8625-1
定　　价：59.80 元
http://www.sstlp.com